JN207122

連合艦隊艦艇総覧

一目でわかる日本海軍艦艇事典

「丸」編集部 編

潮書房光人新社

海底から引揚げられた戦艦「陸奥」

秘蔵フォト

かつて“ビッグ・セブン”の一つと称された「巨艦」が
謎の爆沈を遂げてから27年——長き沈黙を破りその姿を現わした!

昭和45年8月23日広島県の柱島沖約4キロの海底から浮上、
陸揚げされた戦艦「陸奥」の第4主砲塔(撮影・本誌写真部)。

船体後部を艦首側から見た断面。見えている中甲板の区画が参謀事務室（右舷）と砲術長室（左舷）になる。

同上を右舷側から見たもの。右下の地面に切り取られたプロペラおよび同ブラケットが置かれている。

この写真は、昭和45年から同46年にかけて行なわれた戦時中の昭和18年6月8日柱島の艦隊錨地において謎の爆沈を遂げた戦艦「陸奥」の引揚げ解体作業について、陸揚げ解体場所である江田島の深田サルベージの敷地での模様を記録した全72枚よりなるアルバムより、その一部をご紹介する。この時に引揚げられたのは艦首部、船体後半部および第3、第4主砲塔などであるが、これだけの枚数を記録したものは今のところ他に知られておらず、その解体作業の状況はもちろんのこと、かつては世界七大戦艦の一つといわれた「陸奥」の細部を窺い知ることのできる貴重な資料といえる（解説・堤明夫）。

船体右舷部の断面。下側になっているのが舷側のバルジ部、右側が艦底、左側が上甲板で、バルジの内側に装甲板（白く見えるもの）が、また上甲板上に副砲の砲座が2基見える。

陸揚げ作業中の艦首部。艦首底部の吊り上げ用チェーンが架かっている後部（左側）に防雷具（パラベーン）の曳航索を通す２つの鑽孔が見える。

海底から引揚げられた戦艦「陸奥」

艦首の菊花御紋章取り付け部。ここにあった菊花御紋章は現在江田島の第１術科学校（旧海軍兵学校）教育参考館に展示されている。また当該艦首部は屋代島（通称、周防大島）伊保田にある「陸奥記念館」に保存展示されている。

艦尾部船底。2 枚の舵の間隔が思った以上に狭いこと、また当該部の船体外板は複数枚が張り合わされていることがわかる。

海底から引揚げられた戦艦「陸奥」

艦首側からみた艦尾部断面。　舵機室中央に左右を仕切る装甲板（垂直の白いもの）が見えている。この装甲板の存在について記された文書類などはなく、引き揚げによって初めて明らかとなった事実である。

第 3 主砲塔上面。曲がってはいるが砲塔天蓋に装備されていたアンテナが残っている。また、主砲根本の防水キャンバス取り付け部や測距儀覆いの細部などがわかる。

同上を背面側から見たもので、爆沈の原因がこの第 3 主砲塔下にある弾火薬庫の爆発とされているにもかかわらず、その形状を保っていることに驚かされる。

同上を前面側から見たもの。砲塔側面に出ている突起物は右砲射手用照準望遠鏡の照準口である。この第 3 番主砲塔右砲は、現在その砲身の一部のみが岡山の日本植生（株）の敷地内に保存されている。

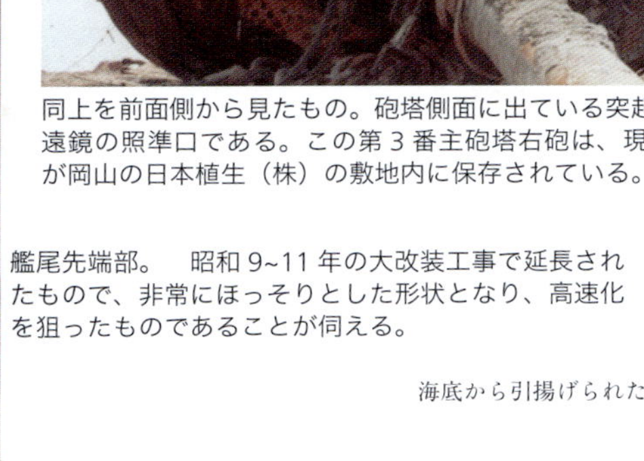

艦尾先端部。　昭和 9~11 年の大改装工事で延長されたもので、非常にほっそりとした形状となり、高速化を狙ったものであることが伺える。

深田サルベージのクレーンにより引揚げられ姿を現した「陸奥」第４主砲塔の砲身。砲身内にはヘドロがつまっており、砲塔の内部には砲弾も残されていた（３点共・本誌写真部撮影）。

第４主砲塔のクローズアップ。写真の人物と比較してその大きさがわかる。砲身の内部は貝殻におおわれていた。
砲塔は調査後に解体されたが、砲身のみが東京品川の「船の科学館」（右砲身）、
広島県呉市の「呉市海事歴史科学館＝大和ミュージアム」（左砲身）に保存展示されている。

陸揚げされ、逆さの状態で置かれた「陸奥」第４主砲塔全景。重量は約 1000 トンで大正時代の二等駆逐艦の排水量に相当した。

吉原幹也の艦艇アート・コレクション

南雲機動部隊の空母「赤城」「加賀」

昭和16（1941）年11月26日、エトロフ島ヒトカップ湾を出撃して荒れる北太平洋をハワイに向け進撃中の南雲機動部隊・第1航空戦隊の空母「赤城」（手前）と「加賀」。艦橋にはヒトカップ湾出撃直前に取り付けられた弾片防御用のマントレットが見える。12月8日、6隻の空母から飛び立った攻撃隊計350機はオアフ島真珠湾を奇襲攻撃し、未曽有の大戦果をおさめた。

米艦隊に殴り込んだ重巡「鳥海」

昭和17（1942）年8月8日の第1次ソロモン海戦で、20.3cm主砲の射撃を行なう第8艦隊旗艦の重巡「鳥海」。第1次ソロモン海戦は、ガダルカナル島に上陸を開始した連合軍船団に夜襲をかけるべく出撃した三川軍一中将率いる第8艦隊（重巡5、軽巡2、駆逐艦1）と護衛の連合軍艦隊（重巡6、軽巡2、駆逐艦8）の間に起きた海戦である。日本側の激しい砲雷撃によって、連合軍側は重巡4隻沈没、1隻大破、駆逐艦2隻中破という大損害をうけ、日本側は重巡2隻小破のみという三川艦隊の一方的な勝利に終わった。

ガ島を砲撃する戦艦「金剛」「榛名」

昭和 17（1942）年 10 月 13 日、ガ島ヘンダーソン飛行場に向けて艦砲射撃を行なう第 3 戦隊の戦艦「金剛」「榛名」。ガ島の飛行場を戦艦の巨弾で破壊するために編成された挺進攻撃隊は、10 月 13 日 2330、サボ島南方水道に進入した。2335、射撃コースに入った。2336、「金剛」の小柳艦長は目標まで 2 万 3000 m の距離から「射ち方はじめ」を下令した。観測員は初弾命中を伝えた。遅れて「榛名」も砲撃を開始。両戦艦は 1 時間 19 分にわたる砲撃で徹甲弾、榴霰弾、焼夷弾を交えて 900 発以上を射ち込み、航空機や飛行場施設を完膚なきまでに破壊することに成功した。

大改装後の重巡「古鷹」

重巡「古鷹」は20cm砲を備えた日本海軍初の大型巡洋艦として大正15（1926）年3月31日に竣工した。7100トンという限られた排水量の中で、20cm砲単装6基など強力な武装を詰め込んだ古鷹型の出現は、世界に一大センセーショナルを巻き起こした。また、航空機を搭載した最初の巡洋艦でもあった。昭和12（1937）年4月から同14年4月着手された近代化工事で主砲は20.3cm砲連装3基へ改められ、搭載機も九四式水偵2機に強化された。太平洋戦争に突入した「古鷹」はウェーキ島攻略戦、ラバウル攻略戦、第1次ソロモン海戦で活躍した。続く、サボ島沖海戦では敵艦隊のレーダー射撃による集中砲火をあびて沈没した。

奇跡の駆逐艦「雪風」

陽炎型駆逐艦の「雪風」は昭和15年1月、佐世保で竣工した。太平洋戦争では、真珠湾攻撃をのぞく主要な海戦のほぼすべてに参加し、終戦まで生き残った強運の駆逐艦である。絵は戦時状態の艦橋が描かれており、マストに22号レーダーが装備されている。戦後は賠償艦として中華民国に引き渡され、同海軍で長く使われたのち、昭和45年に解体されたといわれる。

日本海軍
艦艇写真集

◇日露戦争以降、新興海軍国としてライバル・米海軍との決戦に備えて造られた幾多の「浮かべる城」たち――モノクロームに写し出された、今はなき在りし日の姿を収録！

〈写真〉戦艦「比叡」艦上より撮影された戦艦「霧島」

戦艦編　「金剛」

↑昭和11年11月、30ノット以上の速力で全力公試運転を行なう第2次改装後の「金剛」。超弩級巡洋戦艦として英国のヴィッカース社で竣工、外国で建造された最後の戦艦となった

↑昭和6年、横須賀で第1次改装中の「金剛」。上部構造物の近代化や防御力を強化した結果、排水量の増大により速力が低下(27.5から26ノット)、巡洋戦艦から戦艦へと艦種変更になった

←昭和17年2月、ジャワ攻略支援へ出撃中の「金剛」前甲板。搭載された36cm主砲は世界で初の搭載となり、長門型以前に建造された日本戦艦の標準装備となった

↓空母「翔鶴」艦上より撮影の金剛型4隻(「翔鶴」手前は「金剛」)。巡洋戦艦として建造された金剛型は近代化改装で30ノットを発揮する高速戦艦となり、空母との行動が可能になり、機動部隊の直衛艦として活躍した

「比叡」

↑昭和17年7月（推定）、ミッドウェー海戦より帰投中の「比叡」。金剛型の2番艦として横須賀で建造された「比叡」は、近代化改装の折に建造中であった大和型戦艦のテストケースとなり、艦橋が類似している

←昭和5年のロンドン軍縮会議で練習戦艦となった「比叡」。舷側装甲帯、4番主砲塔、速力を低下（18ノット）させるための缶の撤去がなされた

→昭和16年、横須賀工廠ドックに入渠、来たる日米戦に備える「比叡」。金剛型の最後に近代化が行なわれた「比叡」は、南雲機動部隊の一艦として空母部隊の直衛に当たった

←昭和14年12月、全力公試運転中の「比叡」。真珠湾攻撃以来幾多の戦闘に参加した後、ガダルカナル島を巡る第3次ソロモン海戦で米艦隊と交戦して沈没、日本戦艦初の水上戦闘による喪失艦となった

「榛名」

昭和9年8月、全力公試運転中の「榛名」。金剛型でいち早く近代化改装が行なわれ、日本海軍は30ノットを超える高速戦艦を保有することになった

↑大正3年撮影の金剛型巡洋戦艦の3番艦として建造された「榛名」

↑大正9年に1番砲塔の爆発事故を起こした直後の「榛名」。防御力を犠牲にしていた主砲塔装甲厚が良くわかる

←昭和10年10月、東京湾に停泊中の戦艦群。写真右より「榛名」、近代化改装を終えた「扶桑」「山城」が見える

米軍が戦後撮影した「榛名」の大破着底した姿。金剛型で唯一生き残った後は呉の江田島沖に係留されていたが、昭和20年の度重なる空襲で多数の至近弾を受けその生涯を終えた

「霧島」

昭和14年4月、宿毛湾に停泊中の「霧島」。第2次改装を終えた姿で3番、4番主砲塔の中間には水上偵察機用施設と射出機（カタパルト）が搭載された

↑第1次改装を終えた「霧島」。1番主砲塔の爆発事故のため、同型艦ではいち早く改装工事が行なわれたという

←大正2年11月、三菱長崎造船所で建造中の「霧島」の船体。金剛型4番艦として民間の造船所で建造された初の戦艦であったが、同時に神戸川崎造船所で工事を進めていた3番艦「榛名」と早期竣工を巡っての熾烈な競争を行なっていた

↑中国大陸で英海軍によって撮影され、戦時中の米海軍艦艇識別表に収録された「霧島」。昭和17年の第3次ソロモン海戦で米新鋭戦艦「サウスダコタ」「ワシントン」と交戦、沈没したが長年、日本海軍が想定していた日米主力艦同士の砲撃戦を実現することとなった

「扶桑」

↑昭和10年10月撮影の「扶桑」。近代化改装によって前檣楼は巨大な構造物となり、その直後にある第３主砲塔上には航空機用カタパルトが置かれている

→昭和８年４月、呉工廠のドック内で近代化改装中の「扶桑」。防御力や速力の不足など就役当初より様々な問題を抱えていた本艦の改装は徹底したものであったが、根本的な解決には至らなかった

↓昭和16年４月、応急注排水装置の性能試験を行なう「扶桑」。本艦の艦尾は延長されており、水上機搭載施設が設けられている

昭和19年10月、フィリピンのスリガオ海峡に向かう途中、米軍機の攻撃を受ける「扶桑」。西村部隊として参加した本艦は海峡に到達するが、待ち構えていた米第７艦隊の戦艦群と交戦し沈没した。後方は航空巡洋艦「最上」

「山城」

↑近代化改装後の昭和9年12月、館山沖で撮影の「山城」。扶桑型戦艦の2番艦として建造され、世界初の3万トンを超えた軍艦となった。また搭載された36cm主砲12門の威力は大きな期待をかけられていた

↓大正6年5月、竣工直後の「山城」。後に廃止される舷側の魚雷防御網を展開試験中である。また日本の主力艦で射撃指揮所に方位盤を初めて搭載した

↑昭和9年10月、改装工事中の「山城」。同型艦の「扶桑」と比較して艦橋もより近代化され、防御力も強化されたが、速力不足(24.5ノット)などもあり、ミッドウェー海戦に出撃するほかは主に練習艦として内地にいた

→昭和19年10月、「扶桑」とともに進撃中のフィリピンのスールー海で米艦上機の攻撃を受ける「山城」。その後の米戦艦との交戦で乗員1400名中、生存者10名を残して沈没した

「伊勢」

↑昭和12年3月、公試運転中の「伊勢」。他の戦艦同様大規模な近代化改装工事が実施された状態で連合艦隊の中核となり、ミッドウェー海戦時には日本初のレーダー搭載艦となった

↑大正6年9月、紀伊水道で公試運転中の「伊勢」。改扶桑型として煙突後方に主砲を背負い式にしたが、居住性が悪くなるという欠陥も生じた

→昭和7年、近代化改装前の「伊勢」艦橋。対空砲として新型の40口径12.7㎝連装高角砲が搭載された

↓昭和18年8月、航空戦艦に改造されて伊予灘で全力公試運転中の「伊勢」。ミッドウェー海戦後の空母不足を補うため、4、5番主砲塔を撤去して飛行甲板と射出機（カタパルト）を新設、対空兵装も強化された

「日向」

↑昭和15年12月撮影の「日向」。伊勢型の2番艦として就役、ミッドウェー海戦直前の砲撃訓練中に爆発事故を起こし、5番砲塔を撤去し機銃座が置かれた

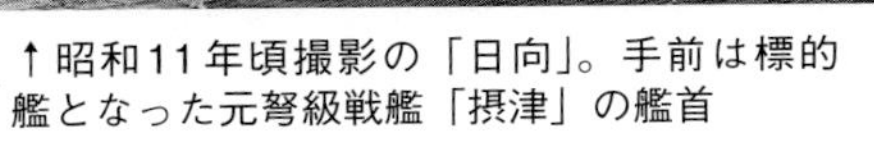

↑昭和11年頃撮影の「日向」。手前は標的艦となった元弩級戦艦「摂津」の艦首

↑昭和9年2月11日、紀元節の満艦飾を施した近代化改装前の「日向」。竣工以来、艦橋の近代化、第1煙突へのファンネルキャップの増設などの小規模な改装が行なわれた

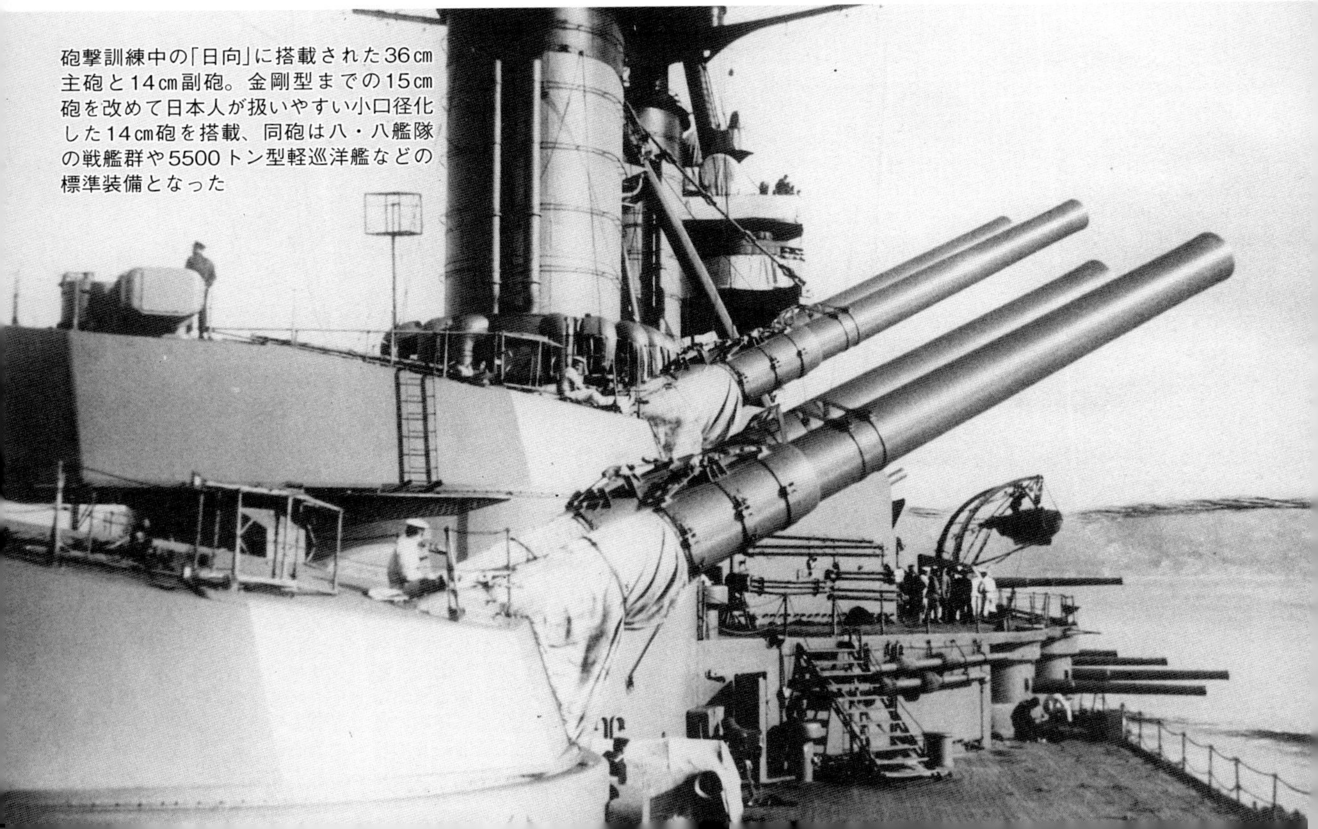

砲撃訓練中の「日向」に搭載された36cm主砲と14cm副砲。金剛型までの15cm砲を改めて日本人が扱いやすい小口径化した14cm砲を搭載、同砲は八・八艦隊の戦艦群や5500トン型軽巡洋艦などの標準装備となった

「長門」

↑昭和19年10月、ブルネイに停泊中の「長門」。フィリピンへの反攻上陸作戦を行なう米軍を迎え撃つ直前の姿でトップには2号1型電探を搭載、「大和」「武蔵」など主力艦が待機中である

↑昭和11年に撮影された近代化改装後の「長門」。米海軍に対抗する八・八艦隊の第1陣として就役したがワシントン軍縮条約により計画は中断、最大の主力艦として長きに渡り「日本海軍のシンボル」となった

→近代化改装後の「長門」艦橋クローズアップ。新造時からの太い柱を6本の柱が支える形から近代戦に即した艦橋となった

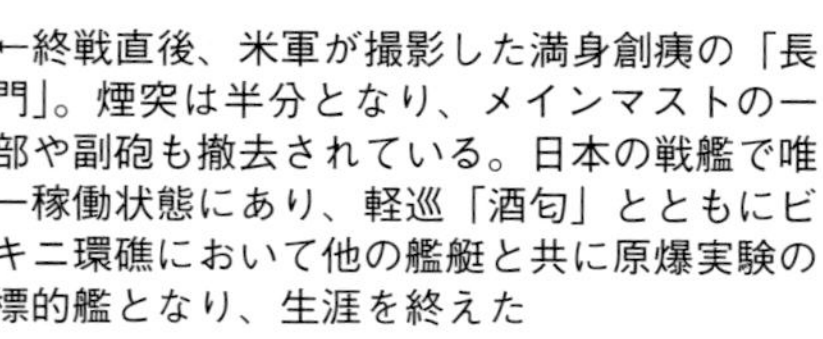

←終戦直後、米軍が撮影した満身創痍の「長門」。煙突は半分となり、メインマストの一部や副砲も撤去されている。日本の戦艦で唯一稼働状態にあり、軽巡「酒匂」とともにビキニ環礁において他の艦艇と共に原爆実験の標的艦となり、生涯を終えた

「陸奥」

長門型２番艦「陸奥」の前甲板と第1、第2、40㎝主砲塔。前檣楼上には10メートル測距儀が搭載されている

↑昭和11年、砲撃訓練中の「陸奥」。→横須賀に停泊中の「陸奥」。遠洋航海に出発する練習艦に帽振れを行なっている

同型艦「長門」、米英の40㎝砲搭載戦艦とともに「ビッグセブン」と称された「陸奥」。昭和18年に爆発事故で沈没、原因は70年をへた2013年の今日も謎のままである

「大和」

↑昭和16年10月、宿毛湾沖標柱間で全力公試運転中の「大和」。米戦艦を上回る46㎝主砲と防御力を兼ね備えた空母を除く史上最大の水上戦闘艦として誕生、ギネスブックにも掲載され、その記録は現在も破られていない

↑昭和16年9月、呉工廠で艤装工事中の「大和」。完成に近付いており、右舷には空母「鳳翔」や艦艇が停泊中である。建造は極秘とされており、その秘密保持は徹底されていた

(左↑)工事中の「大和」砲塔基部。3連装砲塔1基の重量は2700トンであり、駆逐艦1隻分に相当した

←昭和19年10月、レイテ沖海戦に参加した「大和」。米軍機により撮影されたもので、急降下爆撃によって被弾した瞬間。また高角砲や機銃が増設されているのがわかる

→昭和20年4月、第2艦隊旗艦として沖縄特攻に出撃した「大和」。米機動部隊艦載機の至近弾による水柱が見え、命中弾を受け炎上中である。2時間の死闘の後、多数の乗員と共に海底に没した

「武蔵」

昭和18年、東京湾で撮影された「武蔵」の前甲板。日本海軍が建造した最後の戦艦であり、乗員と比較しての巨大さがわかる

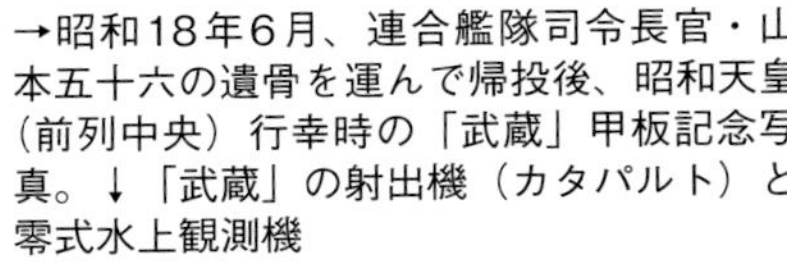

→昭和18年6月、連合艦隊司令長官・山本五十六の遺骨を運んで帰投後、昭和天皇（前列中央）行幸時の「武蔵」甲板記念写真。↓「武蔵」の射出機（カタパルト）と零式水上観測機

←乗員が体操中の「武蔵」の前甲板と第1、2主砲塔。秘匿名94式40㎝砲と称されていた46㎝砲は最大射程4万2000m、1門毎分1.8発の発射速度であった

↓昭和18年前半、トラック島沖撮影の大和型戦艦2隻。連合艦隊旗艦を務めた両艦が同地から前線に出撃することはなかった

艦隊型空母編

↑最初から空母として建造された世界最初の艦「鳳翔」。写真は大正12年2月に実施された発着艦実験で、三菱のパイロット・ジェルダンの搭乗機が着艦を行なおうとしている。
→実用的でないと判定された島型艦橋を撤去した「鳳翔」。下り坂となっていた飛行甲板も航空機の運用を重視して平らとなった

↑大正11年4月、横須賀で艤装工事中の「鳳翔」に搭載された米国スペリー社製のジャイロ・スタビライザー。発着艦時の動揺安定用に採用されたが「鳳翔」と「龍驤」のみの装備となった。→ミッドウェー海戦より帰還した直後の「鳳翔」。戦艦「大和」を旗艦とした主力部隊の直衛として参加した

昭和20年当時の「鳳翔」。艦上攻撃機「天山」など新型機の運用が可能なように艦尾を延長したが外洋での航行は不可能となり、内地で訓練用空母として使用され、終戦後は復員輸送に従事後解体された

「赤城」

九七式艦上攻撃機を発艦させた直後の「赤城」正面。南雲機動部隊の旗艦として真珠湾攻撃に参加した

↑真珠湾攻撃時の「赤城」。飛行甲板は全通式に改められ、右舷の巨大な煙突がトレードマークであった

←三段空母時代の「赤城」。八・八艦隊の巡洋戦艦として計画されたが、空母として設計変更された。英国空母を参考にしたとされる複数の飛行甲板での航空機運用は実用的でなかった。また水上艦との戦闘を想定して20㎝連装砲2基4門、同単装砲6門が搭載された

→真珠湾攻撃時の「赤城」と零式艦上戦闘機。艦橋の周囲に装着されているのは弾片防御用にハンモックを巻いたマントレットで、艦橋の周辺には乗員が集合している

「加賀」

上空より撮影の「加賀」。広大な飛行甲板の右舷には小型の艦橋と煙突が置かれ、日本空母の標準配置となった

↑昭和11年撮影の「加賀」(近代化改装後)。甲板上に悪気流を生じさせないよう海水シャワーで冷却された排煙を水蒸気にしている。→三段空母時代の「加賀」。「赤城」と同様、八八艦隊の戦艦として計画された。船体中央部から艦尾まで延長する煙突を採用していたが、生じた気流が着艦時の障害となった

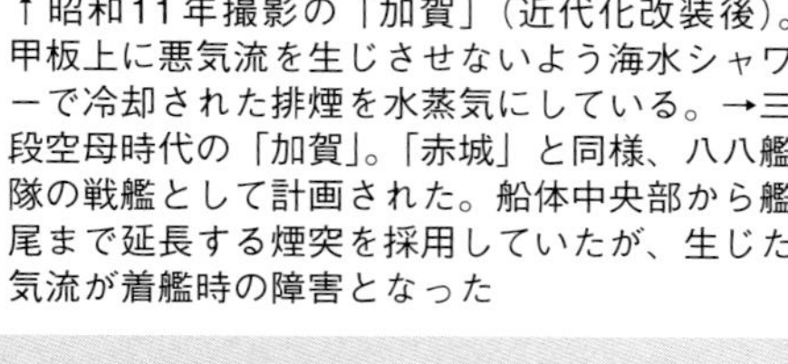

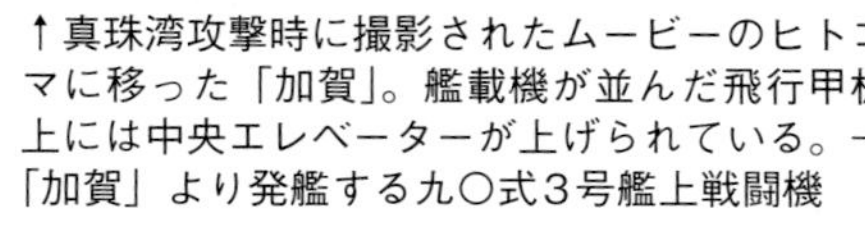

↑真珠湾攻撃時に撮影されたムービーのヒトコマに移った「加賀」。艦載機が並んだ飛行甲板上には中央エレベーターが上げられている。→「加賀」より発艦する九〇式3号艦上戦闘機

「龍驤」

昭和8年竣工当時の「龍驤」。基準排水量1万トン（実際は1万2000トン）の船体に中型空母なみの航空機を搭載した小型空母として誕生した

↑横須賀工廠で艤装工事中の「龍驤」。船体の進水後に格納庫、飛行甲板の工事を行なっており工事の80パーセントが進んでいる。→昭和9年9月に撮影された復元性改修後の「龍驤」。小さな船体と比較して巨大な格納庫のため重心が高くなり、公試運転の際に船体は大傾斜、その後幾度と改修が実施された

→昭和10年9月、台風下で実施された演習で艦艇が多数損傷した第4艦隊事件後の「龍驤」艦橋。波浪を受け、強度不足による損傷の激しさがわかる

「蒼龍」

↑日本海軍初の近代的中型空母「蒼龍」。当初は基準排水量1万50トン、15.5cm砲、搭載機100機（軍令部要求）の空母として計画されたが、より実用的な設計を改めた艦として誕生した

↑昭和12年12月、「蒼龍」から発着艦訓練を行なう九二式艦上攻撃機。同機で編成の飛行隊は配備されなかった。←昭和12年11月、豊後水道で公試運転中の「蒼龍」艦橋。駆逐艦クラスのコンパクトな艦橋である。手前は40口径12.7cm連装高角砲。
（左↓）昭和14年撮影の「蒼龍」と九七式艦上攻撃機

→昭和17年6月のミッドウェー海戦で米軍が撮影した敵機の爆撃を避けるため大きく旋回中の「蒼龍」。その後米艦上機の爆撃で命中弾を受けて炎上、沈没した↓昭和17年2月、スターリング湾の「蒼龍」。写真左は空母「加賀」。

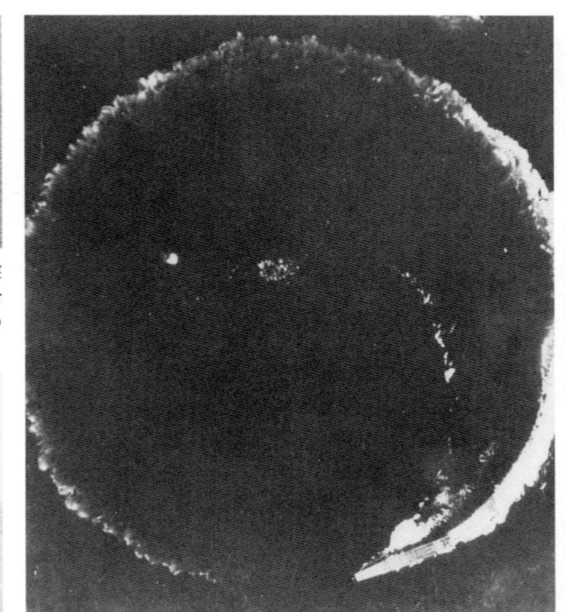

「飛龍」

↑昭和14年6月、館山沖で公試運転中の「飛龍」。改「蒼龍」型として建造され、理想的な中型空母となった。写真では隠蔽式の探照燈が昇の状態になっている。→館山沖の公試運転中に撮影された「飛龍」。艦橋は「赤城」と同様左舷であったが実用的ではなかった

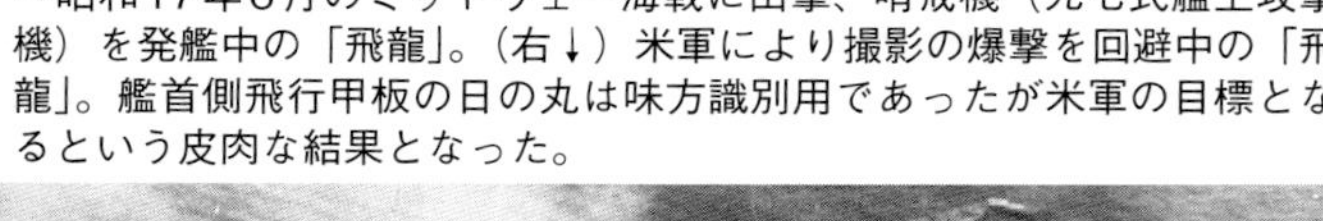

→昭和17年6月のミッドウェー海戦に出撃、哨戒機（九七式艦上攻撃機）を発艦中の「飛龍」。（右↓）米軍により撮影の爆撃を回避中の「飛龍」。艦首側飛行甲板の日の丸は味方識別用であったが米軍の目標となるという皮肉な結果となった。

↑単艦で米機動部隊と交戦して炎上中の「飛龍」。飛行甲板がめくれ上がり、甚大な損害を受けたことがわかる

「鳳翔」機が撮影した漂流中の「飛龍」。乗艦していた第2航空戦隊司令官・山口多聞少将、艦長の加来止男大佐は艦と運命を共にした

「翔鶴」

日本海軍空母の運用技術を集大成して建造した翔鶴型のネームシップ「翔鶴」。写真は昭和17年10月26日早朝、南太平洋海戦で零戦を発艦中のシーン

↑「翔鶴」の側面。70機以上の航空機を運用し、バルバスバウ（球形艦首）の採用など、数々の新技術を導入した翔鶴型2隻の就役を待って、日本は日米戦に突入したといえる。←珊瑚海海戦で損傷した「翔鶴」の艦橋。修理のため「瑞鶴」内地に帰投し、ミッドウェー海戦への参加はなかった。↓昭和17年の南太平洋海戦で損傷した「翔鶴」の飛行甲板。この海戦で米空母「ホーネット」を撃沈したが、搭載航空機を多数失った。

→昭和18年10月、エニウエトク環礁の艦艇。写真右より「翔鶴」、重巡「羽黒」、「筑摩」。「翔鶴」はその後行なわれた昭和19年6月のマリアナ沖海戦で米潜の雷撃を受けて撃沈された

「瑞鶴」

翔鶴型の2番艦「瑞鶴」。初陣となった真珠湾攻撃の際は艦攻隊の訓練が間に合わず、急きょ他の部隊を搭載して出撃した

←昭和17年1月、ラバウル空襲に参加した「瑞鶴」と発艦する九九式艦上爆撃機。↓同じラバウル空襲時の「瑞鶴」飛行甲板。手前より零戦二一型9機、九九式艦爆9機、九七式艦攻18機が整列する

←昭和19年10月、レイテ沖海戦で米機動部隊の囮部隊となった小沢艦隊の旗艦を務めた「瑞鶴」。↓米軍の撮影による「瑞鶴」。飛行甲板には迷彩塗装が施され、対空機銃の増設や12㎝噴進（ロケット）砲が装備された。（左↓）軍艦旗降下の命が下った後、傾斜した飛行甲板上で万歳三唱を行なう「瑞鶴」乗員たち

「大鳳」

↓改翔鶴型として1隻が建造された「大鳳」。飛行甲板の主要部に装甲防御を施した洋上前進航空基地的なコンセプトの艦であった。マリアナ沖海戦で米潜に受けた雷撃の衝撃で艦内に充満した航空燃料の気化ガスに引火、炎上沈没した

「信濃」

→大和型戦艦の3番艦から超大型空母となった「信濃」。就役からわずか10日後の昭和19年11月、広島県の呉に回航中、米潜の雷撃で沈没した。未完の艦内には工員が、格納庫は特攻兵器「桜花」が搭載されていたという

雲龍型

「雲龍」「天城」「葛城」

15隻が計画された戦時急造型空母の1番艦「雲龍」。「飛龍」の図面を流用し、起工から2年で建造され、機関も巡洋艦のタービンを流用した。昭和19年12月、米潜の雷撃で沈没した

船体に貨物船型迷彩塗装を施した「天城」。搭載する航空機もなく呉の空襲で大破横転した

日本海軍が最後に完成させた空母「葛城」。終戦まで生き残り、復員輸送に従事した

飛鷹型

「飛鷹」「隼鷹」

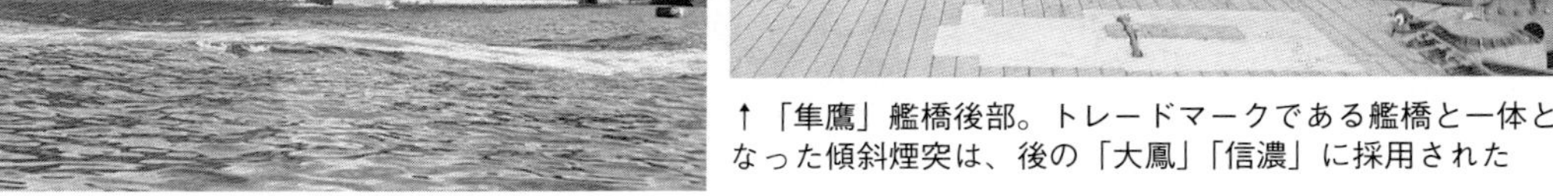

飛行甲板上で消火訓練中の「飛鷹」。昭和15年開催予定の東京オリンピック用に建造されていた北米航路用の大型客船「出雲丸」を改造した。中型空母並みの航空機を搭載する艦であるため機動部隊の中核として活躍、昭和19年6月のマリアナ沖海戦で沈没した（本来は商船空母であるが、本稿では艦隊型空母として紹介した）

↑艦首に菊花御紋使用のない特設空母時代の「隼鷹」。客船「樫原丸」を空母に改造した艦でミッドウェー作戦と同時に実施されたアリューシャン攻略戦が初陣となった。↓同時期に撮影の「隼鷹」。米潜の雷撃により損傷、内地で終戦を迎えた。戦後の復員輸送には従事せず解体された

↑「隼鷹」艦橋後部。トレードマークである艦橋と一体となった傾斜煙突は、後の「大鳳」「信濃」に採用された

軽空母編

祥鳳型

「祥鳳」「瑞鳳」

↑日本海軍はロンドン条約締結後、戦時に短期間の工事で補助空母になる潜水母艦や水上機母艦を建造した。写真は「祥鳳」で、元潜水母艦「剣埼」である。昭和17年5月の日米機動部隊初の激突となった珊瑚海海戦で沈没、日本空母初の喪失艦となった。→昭和19年10月のレイテ沖海戦で米軍が撮影した「瑞鳳」。前身は元潜水母艦「高崎」で、新鋭機運用のために延長された飛行甲板には迷彩塗装が施され、乗員が戦闘中である

「龍鳳」

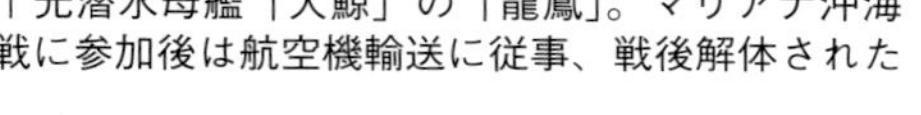

↑元潜水母艦「大鯨」の「龍鳳」。マリアナ沖海戦に参加後は航空機輸送に従事、戦後解体された

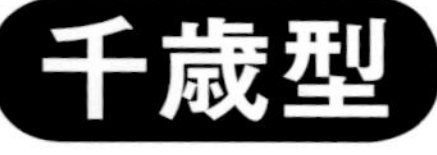

千歳型

「千歳」「千代田」

↓千歳型空母（写真は「千歳」）は、ミッドウェー海戦後の空母不足を補うために水上機母艦より改装された。同型艦「千代田」とともにレイテ沖海戦に参加、双方とも沈没した

「伊吹」

←改鈴谷型重巡洋艦を空母として再設計、右舷に艦橋構造物、8㎝高角砲連装4門を搭載する予定であったが80パーセントの工事で中止された。写真は佐世保で解体中の「伊吹」

商船改造空母編

「大鷹」「冲鷹」「雲鷹」

↑日本海軍は民間の優秀船舶に資金を出し、戦時には補助空母に改造できる船舶を建造した。写真は建造中の客船「春日丸」を改装した「大鷹」。速力が遅く新鋭機の運用には適さず、そのほとんどが船団輸送に使用され戦没した。→客船「八幡丸」を改装した「雲鷹」。米潜の雷撃を受けた衝撃で艦首が沈下している

↓第2次大戦が起こり帰還できなかったドイツ船「シャルンホルスト」を買収して改装した「神鷹」。機関の換装を行なうなど工事に手間取った

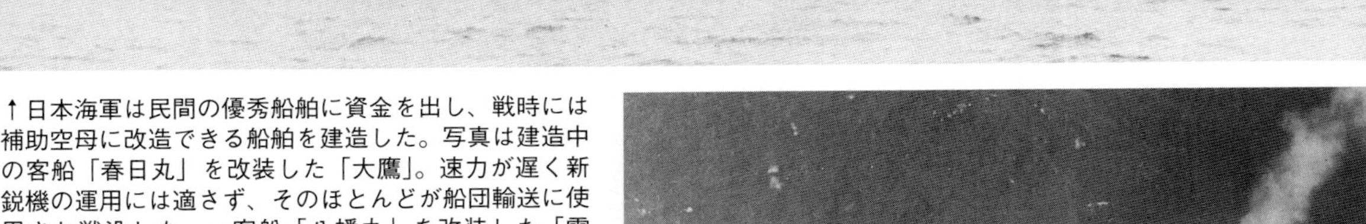

「海鷹」

元客船「あるぜんちな丸」の「海鷹」。船体が小さく、船団輸送に従事した。なお姉妹船の「ぶらじる丸」も同様の空母となる予定であったが、戦没している

重巡洋艦編

古鷹型

↑古鷹型重巡洋艦「加古」の50口径20.3㎝連装砲3基。写真は大改装後のもので、昭和16年10月頃撮影。改装は主砲以外にも航空兵装の強化や25ミリ機銃の搭載等が実施された

↓「古鷹」（右）および「加古」（左）（昭和2年横須賀撮影）。昭和2年、横浜沖で大演習観艦式が実施され、参加艦艇は158隻。この時点では「古鷹」「加古」の主砲は単装砲6基であった

青葉型

↑青葉型重巡洋艦「青葉」。青葉型では初期の段階から20㎝連装砲3基を搭載。古鷹型と違い、給弾は機械化されている。12㎝高角砲を搭載、古鷹型よりも対空能力が向上している

↑青葉型の船体は古鷹と同様の「波型船体」を採用。煙突や艦橋は古鷹型と相異はない（写真は「青葉」）

↓青葉型は日本海軍の重巡として初めて水上機用のカタパルトを装備。水偵1機（改装後は2機）を搭載（写真は「衣笠」）

↑終戦後の「青葉」。「青葉」はカビエンで米軍機の攻撃により大損害、その後昭和18年にシンガポールに行くも、潜水艦「ブリーム」の攻撃を受け損傷。そして、昭和20年7月、米海軍艦載機の攻撃で艦尾を切断、呉軍港にて大破着底、そのまま終戦を迎えた

妙高型

↑昭和16年3月、宿毛湾で公試運転中の「妙高」。写真の「妙高」は改装を終えた後に撮影されたものである。艦橋の頂上に防空指揮所が新設されるといった、指揮装置や居住性の改善が行なわれた

↑英国観艦式参加を終え、キール運河を通過中の「足柄」（昭和12年5月24日）

↑観艦式に臨む「足柄」。「飢えた狼」とイギリス人にいわれた程、精悍な姿をしているが、昭和20年6月、敵潜水艦の攻撃を受け沈没している

↓マニラ湾で米軍機の攻撃を全速で回避する「那智」。昭和19年10月、捷号作戦後に撮影されたものである

↓洋上訓練中の「羽黒」（水偵揚収作業中）と、水上滑走中の九五式水偵（「那智」搭載機）

高雄型

↑横須賀港で繋留された高雄型重巡洋艦「愛宕」。昭和７年４月撮影。内火艇が接舷しており、写真の「愛宕」では補給品の搭載作業や、舷側にてペンキ塗装作業が行なわれている

↓公試運転前の「高雄」(昭和７年３月20日撮影)。写真の「高雄」は進捗率98％の状態で、まだ一部の武器は搭載されていない

↓改装工事された「高雄」。昭和14年12月21日撮影。魚雷兵装の換装等が行なわれた

↓横須賀工廠第５船渠に入渠中の「高雄」。(昭和７年２月20日撮影)。公試運転前である

最上型

↑公試運転中の「最上」（昭和10年３月撮影）。射撃方位盤、高角砲、カタパルトは未装状態である。「最上」は呉工廠で昭和６年10月に起工し、昭和10年８月に竣工している

↓「最上」の20.3㎝連装砲（上空識別用の日の丸が１番砲塔の上に描かれている）。この砲は高雄型重巡と同じタイプである

↓「鈴谷」艦首部分の艤装シーン。昭和９年９月20日撮影。前部の砲塔支筒が３基とも形成されかけている

↓航行中の「熊野」。同艦はミッドウェー作戦に参加、最後はサンタクルーズ湾にて攻撃を受け、沈没した

↓呉を出港中の「最上」。同艦の60口径15.5cm砲は対空戦闘も可能で、他国の15cm砲よりも長砲身であった

利根型

利根型重巡洋艦「筑摩」(昭和16年7月撮影))。計画では基準排水量8450トン、主砲は15.5cm3連装砲を4基搭載予定であった

↑呉にて大破、着底した「利根」。7月28日の米艦載機の攻撃により浸水した

↓昭和20年7月24日、江田島で米艦載機の攻撃を受ける「利根」。この日の攻撃で至近弾7発、直撃弾4発を受けた

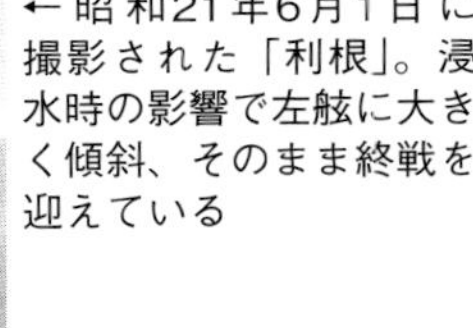

←昭和21年6月1日に撮影された「利根」。浸水時の影響で左舷に大きく傾斜、そのまま終戦を迎えている

軽巡洋艦編

天龍型

↑大連における「天龍」(昭和9年3月撮影)。満州国建国記念を祝って満艦飾を施されている

↓大阪中央突堤にて接岸中の「天龍」。艦内公開中の写真である

↑巡洋戦艦「レナウン」にて来日したイギリス皇太子(後のエドワード8世)を横浜沖で迎える「天龍」

↑昭和17年3月、ラエ・サモア攻略作戦中の「天龍」および「龍田」。両艦は第4艦隊第18戦隊としてウェーク島攻略作戦、スルミ攻略作戦、ラエ・サラモア攻略作戦、ブーゲンビル島攻略作戦、アドミラルティ攻略作戦に参加。その後、「天龍」はマダン港外で米潜水艦「アルバコーア」の雷撃を受け沈没、「龍田」は八丈島付近で米潜水艦「サンドランス」の雷撃を受け沈没した

球磨型

↑インドシナのサイゴンを訪問した「大井」。東南アジア各地を訪問した時の写真である。「大井」は球磨型4番艦で、静岡県の大井川にちなんで名づけられた。1921年就役、1944年沈没

↑昭和9年、スラバヤの「球磨」（ジャワ島訪問の折の写真）。この時の「球磨」は既に近代化改修を終えている

↑進水前の「多摩」。大正9年2月9日撮影。進水式前日の写真で、準備作業が行なわれている

↓「阿武隈」の艦首と衝突した後の「北上」。写真の場所は六年式53㎝連装の4番連管（左舷後部）

↓「北上」の回天繋止装置。回天搭載艦に改修された「北上」は、両舷合計8基の回天1型を搭載した

↑「名取」の煙突を取り付けているシーン。大正11年1月30日に撮影されたものである

↑航行中の「鬼怒」。「鬼怒」は長良型軽巡洋艦の５番艦にあたり、栃木・茨城県の鬼怒川にちなんで名づけられた

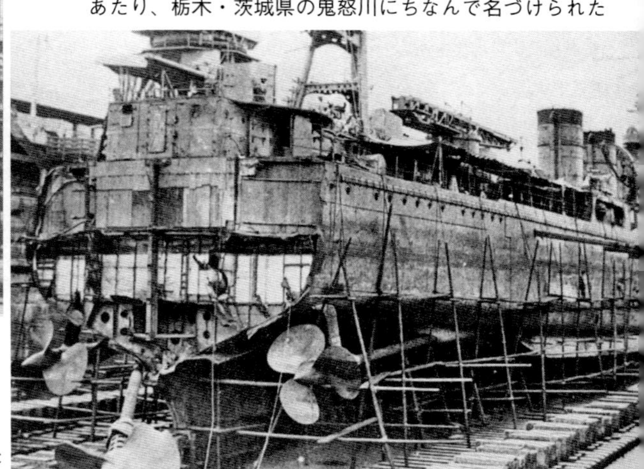

→潜水艦の雷撃と上空からの攻撃を受け、損傷したところをシンガポールに入渠、修理中の「名取」

5500トン型の長良型軽巡洋艦「名取」。長良型の３番艦にあたる。1944年8月18日、米潜水艦「ハートヘッド」の雷撃を受け、沈没した

長良型

川内型

↑接舷訓練中の川内型軽巡洋艦「川内」。駆逐艦「子日」との接舷訓練中の写真である。近代化改修を受けた後で、8㎝高角砲を撤去し、25㎜連装機銃（キャンパスに包まれている）を装備している

↑昭和2年の訓練で第1水雷戦隊所属の駆逐艦「蕨」と衝突した後の「神通」（「蕨」は船体両断され、沈没した）。舞鶴のドックに入渠する前に、主錨の取り外し作業を行なっている。喪失した艦首部分の破孔は大きく、作業船がそのまま入ってしまうほどであった

↑昭和10年頃の「神通」。この時の「神通」は近代化改修を受けた後で、後檣が三脚式となっている

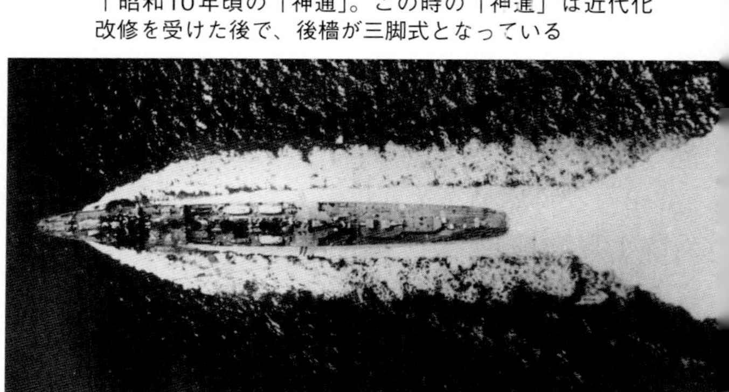

↑高速航行中の「神通」。昭和2年に撮影された写真である

夕張型

↑煙突頂部を約2m高くした後の「夕張」。基準排水量2890トン（計画常備排水量3100トン）、5500トン型の軽巡とほぼ同じ砲力、魚雷力を装備し、世界の海軍からの注目を浴びた

↑「夕張」は50口径14cm連装砲、61cm連装魚雷発射管（改装後は25mm機銃も追加）を装備。特に50口径14cm連装砲は中心線上にすべて置くといった、他に例を見ない装備方法をとっていた

↑第2水雷戦隊旗艦時の「夕張」。昭和2年撮影。
左の艦影は第2艦隊第5戦隊所属の「神通」

↑呉淞付近の黄浦江口における「夕張」。第1次上海事変で戦中の時の写真である。1942年7月10日、第4艦隊の第2衛隊に編入され、第1次ソロモン海戦に参加、その後、各種衛任務を続けるも、1944年4月26日、パラオに向かう途中米ガトー級潜水艦「ブルーギル」からの雷撃を受け、駆逐「五月雨」による曳航作業を受けたが沈没した

↓航行中の「夕張」。30ノットをうわまわるほぼ全力航行中である。写真は対空観測用気球から撮影された

阿賀野型

↑柱島付近における阿賀野型軽巡洋艦「阿賀野」。昭和17年11月頃撮影。防雷具の曳航索を艦首両舷からおろしている。煙突後部には九八式夜偵を搭載している

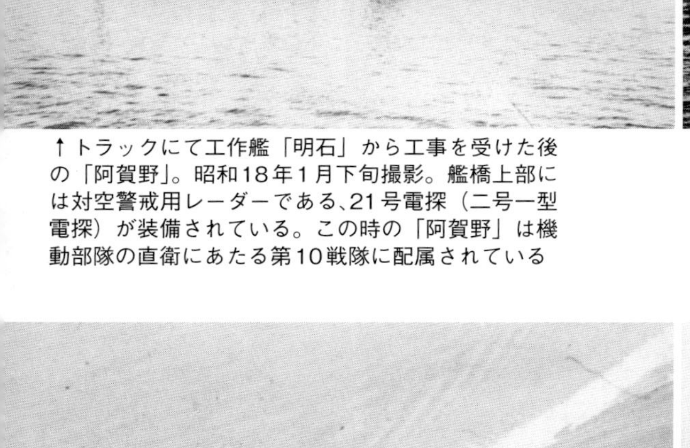

↑トラックにて工作艦「明石」から工事を受けた後の「阿賀野」。昭和18年1月下旬撮影。艦橋上部には対空警戒用レーダーである､21号電探（二号一型電探）が装備されている。この時の「阿賀野」は機動部隊の直衛にあたる第10戦隊に配属されている

↑佐世保工廠で起工（昭和16年11月）し、終末公試運転を行なう「矢矧」（阿賀野型軽巡洋艦3番艦）。昭和18年12月19日撮影。「矢矧」では25㎜機銃を4基追加装備している。ちなみに「矢矧」の名は愛知県を流れる矢矧川にちなんでつけられた

↑トラックにて魚雷発射訓練中の「阿賀野」。昭和17年12月8日撮影。61㎝4連装発射管を2基装備（魚雷16本）、片舷8門の投射能力を保持していたが、水雷戦隊としての能力をほとんど使用することはなかった

↑終末公試運転中の「能代」。東京湾外で全力航行中（35ノット）の写真である。「能代」は栗田艦隊の所属としてレイテ沖海戦に参加したが、1944年6月26日、米第38任務部隊からの空襲を受け被雷、沈没した

↑沖縄水上特攻作戦中、米艦載機の攻撃を受ける「矢矧」。この時の「矢矧」は8cm連装高角砲2基、25mm3連装機銃10基、25mm単装機銃28基を装備していた。さらに機銃には沖縄特攻作戦前に防盾も装備されている。沖縄水上特攻作戦中の「矢矧」は第2艦隊に所属、戦艦「大和」および駆逐艦8隻とともに出撃した。TBFアベンジャーから雷撃を受け、機関停止、最後は多数の魚雷と爆弾を受け、沈没した

↓戦後、電探以外の武装を撤去された「酒匂」（阿賀野型軽巡洋艦4番艦）。同艦は昭和19年11月30日佐世保工廠で竣工と、戦争末期であったため、作戦参加できず、舞鶴にて最後の水雷戦隊旗艦として終戦を迎えた。終戦後は特別輸送艦として復員輸送に従事、その後は核実験（クロスロード作戦）の標的艦として、戦艦「長門」とともにアメリカ海軍に引き渡された

←ビキニ環礁で原爆空中実験を受けた「酒匂」

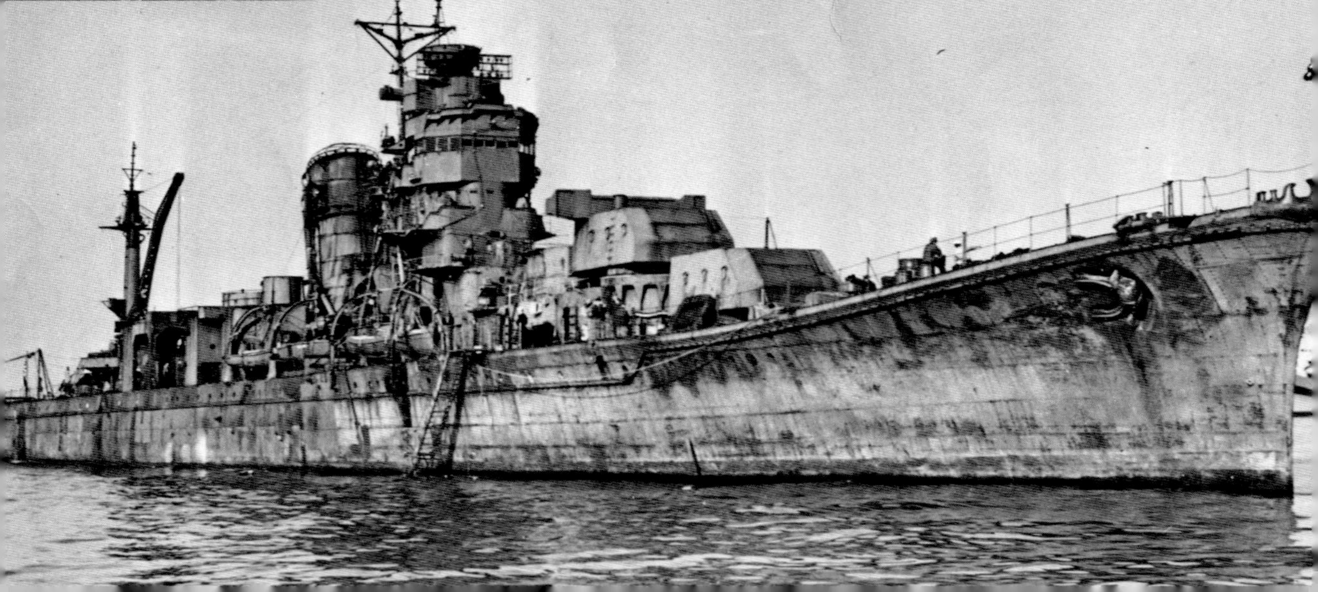

大淀型

↑新造されたばかりの「大淀」。後甲板には水上偵察機である紫雲射出用の二式一号一〇型射出機を1機装備している(改装後は呉式二号五型射出機)。紫雲は昭和18年に採用されたが、ごく少数の生産で終わっている(写真提供：HPS)

↑「大淀」格納庫上における25mm3連装機銃の対空射撃訓練。後ろには豊田司令長官（右）が見える

↑浮揚作業中の「大淀」。昭和23年に呉で解体されるために、浮揚作業が行なわれた

↓解体されるために旧呉海軍工廠のドックに入れられた「大淀」。昭和22年12月22日撮影。この呉工廠は「大淀」の生まれ故郷で、解体そのものは昭和23年1月6日から播磨造船にて実施された

駆逐艦編

睦月型

↑睦月型駆逐艦「菊月」。睦月型は初めて61㎝の大型魚雷を搭載した駆逐艦で、これ以降、日本駆逐艦の雷撃能力は列強を格段に上回ることとなった。１番艦の「睦月」は大正15年３月の竣工

←吹雪型駆逐艦「薄雲」。昭和３年８月に１番艦が竣工した吹雪型は別名特型とも呼ばれ、それまでの駆逐艦とは一線を画する傑作艦であった。「薄雲」は同３年７月に竣工、19年７月に北方で戦没

↓吹雪型駆逐艦「白雪」。昭和４年11月、呉出港前の撮影。主砲は３年式50口径12.7㎝連装砲を３基装備。砲塔のシールドは厚さ３㎜の鋼板製で、波よけ用であり、防御装甲にはなっていない

吹雪型

綾波型

↑綾波型駆逐艦「敷浪」。特型Ⅱ型とも呼ばれる綾波型は基本的には吹雪型と同じだが、対空射撃を可能としたB型砲塔に換装したことが大きな違いである

→綾波型駆逐艦「綾波」。ネームシップの「綾波」は昭和５年４月に竣工。太平洋戦争では第３次ソロモン海戦に参加し、敵艦３隻を撃沈し、サボ島沖に沈んだ

↓暁型駆逐艦「電」。特型Ⅲ型とも呼ばれる暁型は航続力向上と軽量化をねらって新型ボイラーを採用した結果、前部煙突が細くなったのが外観上の識別点である

暁型

初春型

↑初春型駆逐艦「子日」。初春型はロンドン条約のおかげで1400トンの船体に特型なみの重兵装を載せることになったのが特徴であるが、そのためトップヘビーとなり、すぐに改正を余儀なくされた。写真は公試時で、前部に12.7㎝砲塔を背負い式に装備している

→「子日」は昭和8年9月に竣工したものの、トップヘビーのために昭和10年に改装工事を行ない、背負い式砲塔配置をやめ、艦橋も小型化した。写真は昭和12年8月、戦艦「榛名」に接舷中の「子日」

↓白露型駆逐艦「海風」。白露型は初春型の兵装と船体の強化を図るべく設計を改めたもので、排水量を増大、雷装を61㎝4連装2基に増強した。写真は昭和12年、主砲を左舷に向け公試中の「海風」

白露型

朝潮型

↑朝潮型駆逐艦「朝雲」。朝潮型は白露型で不足していた速力、凌波性、航続力を満足させるために設計された大型駆逐艦で、昭和12年から14年にかけて10隻が竣工した

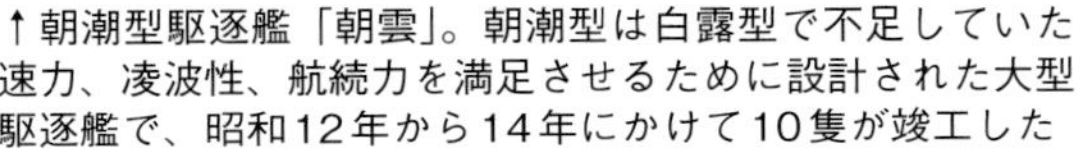

→陽炎型駆逐艦「不知火」。先の朝潮型の性能が軍令部の要求に達しなかったために新たに航続力の延伸に重点において設計された大型駆逐艦が陽炎型で合計19隻建造された

↓陽炎型駆逐艦「雪風」。栄光の駆逐艦として有名な「雪風」は昭和15年1月に竣工し、いく多の作戦を戦い抜いて終戦まで生き残ったが、陽炎型は「雪風」以外はすべて戦没した

陽炎型

夕雲型

↑夕雲型駆逐艦「清霜」。日本の艦隊型駆逐艦は陽炎型でほぼ完成の域に達したが、さらに速力と兵装面に若干の改良を加えたのが夕雲型である。昭和16年から19年にかけて合計19隻が竣工したが、全艦戦没した

↓秋月型駆逐艦「冬月」。秋月型はこれまでの水雷戦用の艦隊型駆逐艦とは全く異なる機動部隊直衛の防空専門艦として計画されたもので、高性能な65口径10cm連装高角砲４基を装備する。昭和17年６月から合計12隻が竣工した

島風型

↑島風型駆逐艦「島風」。米国の新戦艦登場に鑑み建造された高速の新型駆逐艦で、公試で日本最速の40.9ノットを記録した。また雷装も5連装発射管3基15射線と世界最強であった。海軍は水雷戦隊の主力として島風艦16隻の建造を計画したが、戦局の推移によって中止となった

↓松型駆逐艦「桃」。太平洋戦争では駆逐艦の消耗がきわめて激しく、その損失を補充することは困難であった。そこで海軍は戦時急造タイプの全く新しい駆逐艦松型を建造した。松型は日本海軍最多の32隻が竣工した

松型

潜水艦編

巡潜3型

↑巡潜３型伊８潜。巡潜３型はそれまでのドイツ式設計から日本式設計に改めた最初の巡潜型である。伊７と伊８の２隻が建造された。写真はカタパルト上に九六式小型水偵を載せている。伊８潜は昭和18年に遣独潜水艦としてドイツ占領下のフランスのブレストを訪れている

海大3型b

←海大３型ｂ伊157潜。海大３型は海大型最初の量産タイプで、ｂは凌波性向上を図るため、艦首の形状を直線的に改めたのが、aとの外観上の違いである。海大３型ｂは５隻が造られた。伊157潜は終戦まで残り、五島列島沖で爆破処理された。

海大7型

←海大７型伊176潜。海大７型は新海大型とも呼ばれ、伊176を１番艦に10隻が建造された。急速潜航時間の短縮や無気泡発射管を最初に装備したことなどが技術的な特徴である。伊176は主にソロモン方面の輸送で活躍し、トラック南方では米潜水艦コーヴィナを撃沈している

乙型

→乙型伊37潜。昭和12年、日本海軍は無条約時代をむかえると、甲、乙、丙の３種の大型潜水艦の建造に着手した。甲型は潜水戦隊の旗艦用で、乙型は旗艦設備を省略したもので、甲乙ともに水偵１機を搭載する。写真は昭和19年３月３日、チャゴス諸島偵察から帰投した零式小型水偵をむかえる乙型の伊37潜。

丙型

→丙型伊47潜。丙型は航空兵装を廃止し、艦首の発射管を８門に増強した雷装強化型である。ハワイ攻撃時には５隻が甲標的母艦として参加した。大戦末期には回天の母艦となって特攻作戦を行なった。写真は昭和19年11月８日、回天菊水隊を搭載して出撃する伊47潜である

潜特型

↓潜特型伊400潜。潜特型は特殊攻撃機「晴嵐」３機を搭載して敵要地を奇襲する潜水空母というべき超大型の潜水艦である。3万7500浬という長大な航続力をもつため、理論上は地球上のどの地点へも往復可能である。写真は終戦後、米軍に接収された伊400潜で、左には監視役の米駆逐艦ブルーが随伴している

戦闘訓練中の戦艦「武蔵」

〈写真提供：大和ミュージアム〉

昭和17年8月5日に呉で竣工した大和型戦艦２番艦「武蔵」は出動訓練を終え、18年1月18日、トラック島に向け呉を出航した。この写真は1月22日、トラック島到着直前に一式陸攻が「武蔵」を目標に雷撃訓練を実施した際の撮影とされる。飛行機整備甲板や後部艦橋横に輸送物資が積まれている。艦首向こう側の白煙は訓練魚雷投下位置を示す薬煙。画面左下に撮影機の胴体と尾翼が写っている。１番艦「大和」にはあった舷窓が見当たらない

連合艦隊艦艇総覧

一目でわかる日本海軍艦艇事典

目次

連合艦隊の始まりから終わり

昭和8年の特別大演習観艦式のもよう。右手前はお召艦の戦艦「比叡」

●日清戦争開戦後、臨時に編成された連合艦隊は、その後ワシントン条約締結以降は常設の組織となり、全海軍兵力を飲み込んで太平洋戦争への道を突き進んだ

■兵器研究家
小高正稔

●はじめに

日本海軍について興味をもつ人で、「連合艦隊」という言葉を聞いたことのない人は、まずいないだろう。そして、少なくない人が連合艦隊＝日本海軍という認識をもっているように思われる。

だが、制度的に見れば「連合艦隊」とは海軍そのものではなく、実戦部隊の上級司令部にすぎず、海軍作戦を根本的な部分で主導する存在ではない。中将以上の鎮守府長官もしくは艦隊司令長官から、海軍大臣の推薦によって親補される連合艦隊司令長官は、天皇に直属して海軍主力を掌握する重職ではあるが、軍令部総長や海軍大臣の上位にある地位ではないからである。

とはいえ、太平洋戦争において「連合艦隊」は日本海軍の保有する戦力の過半を指揮下におさめ、しばしば作戦を主導し、勝利にも敗北にも決定的な役割を果したことも事実である。本稿では太平洋戦争前夜の連合艦隊が想定した対米作戦と軍備を概観しつつ、連合艦隊という組織のたどった運命を見てゆきたい。

連合艦隊、その歴史的な展開

「連合艦隊」について考える前に、日本海軍にいつ制度としての「艦隊」が誕生したのか、ということから考えてみよう。

制度としての「艦隊」が日本海軍に誕生するのは、明治3年に編成された「小艦隊」をもってである。これは普仏戦争に対応し横浜、兵庫、長崎、函館といった開港された港湾の警備をおこなうもので、実際に横浜配備艦隊が編成されている。

その後、明治4年に2個「小艦隊」が編成され、同年末に「海軍規則」が定められ、「艦隊ハ軍艦十二隻ヲ以テ大艦隊トナシ八隻ヲ以テ中艦隊トナシ四隻ヲ以テ小艦隊トナスヘキ事」と艦隊の規模が定められた。

この規則にもとづいて、明治6

年には「中艦隊」が編成されているが、これは短期間で解体されており、常設の「中艦隊」設置は明治15年に編成された「扶桑」以下11隻の艦隊を待たねばならなかった。

この「中艦隊」は明治18年に「扶桑」以下8隻の軍艦からなる「常備小艦隊」に再編されているが、この「常備艦隊」とは有力艦艇によって編成される艦隊であり、二線級艦艇による「警備艦隊」と対になっていた。

そして日清戦争前には戦時に「常備艦隊」と「警備艦隊」を統合することが提案されており、実際に日清戦争開戦後に「常備艦隊」と「西海艦隊（警備艦隊を改称）」を統合し、伊東祐亨中将を初代連合艦隊司令長官として「連合艦隊」が編成されている。

この時点での連合艦隊は、あくまでも戦時において編制される艦隊であり、当然のことながら日清戦争後に解散されている。

こうした連合艦隊のありかたは日露戦争でも同様であり、連合艦隊は日露開戦前に、戦艦戦隊を主力とする第一艦隊と装甲巡洋艦を主力とする第二艦隊などの諸艦隊を統合して編制され、司令長官東郷平八郎海軍大将の下でロシア海軍と戦い、やはり日露戦争終結後に解散している。

ちなみに東郷平八郎海軍大将による「勝って兜の緒を締めよ」の名文句は、連合艦隊解散の辞の一節である。

連合艦隊はその後も、大演習などのおりに編成され、そして演習の終了とともに解散されてきたが、大正12年度には常設組織となり、以降、その状態が続くようになる。我々のイメージする連合艦隊司令長官の下に海軍戦力の過半が総攬される常設の巨大な戦闘集団としての「連合艦隊」は、この大正12年以降の連合艦隊の姿に強く影響されていると言えるだろう。

しかし、常設組織として、海軍そのものと同一視されるような巨大な兵力を掌握した「連合艦隊」は、ワシントン条約期の大正12年から太平洋戦争末期の昭和20年までの間、日本海軍の歴史において半分にも満たない期間であったことは記憶しておくべきだ。連合艦隊を擁する日本海軍とは、その歴史において、必ずしも常態ではなかったのである。

ちなみに「連合艦隊」を表記するさいに日本海軍は「GF」という略語を多用し、「GF長官」や「GF司令部」などと、当たり前に使っている。だが連合艦隊を素直に英訳すれば「Combined Fleet」となるから「CF」であるはずである。

実はこの「GF」とは、英海軍の「Grand Fleet」にあやかったものらしい。世界的に見れば、有力ではあるが所詮は極東アジアにおける有力な海軍、という程度の位置づけの日本海軍が自らを英海軍になぞらえるのは、夜郎自大ともいえるが明治人の稚気の現われかもしれない。

しかし、この「GF」は、常設化された後も肥大化を続け、英海軍に匹敵する、「GF」の略称に恥じぬほどの戦力に成長し、最終的には勝者となったアメリカ海軍をして「アメリカ海軍が全力で戦わねばならなかった初めての敵」と評されることになるのである。

軍縮条約と連合艦隊の常設化

ところで、連合艦隊が常設化された大正12年とは、どういう年だったのだろう。

連合艦隊が常設化される前年の大正11年は、ワシントン海軍軍縮条約（ワシントン条約）の締結された年である。ワシントン条約は、第一次大戦後も主要海軍国間で続く建艦競争を停止し、ベルサイユ条約における戦後秩序を実現するためのものであり、この条約によって日米英の主力艦保有比率は3:5:5に固定され、保有戦艦の代艦建造にも制限が課せられた。

実質的に海軍の規模が縮小され、中国市場をめぐり対立しつつあった日米間の緊張が緩和されたこの時期に、まるで時代に逆行するかのように連合艦隊が常設化されたのは、主力艦戦力で劣勢となった日本海軍が、補助艦艇の活用や術力の向上によって対米戦における勝利を模索したからである。常設化された連合艦隊は「月月火水木金金」と歌われた猛訓練と、駆逐艦や潜水艦という水雷戦力の活用に勝機を見いだしていたのである。特型駆逐艦のような大型駆逐艦は、こうした状況で誕生したものだった。

しかし、昭和5年に締結されたロンドン軍縮条約は、ワシントン条約下で構想された日本海軍の対米作戦を根底から覆すものであった。この条約では、日本海軍が主力艦の劣勢を覆す切り札として期待された、巡洋艦以下の軽快艦艇や空母、潜水艦といった補助艦艇全般の整備が制約をうけたからである。

日本政府によるロンドン条約の受け入れの背景には、国際連盟による多角的な安全保障体制を期待する政治的な判断が存在したが、海軍軍備のみとして見れば、海軍力による国防は事実上不可能となったという認識を海軍軍人に抱かせたことも事実である。

そしてこの衝撃が、海軍若手士官の一部をテロルに走らせ戦前日本民主主義を崩壊に追いやることになる。

そうした政治的な影響はともかくとして、ロンドン条約による制約の下、既存の軍備に限界を感じた日本海軍は二つの対応をおこなっている。

一つは、徹底的な個艦性能の追求である。日本海軍は個々の戦闘

米海軍に対する劣勢を補うため「月月火水木金金」の猛訓練を行なう連合艦隊

艦を極限まで重武装化したのである。そしてもう一つの対応が、ロンドン条約でも制限されなかった航空機、特に陸上基地から発進する大型航空機の艦隊決戦への活用である。

前者の個艦性能追求の結果、初春型駆逐艦や千鳥型水雷艇、空母「龍驤」など、排水量に見合わない巨大な上部構造物と重兵装の艦艇が相次いで建造されている。

これらの艦艇はスペック上では高い戦闘力を誇ったが、一方で深刻な復原性不足を内在しており、昭和9年に水雷艇「友鶴」が転覆し多数の殉職者を生むことになる。

「友鶴」の転覆は明らかに兵装過多によるトップヘビーを主因としており、同様な傾向をもつ比較的新しい軍艦に対する全面的な復原性見直しにつながった。この結果、「龍驤」のように大幅な兵装の削減、そこまでゆかずとも特型Ⅲ型（暁型）のように上部構造物の縮小やバラスト搭載という改善工事を必要とする艦が多数生じ、計画中の艦艇でも多くが全面的な再設計を余儀なくされている。

さらにこうした混乱に追い打ちをかけるように、昭和10年には三陸沖で演習中の第四艦隊が台風に遭遇、多数の艦が船体を損傷する大規模海難事故を生じている。特に特型駆逐艦の「初雪」と「夕霧」は、波浪によって艦首が切断され、内部に閉じこめられた兵員とともに流出して多くの殉職者を出し、船体強度の不足や溶接技術の未熟が問題視された。

この事件により前年の「友鶴事件」に続いて、既存艦艇の船体強度の見直しと改善を余儀なくされ、再び新造艦を中心に大規模な船体強度改善工事が実施された。また、建造中の艦艇も船体強度見直しや溶接範囲の限定化などがおこなわれている。

こうした対応は昭和12年頃まで続き、これによって日本海軍艦艇は船舶としての性能に不安を持つことなく太平洋戦争を戦えたが、一方で軍縮条約下での過大な要求と技術過信のツケを数年間に渡って払わされたという見方もできる。いずれにせよ、個艦性能を追求した重兵装艦艇の設計が破綻したことは、軍縮条約の下で日本海軍がアメリカ海軍に正面から対決した場合、勝利を収めることが難しいことを改めて認識させた。

一方の陸上航空機の整備は、それなりに成果をあげていた。海軍が当初本命と見なしていた九五式大型攻撃機（大攻、大型魚雷による対艦攻撃を任務とする）は、旧式な設計と低劣な飛行性能によって有力な戦力とはならなかったが、八試特殊偵察機から発展した九六式中型攻撃機（中攻）は、本来、大攻の補助的な戦力でしかなかったにもかかわらず、近代的な外観のままに優秀な飛行性能を誇り、洋上決戦における有力な打撃力になりえた。

軍縮条約は日本海軍内に母艦航空隊や飛行艇、水上機部隊とは異なる、実質的な意味での「空軍」と呼びうる戦力を誕生させることになったのであり、常設化された連合艦隊は、戦艦や空母、水雷戦隊という水上艦艇や潜水艦に加えて、大規模な基地航空隊という異質な兵力も包摂することになったのである。

対米作戦構想

軍縮条約下で整備された大規模な基地航空隊までを指揮下に入れた連合艦隊は、ではどのような対米迎撃作戦を構想していたのだろう。

日本海軍の対米作戦構想は、艦隊側の年次演習の成果なども反映しつつ、軍令部によって大枠で決定され、それにしたがって実施部隊である連合艦隊をはじめとする各艦隊が具体的な作戦を立案実施するものであった。したがって連合艦隊の対米作戦の基本にあるものは、軍令部によって決定された戦争計画であり、そしてそれは、一言で言えば「迎撃」につきた。

前述のように、日本海軍の戦力は大正末のワシントン条約以降、対米劣位で固定されていたし、現実問題として第一次大戦前から巨大な工業生産力を背景として、スーパーパワーとして世界に君臨すると予測されたアメリカに、単純な軍事力で勝利できるとは考えられなかった。いかなる夢想家でも日米戦争がワシントンにおける城下の盟で終わると考えるものはいなかったのである。むしろ「未来戦記」と称された戦前の仮想戦記の中には、日本海軍が奮戦するも

昭和16年10月　連合艦隊所属艦艇および航空隊

◎連合艦隊直轄（司令長官：山本五十六大将）

第一戦隊　戦艦「長門」「陸奥」
第二四戦隊　特設巡洋艦「報国丸」「愛国丸」「清澄丸」
第一一航空戦隊　水上機母艦「瑞穂」「千歳」
第四潜水戦隊　軽巡洋艦「鬼怒」
　特設潜水母艦「名古屋丸」
　第一八潜水隊潜水艦「伊53」「伊54」「伊55」
　第一九潜水隊　「伊56」「伊57」「伊58」
　第二一潜水隊　「呂33」「呂34」
第五潜水戦隊　軽巡洋艦「由良」
　特設潜水母艦「りおでじゃねいろ丸」
　第二八潜水隊　「伊59」「伊60」
　第二九潜水隊　「伊62」「伊64」
　第三〇潜水隊　「伊65」「伊66」
第一連合通信隊
附属　水上機母艦「千代田」
　標的艦「矢風」「摂津」
　工作艦「明石」「朝日」
　給炭艦「室戸」
　病院船「朝日丸」「高砂丸」
第一哨戒艇隊

◎第一艦隊

第二戦隊　戦艦「伊勢」「日向」「扶桑」「山城」
第三戦隊　戦艦「金剛」「榛名」「霧島」「比叡」
第六戦隊　重巡「青葉」「衣笠」「古鷹」「加古」
第九戦隊　軽巡「北上」「大井」
第三航空戦隊　空母「鳳翔」「瑞鳳」
　駆逐艦「三日月」「夕風」
第一水雷戦隊　軽巡「阿武隈」
　第六駆逐隊　駆逐艦「雷」「電」「響」「暁」
　第一七駆逐隊　駆逐艦「浦風」「磯風」「谷風」「浜風」
　第二一駆逐隊　駆逐艦「初春」「子日」「初霜」「若葉」
　第二七駆逐隊　駆逐隊「有明」「夕暮」「白露」「時雨」
第三水雷戦隊　軽巡「川内」
　第一一駆逐隊　駆逐艦「吹雪」「白雪」「初雪」
　第一二駆逐隊　駆逐艦「叢雲」「東雲」「白雲」
　第一九駆逐隊　駆逐艦「磯波」「浦波」「敷波」「綾波」
　第二〇駆逐隊　駆逐艦「天霧」「朝霧」「夕霧」「狭霧」

◎第二艦隊

第四戦隊　重巡「高雄」「愛宕」「鳥海」「摩耶」
第五戦隊　重巡「那智」「羽黒」「妙高」
第七戦隊　重巡「最上」「熊野」「鈴谷」「三隈」
第八戦隊　重巡「利根」「筑摩」
第二水雷戦隊　軽巡「神通」
　第八駆逐隊　駆逐艦「朝潮」「満潮」「大潮」「荒潮」
　第一五駆逐隊　駆逐艦「黒潮」「親潮」「早潮」「夏潮」
　第一六駆逐隊　駆逐艦「初風」「雪風」「天津風」「時津風」
　第一八駆逐隊　駆逐艦「霞」「霰」「陽炎」「不知火」
第四水雷戦隊　軽巡「那珂」
　第二駆逐隊　駆逐艦「村雨」「夕立」「春雨」「五月雨」
　第四駆逐隊　駆逐艦「嵐」「萩風」「野分」「舞風」
　第九駆逐隊　駆逐艦「朝雲」「山雲」「夏雲」「峯雲」
　第二四駆逐隊　駆逐艦「海風」「山風」「江風」「涼風」

◎第三艦隊

第一六戦隊　重巡「足柄」
　軽巡「長良」「球磨」
第一七戦隊　敷設艦「厳島」「八重山」
　特設敷設艦「辰宮丸」
第五水雷戦隊　軽巡「名取」
　第五駆逐隊　駆逐艦「朝風」「春風」「松風」「旗風」
　第二二駆逐隊　駆逐艦「皐月」「水無月」「文月」「長月」
第六潜水戦隊　潜水母艦「長鯨」
　第九潜水隊「伊123」「伊124」
　第一三潜水隊「伊121」「伊122」
第一根拠地隊　敷設艦「白鷹」「蒼鷹」
　掃海艇、駆潜艇、水雷艇若干
第二根拠地隊　敷設艦「若鷹」
　掃海艇、駆潜艇、水雷艇若干

◎第四艦隊

旗艦　軽巡「鹿島」
第一八戦隊　軽巡「天龍」「龍田」
第一九戦隊　敷設艦「沖島」「常磐」「津軽」
第六水雷戦隊　軽巡「夕張」
　第二九駆逐隊　駆逐艦「追風」「疾風」「朝凪」「夕凪」
　第三〇駆逐隊　駆逐艦「睦月」「如月」「弥生」「望月」
第七潜水戦隊　潜水母艦「迅鯨」
　第二六潜水隊　「呂60」「呂61」「呂62」
　第二七潜水隊　「呂65」「呂66」「呂67」
　第三三潜水隊　「呂63」「呂64」「呂68」
第三根拠地隊　掃海艇、駆潜艇など
第四根拠地隊　掃海艇、駆潜艇など
第五根拠地隊　掃海艇、駆潜艇など
第六根拠地隊　掃海艇、駆潜艇など

◎第五艦隊

第二一戦隊　軽巡「多摩」「木曾」
第二二戦隊　特設巡洋艦「粟田丸」「浅香丸」
第七根拠地隊　掃海艇、駆潜艇など

◎第六艦隊

旗艦　軽巡「香取」
第一潜水戦隊　特設潜水母艦「靖国丸」
　「伊9」
　第一潜水隊　「伊15」「伊16」「伊17」
　第二潜水隊　「伊18」「伊19」「伊20」
　第三潜水隊　「伊24」「伊25」「伊26」
第二潜水戦隊　特設潜水母艦「さんとす丸」
　「伊7」「伊10」
　第七潜水隊「伊1」「伊2」「伊3」
　第八潜水隊「伊4」「伊5」「伊6」
第三潜水戦隊　潜水母艦「大鯨」
　「伊8」
　第一一潜水隊「伊74」「伊75」
　第一二潜水隊「伊68」「伊69」「伊70」
　第二〇潜水隊「伊71」「伊72」「伊73」

◎第一航空艦隊

第一航空戦隊　空母「赤城」「加賀」
　第七駆逐隊　駆逐艦「曙」「潮」「漣」
第二航空戦隊　空母「蒼龍」「飛龍」
　第二三駆逐隊　駆逐艦「菊月」「夕月」「卯月」
第四航空戦隊　空母「龍驤」「春日丸（大鷹）」
　第三駆逐隊　駆逐艦「汐風」「帆風」
第五航空戦隊　空母「翔鶴」「瑞鶴」
　附属　駆逐艦「朧」「秋雲」

◎第一一航空艦隊

第二一航空戦隊　鹿屋海軍航空隊、東港海軍航空隊、
　第一航空隊、「葛城丸」
第二二航空戦隊　美幌海軍航空隊、元山海軍航空隊、
　「富士川丸」
第二三航空戦隊　高雄海軍航空隊、台南海軍航空隊、
　第三航空隊、「小牧丸」
附属　「りおん丸」「慶洋丸」「加茂川丸」第三四駆逐隊
　「羽風」「秋風」「太刀風」

◎南遣艦隊

軽巡「香椎」
海防艦「占守」
第九根拠地隊「初鷹」
第一掃海隊
第一一駆潜隊「相良丸」「永興丸」「長沙丸」
第九一駆潜隊「野鳥丸」
第九一警備隊、第九一通信隊
第一一特別根拠地隊「永福丸」
第八一通信隊

のの物量に優る米海軍に最後は圧倒され敗北する展開を描くものさえあった。

このため、軍令部による対米戦略は、日本軍勢力下に孤立したフィリピン、グアムを救援するために来寇する米艦隊を、有利な日本近海で迎撃する構想で一貫していた。

具体的な対米作戦は、開戦直後から実施されるフィリピン、グアム島の攻略から始まるが、アメリカ極東艦隊には巡洋艦以上の戦力はないから、これに対しては大きな戦力をさく必要はないと考えられていた。なお、これらの地域に上陸作戦を実施するため、日本陸軍では大正期以降、上陸作戦の研究を続け、大発や小発などの装備を開発し第五師団など上陸作戦用の訓練と装備をもつ海兵隊的部隊を用意しており、後の太平洋戦争でもフィリピンやマレーでの上陸作戦で活躍している。

このため対米作戦の焦点となるのは、フィリピン救援のために太平洋をおし渡ってくる太平洋艦隊の動向である。ハワイに貼り付けた長大な航続力をもつ巡洋潜水艦は、その動向を把握しつつ襲撃を繰り返し、航空隊による空襲と水雷戦隊による夜襲による戦果とあわせ、戦艦戦隊による決戦を前に彼我の主力艦戦力を均衡させ、艦隊決戦によって一挙に決着をはかるというのが日本海軍による対米作戦の大ざっぱな構想であった。

この構想は時期によって多少の差があり、当初、明確に分離されていた決戦前夜の夜襲と翌日の主力艦隊による昼間決戦が、最終的には主力艦隊の戦闘と夜戦を連続させた一挙決戦に変化するなどの違いはあったものの、補助戦力の活用により来寇する米艦隊の戦力を殺ぎ、決戦に移行するという点は一致していた。「漸減作戦」と通称されるゆえんである。

そして実施部隊である連合艦隊では、これを実現するために演習を重ね、研究を進めており、その成果が軍令部を通じて艦政本部による改装や新造艦の設計、航空本部による新型航空機の仕様決定や研究計画にフィードバックされていた。

したがって太平洋戦争直前の日本海軍の艦艇や航空機は、大正末以降に検討された対米作戦構想を相当程度に体現するものであり、部隊編制もまたそれを反映するものであった。

太平洋戦争開戦前夜の連合艦隊

その実際の姿が、太平洋戦争開戦前夜の連合艦隊の編制であり、それは前頁表のようなものとなっている。おそらく、読者の知る軍艦のほとんどが、この表にふくまれているはずである。

一見してわかるように、第一艦隊は戦艦戦隊を主力とする砲戦部隊であり、第二艦隊は巡洋艦を中心とする夜戦部隊である。水雷戦隊は第一艦隊に一水戦と三水戦が、第二艦隊に二水戦と四水戦が付属しているが、第一艦隊のそれは主力艦の援護をおこなうもので、第二艦隊のそれは夜戦における主力である。二水戦が日本水雷戦隊の最精鋭とされ、新鋭艦を集めているのはそのためでもある。

第一艦隊の任務は、主力部隊として敵主力と砲撃戦で雌雄を決することであり、第一艦隊第一戦隊はそれ故に最強の戦艦戦隊であることが求められた。第一戦隊が連合艦隊司令長官の直轄とされ、連合艦隊旗艦がおかれていたのは、ゆえなきことではない。

また編制上第一艦隊におかれた第三戦隊であるが、第三戦隊を構成する金剛型戦艦は夜戦部隊の突入を支援することも構想されており、状況によっては夜戦部隊の突入を支援するために前進することも織り込まれていた。

前述の二水戦を擁する第二艦隊は、巡洋艦と水雷戦隊を主力とする部隊である。各戦隊の重巡は、それ自体も雷撃プラットフォームであったが、同時に水雷戦隊の突入を支援する任務も課せられていた。もっとも米軍の軽快艦艇は日本海軍のそれよりも数的に優勢であり、そのスクリーンを突破するための火力支援として、前述のように第一艦隊第三戦隊の金剛型の投入も決定されていた。金剛型戦艦が昭和8年以降の第二次改装で30ノット級の高速戦艦となっているのは、第二艦隊の支援に投入されることが決定していたためだ。

太平洋戦争開戦時、金剛型戦艦は「金剛」「榛名」が南遣艦隊に、「比叡」「霧島」が南雲機動部隊に配属されていたのは、まさにこのためである。金剛型が巡洋艦部隊の支援や空母の護衛に多用されたのは、高速であったことも一因であるが、それ以上に、そうした運用が戦前から検討され、コンセンサスを得ていたことが大きな要因といえるだろう。

第三艦隊はフィリピン攻略艦隊、第四艦隊は内南洋防衛艦隊、第五艦隊は北方防衛艦隊であり、南遣艦隊はマレー攻略部隊である。これらの部隊は、太平洋戦争開戦直前に必要に応じてさらに各種艦艇の増援を受けており、南遣艦隊を例にとれば、金剛型2隻のほか、巡洋艦「鳥海」と第七戦隊(最上型4隻)、第三水雷戦隊などの戦力を増強されている。

一方、第六艦隊は潜水艦部隊であり、新鋭潜水艦が集められていた。伝統的な漸減作戦構想では、ハワイから出撃する米艦隊を追跡、反復攻撃することが求められており、太平洋戦争でもハワイ湾口付近に兵力を展開させ、機動部隊の攻撃後に脱出あるいは反撃のために出撃する米艦隊を攻撃することが期待されていた。

一方でそれまで第一艦隊と第二艦隊にあった空母戦隊である第一

航空戦隊、第二航空戦隊は、新設の第五航空戦隊を加え第一航空艦隊に集約されている。

従来の日本海軍の空母運用では、低速（30ノット以下）の大型空母である「赤城」「加賀」は主力艦隊と行動し、制空権確保、敵主力艦への攻撃を担当する一方で、高速（30ノット超）の「蒼龍」「飛龍」「翔鶴」「瑞鶴」は、場合によっては単艦で行動し、米空母の撃破を狙うことが計画された。そのために蒼龍型の建造と時を同じくしてドイツから新型高速艦爆の導入が計画されていた。この新型艦爆（後に「彗星」として実現する）は、高速で間合いをとった母艦から発進し敵空母をアウトレンジすることが目指されており、そのために計画当初の「蒼龍」は、艦攻を搭載せず艦爆のみを搭載する極端な搭載機構成が予定されたのである。

こうした本来任務の異なる空母が第一航空艦隊に集約されたのは、航空機の高性能化や戦法の変化などより、空母の集中運用が有利と判断されたためである。戦前の想定のまま太平洋戦争が日米二国間戦争として開戦された場合、第一航空艦隊は味方艦隊から前進して米空母と航空戦を戦い制空権の奪取を目指したはずである。日本海軍にとって空母の主敵は、あくまでも空母であったのだ。

そして基地航空隊である第一一航空艦隊も連合艦隊の指揮下にあった。3個航空戦隊8個航空隊を基幹とする第一一航空艦隊は陸上攻撃機（九六中攻、一式陸攻）と戦闘機隊からなる有力な航空戦力である。太平洋戦争ではフィリピン方面の航空撃滅戦やマレー沖海戦でプリンス・オブ・ウェールズとレパルスを撃沈するなどの戦果をあげたが、仮に太平洋戦争が戦前想定のまま開戦した場合、空母部隊の奮戦によって制空権を失った米艦隊を空襲し、主力艦の撃破を狙ったはずである。空母による米空母の撃破＝制空権の確保と陸攻隊の活躍は、潜水艦や水雷戦隊の活躍とともに艦隊決戦における日本海軍の勝利の前提となるものであったのだ。

いずれにせよ、昭和16年末、太平洋戦争開戦直前の時点で、連合艦隊は日本海軍の保有する戦闘艦艇のほとんどと、作戦航空機の大半を指揮下におく組織に肥大化していた。連合艦隊の指揮下にないものは、支那方面の海軍作戦を統轄する支那方面艦隊や、各鎮守府付属の部隊、練習航空隊といった内戦部隊にすぎない。たしかに連合艦隊＝日本海軍という図式は、艦隊編制面からは頷けるものがあったのである。

真珠湾攻撃

このように連合艦隊は日本海軍の保有する戦力の過半を指揮下に収めて太平洋戦争に突入した。しかし、太平洋戦争は戦前の想定とは全く異なる戦争として戦われた。対米一国を相手にとし、来寇する米太平洋艦隊を全力で迎撃するための軍備と作戦を整えてきた日本海軍は、実際の戦争では英米蘭支を同時に相手取ることになり、しかも艦隊決戦を捨て置いて南方資源地帯の奪取を優先することになったからである。

実のところ、真珠湾攻撃に近い開戦劈頭の要地奇襲を日本海軍が全く検討していなかったわけではない。開戦直後に敵艦隊の泊地を奇襲するのは日本海軍の伝統ともいうべき作戦であり、すでに明治末には潜水艦（艇）で、開戦直後に真珠湾に進出した米艦隊を攻撃する構想を検討している文書も残されている。仮に英海軍によるタラント空襲がなかったとしても、空母による真珠湾攻撃に類する作戦は構想されたかもしれない。

しかし、本来の想定に近い形で日米が開戦した場合、最有力な空母戦力を集中して、リスキーな奇襲攻撃をおこなう真珠湾作戦が実施された可能性は高くないだろう。

日本海軍の空母は、米海軍の空母を撃破することが第一義的な任務であり、それを放棄することは従来の対米作戦構想を全て破棄することにさえつながるものであったからだ。仮に空母機動部隊を失えば、制空権下の艦隊決戦（それは弾着観測を一方的に行なうことで圧倒的に有利な砲雷撃戦を戦うものである）という、日本海軍の想定した艦隊決戦大前提が失われるのだから、これは当然である。

そしてその投機的とさえいえる

日本海軍は開戦劈頭の真珠湾攻撃で対米戦争に突入した

変更を主導したのは、本来であれば海軍戦略の策定には関わらないはずの連合艦隊司令部だった。よく知られるように山本五十六連合艦隊司令長官に主導される連合艦隊司令部は、軍令部に対する恫喝ともいえる交渉で開戦直後の真珠湾空襲を認めさせ、これを実現した。

この作戦の背景には、南方攻略作戦を実施するための時間を捻出するため、一定期間のあいだ米太平艦隊を活動不能とする必要性があったが、同時に戦前に研究された漸減作戦が演習において勝利を収めることが出来なかったという事実も影響していたろう。

山本五十六が友人であり予備役海軍中将であった堀悌吉にあてた手紙には、漸減作戦では勝利がおぼつかないことが率直に綴られている。防衛的な作戦構想では兵力に勝り主導権をもつ米軍を決定的に撃破できず、戦争が長期化した場合には常に押し切られてしまうのである。

真珠湾攻撃を成功させ、南方資源地帯の占領を実現した山本司令部が第二段階作戦で主張した攻勢作戦による英米艦隊の誘出と撃破という短期決戦戦略は、長期戦による破綻を避けるため、リスクを度外視してでも攻勢を継続して主導権を握り続け、対米交渉の糸口を探るものであったのだ。

それは軍令部が描く持久的な対米戦略と全く異なるものではあったが、実戦部隊を一手に握り、巨大な発言力をもつに至った連合艦隊は、本来は軍令部の職掌であった海軍戦略にまで介入することが可能であった。昭和16年末からしばらくの間、確かに連合艦隊の意志が海軍を動かしていたのであり、この時期の海軍は正しく、連合艦隊の海軍であったと言えるだろう。

しかし、それもミッドウェーの敗戦、そしてソロモンでの消耗戦の最中に生じた山本連合艦隊司令長官の戦死によって終止符が打たれる。山本の死は、ソロモン方面における航空撃滅戦である「い号作戦」直後であるが、この作戦は、実質的な意味において日本海軍が発起した最後の攻勢と言うべきものであった。

連合艦隊の最期

山本の戦死後、連合艦隊司令長官は古賀峯一海軍大将に、その殉職後には豊田副武海軍大将に継承される。そして昭和19年には連合艦隊は、指揮下の艦隊のみならず、必要に応じて鎮守府なども指揮することが出来るよう権限の拡大がなされている。

しかし、そうした一方で、日本海軍は太平洋上における戦線を縮小し戦前の対米迎撃作戦に回帰してゆく。それは彼我の戦力を考えれば妥当な戦略であったかもしれないが、その過程で連合艦隊が戦争前半ほどには独自の戦略構想を展開していないことは注目されるべきだろう。加速度的に悪化する戦局を前に、連合艦隊司令部が独自の作戦構想を展開できる余地はなかったともいえるが、連合艦隊の政治的、戦略的発言力は、明らかに低下していたのである。

絶対国防圏における迎撃作戦の頂点は、昭和19年6月のマリアナ沖海戦であったが、戦前から営々と研究した、マリアナ諸島近海における対米迎撃作戦で連合艦隊は大敗を喫し、サイパンを失うことになる。母艦航空隊を失った連合艦隊は、昭和19年10月のレイテ沖海戦で水上砲雷撃戦部隊の活用に一縷の望みを託し、それは相応の成果を収めはしたものの、レイテ湾突入も米艦隊主力に痛撃を加えることも出来ず、「武蔵」以下、多数の艦艇を失って敗退した。フィリピンの喪失によって南方資源地帯との連絡が断たれた結果、昭和20年春には燃料不足によって大型水上艦による洋上作戦は不可能となり、昭和20年4月の「大和」以下の沖縄特攻を最後に、連合艦隊の作戦は基地航空隊を主力とする空軍的なものに終始することになる。

一方で昭和20年5月に海軍総隊司令部が設置されると連合艦隊司令長官は海軍総隊司令長官を兼任にすることとされ、これによって海軍部隊のすべてが海軍総隊司令長官＝連合艦隊司令長官の指揮下に入ることになった。

連合艦隊はその歴史において、制度的には最大の範囲を指揮下に収めることになったのであり、実質的には戦力としての海軍＝連合艦隊と言ってもよい状態が現出した。

しかし、昭和20年5月以降の連合艦隊が、本当の意味での海軍＝連合艦隊であったとは思えない。本土決戦を前に、特攻兵器と肥大化した陸上兵力ばかりの目立つそれが、海軍の姿とは思えないし、本土決戦において海軍部隊が果たせる戦略的作戦的な役割はごく限定されたものでしかなかったからだ。

昭和20年の連合艦隊は、もはや独自の構想をもって戦争を戦えるような組織ではなかった。それはある意味で、太平洋戦争以前の制度的に正しい連合艦隊の姿ではあったかもしれない。しかし、大日本帝国と海軍が滅びようとしているその瞬間、すべての海軍部隊を総攬した連合艦隊が、本土決戦において作戦レベル以下の勝利しか追求できない存在であったとすれば、それは皮肉なことであったといえるだろう。

昭和20年8月、大日本帝国は降伏し、帝国海軍は敗亡した。しかし、戦前から戦中のある時期、海軍そのものとさえ錯覚されていた連合艦隊は、帝国の敗北以前に実質的に崩壊していたのである。

日本海軍艦艇データブック

戦艦／艦隊型空母／戦時改装空母／重巡洋艦／軽巡洋艦／駆逐艦／潜水艦

◎大は戦艦から小は潜水艦まで——主力艦隊や空母機動部隊、水雷戦隊などの中核となった「艨艟」たちの生い立ちや性能、戦歴をまとめた「連合艦隊手引書」！

〈写真〉昭和17年4月、インド洋で九九式艦上爆撃機を発艦中の空母「赤城」

戦艦

解説　大河内賢
作図　石橋孝夫

●他国をリードする巨砲＆高速を兼ね備えたフネを生み出し続け、究極の巨艦「大和」の誕生にいたった！

〈写真〉単縦陣に展開する金剛型戦艦４隻

「金剛」　――高速戦艦に生まれ変わった超弩級戦艦

最後の「外国製」主力艦

日露戦争後、英国ドレッドノート級戦艦の出現により、海軍力に危機感を持った日本海軍が英国ヴィッカース社に受注し、大正2年8月16日に就役した日本初の超弩級"巡洋戦艦"である。

速力は27ノット、兵装は主砲に45口径35.6㎝連装砲4基、副砲に50口径15.2㎝単装砲を16門、53㎝魚雷発射管を8基搭載。35.6㎝砲を積んだ最初の主力艦である。排水量2万6330トン、全長は214.6mであり、超弩級という表現にふさわしいものだ。

「金剛」が外国で建造された最後の戦艦であり、太平洋戦争で使用された唯一の外国製戦艦でもある。しかし第1次世界大戦のユトランド沖海戦で、独艦隊により英国の巡洋戦艦3隻が装甲の薄さのために沈められたことで、世界的に速度重視の巡洋戦艦への見方が変化した。

さらに大正11年のワシントン軍縮条約で戦艦や空母の建造制限が設けられた一方、戦艦は3000トン以内ならば近代化が認められていた。

日本海軍の主力であった「金剛」も、昭和3年から2度に渡り大規模な改装が行なわれた。一回目の改装では、水平甲板や艦底へのバルジ新設など防御を強化したが、速力は26ノットに低下してしまい、艦種が巡洋戦艦から戦艦に変更された。

2回目の改装では、主機とボイラーを交換したことで出力が2倍となり、速力は30ノットの高速戦艦となった。また兵装も強化、主砲の仰角が引き上げられ射程が延伸され、艦橋も高層化された。

この近代化改修により、外装は新造艦かのような変貌を遂げたのである。そして第2次世界大戦に突入すると、古参であるが船速のある「金剛」は重用される。高速の「金剛」は、空母を随伴するにうってつけであったのだ。

開戦当初、「金剛」は同型艦「榛名」とともにイギリス戦艦「プリンス・オブ・ウェールズ」対策としてマレー方面に派遣される。のちにミッドウェー海戦、ガダルカナル作戦に参加。とくにガダルカナルでは活躍をした。

「金剛」は旗艦として、昭和17年10月13日夜半にガダルカナル島のヘンダーソン飛行場を「榛名」とともに洋上より砲撃、飛行場をほぼ壊滅状態にまで追い込んだのだ。

昭和19年6月19日からのマリアナ沖海戦では機動部隊を護衛した。続く10月23日からのレイテ沖海戦においては、栗田部隊として参戦。海戦自体は大敗するが、「金剛」は「榛名」とともにサマール沖にて米海軍護衛空母群と戦闘。護衛空母「ガンビア・ベイ」と護衛駆逐艦「サミュエル・B・ロバーツ」を撃沈する金星をあげる。

そして日本に帰投途中の11月21日午前3時頃、台湾北西方で米海軍潜水艦「シーライオン」の発射した6本の魚雷のうち4本が命中し沈没してしまった。日本海軍の戦艦で潜水艦に撃沈されたのは、唯一「金剛」だけである。

【要目】（昭和19年当時）
基準排水量：3万2200トン、全長：222.0m、最大幅32m、主機：艦本式ギアードタービン4基4軸、出力：13万6000馬力、速力：30ノット、航続力：18ノットで1万浬、兵装：45口径35.6㎝砲連装4基8門、50口径15.2㎝砲単装8門、40口径12.7㎝高角砲連装6基12門、25㎜機銃3連装12基36梃、同連装6基12梃、同単装40基、水上偵察機3機、乗員：1600名

●「金剛」（1944年）

「比叡」

——ガダルカナルで奮戦した最新鋭改装艦

練習戦艦から「大和」の試験艦へ

金剛型巡洋戦艦の2番艦として建造された、とくに皇室と縁の深い戦艦である。「金剛」から英国の最先端の造船技術を得て、日本国内の横須賀海軍工廠で建造された。だが工期を早めるために船体材料の多くを設計元でもある英国から輸入し組み立てられた。大正元年11月21日に進水。進水式には大正天皇も臨席し、「比叡」と命名された。

大正10年のワシントン軍縮条約によって各国の戦艦、空母の保有が制限されるが、戦艦の排水量3000トン以内の近代化は認められる。そこで他の金剛型巡洋戦艦は近代化改修が行なわれ戦艦となった。

だが今度は、昭和5年のロンドン軍縮条約でさらに軍艦の保有数が厳しく制限されてしまった。そのあおりをくらったのが、近代化改装工事が同型艦で一番遅れていた「比叡」である。

条約では戦艦数は削減されたが、"練習戦艦"の保有は例外で認められた。そこで改修内容を変更し「比叡」を戦力のダウンした練習戦艦に造り変えたのである。練習艦に格下げされたが、4番砲塔などの兵装を取り払ったことで艦内スペースが広がったことや、艦隊配属でないのでスケジュールが組みやすく、天皇の御召艦として使用された。

やがて昭和11年にロンドン軍縮条約が失効したことで、「比叡」は新たに戦艦への2回に渡る大改修を受ける。改装後の戦艦「比叡」は、最大船速は30ノットの高速戦艦となる。他の同型艦との違いは艦橋の形である。戦艦「大和」の試験モデルも兼ねていたので、同型艦の檣楼型の艦橋ではなく「大和」に似た塔型の形状をしているのである。また大和型戦艦に搭載予定の最新式の方位盤照準装置も組み込まれた。

太平洋戦争開戦時、金剛型戦艦4隻で第3戦隊を組み、「比叡」は同型艦の「霧島」とともに第1小隊を編成。南雲機動艦隊の一艦として空母を護衛して、真珠湾攻撃に参加した。空母を護衛するには、高速の「比叡」「霧島」がうってつけであったのだ。

昭和17年4月5日からの英国東洋艦隊とインド洋上で行なわれたセイロン沖海戦では、「霧島」の他にも「金剛」「榛名」の同型艦4隻が揃って参加した。その後、「霧島」とともにミッドウェー海戦および南太平洋海戦に参加する。

そして11月13日に第3次ソロモン海戦に参加した。夜半、しかも激しいスコールの中、「比叡」「霧島」はガダルカナル島に陸軍増援部隊を上陸させるため、米軍飛行場の艦砲射撃の任に就いていた。そこはガダルカナル島とサボ島の間の島の多い海域で時間は夜半、しかも激しいスコールのなかで視認性が悪かった。

この時、「比叡」は主砲に対地用砲弾「三式弾」を装填していた。以前に「金剛」が飛行場への艦砲射撃に「三式弾」を用いて成果を挙げていたからである。そして今まさに撃とうとした時、米巡洋艦隊と遭遇してしまう。お互いに見にくい中で、かなり接近していたという。

「比叡」は探照灯を照らし、「霧島」の射撃援護に成功したが、それで逆に米艦隊の格好の目標となり集中砲火を受けてしまう。さらに三式弾から対艦用の徹甲弾に切り替える隙もなかったので、米巡洋艦に初弾を命中させたにもかかわらず有効でなかった。この戦闘で「比叡」は86発の命中弾を受け、舵も壊れて操舵不能に陥ってしまう。

取り残されてしまった「比叡」は翌日13日には、米空母「エンタープライズ」や陸上から来襲した、米海軍機や海兵隊機の猛攻にさらされ、魚雷2本と爆弾5発が命中。ついに復旧不可能と艦首脳が判断し、自沈を決意する。そして味方駆逐艦の雷撃により沈められたのであった。こうして「比叡」は太平洋戦争で最初に沈んだ日本戦艦となったのだ。

【要目】（昭和17年当時）
基準排水量：3万2156トン、全長：222m、最大幅：32m、主機：艦本式減速タービン4基4軸、出力：13万6000馬力、速力：29.7ノット、航続力18ノットで9800浬、兵装：45口径35.6cm砲連装4基8門、50口径15.2cm砲単装14門、40口径12.7cm高角砲連装4基8門、25mm機銃連装10基20梃、水上偵察機3機、乗員：1222名

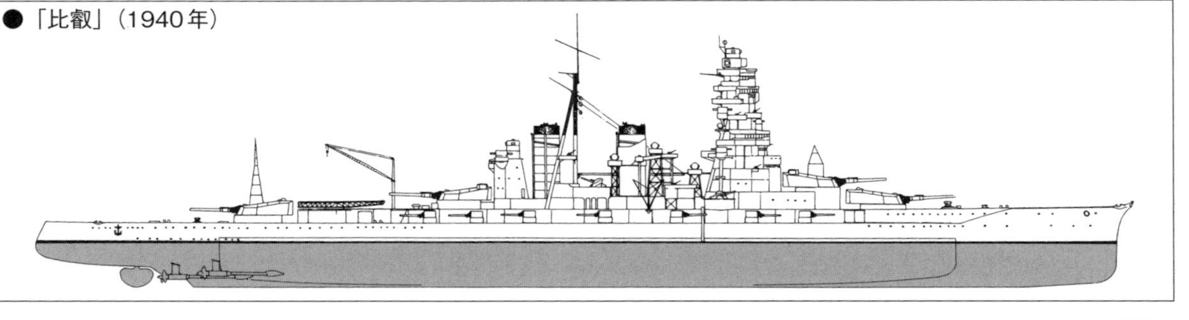
●「比叡」（1940年）

「榛名」——最大の海戦を生き残った最後の金剛型戦艦

初の民間造船所建造戦艦

金剛型巡洋戦艦の3番艦として建造された。姉妹艦の「霧島」とともに、はじめて日本国内の民間会社に発注された戦艦である。民間会社に建造させることで、造船技術の普及を目論んだのである。

「榛名」は神戸川崎造船所（現川崎重工）で、起工日は大正元年3月16日、「霧島」は三菱重工業長崎造船所で、起工日は翌日17日とほぼ同時であったので、互いの造船所は強い競争意識をもった。

両造船所の威信をかけた競争は熾烈を極め、「榛名」の機関試運転直前に故障が発見され進水が遅れてしまったため、機関製造責任者が自殺する事件も起きてしまった。これをかんがみた軍部は、「榛名」の進水が「霧島」に2週間遅れたにもかかわらず、竣工引き渡しの日を両艦とも、大正4年4月19日の同日としたのである。

やがてワシントン条約により、金剛型巡洋戦艦に対し近代化改装工事が行なわれることとなった。同型艦で最初に改装されたのが「榛名」であった。大正13年からの改装工事は防御力を増した反面、速力を落とし、艦種を“巡洋戦艦”から“戦艦”に変更した。

さらに2度目の改装工事で主缶とタービンが取り替えられ全長も7m延長し、速力30ノットの高速戦艦に生まれ変わった。また各種測定機器が搭載された前檣楼を増設し、水上偵察機を3機搭載できるようにしたので外観も変わった。

主砲仰角も増加し射程も延長される。ただし、この改良により重量バランスが悪くなり、高速時に艦首が沈み込む事態が発生、前部の副砲塔を取り払うことで対処したという。いち早く改装の完了した「榛名」は、続く「金剛」「霧島」の改良の際の参考にされ、檣楼の高さを一段低くしたのである。

太平洋戦争開始時には、「榛名」は「金剛」とともにマレー半島に派遣された。そこで陸軍のマレー半島上陸支援や、戦艦「プリンス・オブ・ウェールズ」や「レパルス」を有する英国東洋艦隊迎撃の任に当たる。一時、「プリンス・オブ・ウェールズ」と50海里の距離まで接近したが、悪天候でお互い発見できなかったこともあった。結局、戦艦同士の撃ち合いはなく、マレー沖海戦で航空機に撃沈の名誉を奪われている。

続いて南雲艦隊に合流し、他の金剛型戦艦3隻とともにインド洋に派遣される。そこで「榛名」は「金剛」とともに、クリスマス島にある英国の無線基地を副砲で砲撃した。占領の意志はない挨拶程度のものであった。しかし、なんと英国軍が降伏してしまい、クリスマス島から白旗を掲げた小舟が近づいてきた。軍使を迎える準備もなかったので、慌てた両艦は困って逃げ出してしまったのだ。勝者が泡を食って逃げ出した珍事であった。

昭和17年6月には、高速を活かして空母に随伴してミッドウェー海戦に参加。同年10月13日には、「金剛」とともにガダルカナル島の米軍ヘンダーソン飛行場を艦砲射撃し、多大なる損害を与えた。

その後しばらく後方で輸送任務をこなしたが、昭和19年6月にはマリアナ沖海戦に空母護衛の任で参加、2発の命中弾を受けて損傷してしまう。それから同年10月25日のサマール沖海戦では、米護衛空母群に猛攻撃を加えたが、敵航空機部隊に阻まれ戦果を残せなかった。その後、本土に戻されたが、国内の燃料不足から行動できずに呉の江田島に係留され防空砲台となった。

昭和20年7月24、28日に呉軍港を米英空母機動部隊が空襲をしかけた。そして20発以上の命中弾を受け、ついに大破、沈座してしまったのだ。「榛名」は4隻の金剛型戦艦のなかで、最後に沈んだ艦となったのである。

【諸元】（昭和19年当時）
基準排水量：3万2156トン、全長：222.0m、最大幅：31m、主機：艦本減速タービン式4基4軸、出力13万6000馬力、速力：30ノット、航続力：18ノットで1万浬、兵装：45口径35.6cm砲連装4基8門、50口径15.2cm砲単装8門、40口径12.7cm高角砲連装6基12門、25mm機銃3連装24基72梃、同連装2基4梃、同単装23基、水上偵察機3機、乗員：1315名

●「榛名」（1944年）

「霧島」——高速を生かして奮戦した機動部隊の守護神

強敵、アメリカ新型戦艦との対決

金剛型巡洋戦艦の4番艦として建造され、のちに近代化改装されて戦艦となった。「霧島」は、同型艦「榛名」とともに民間会社で造船された初の戦艦である。三菱重工長崎造船所で起工され、前日に起工された神戸川崎重工の「榛名」と競いあうように造り上げられた。

戦艦命名には通常「大和」や「長門」といった旧国名を使用するのが慣例である。しかし金剛型の4艦は当初巡洋艦として建造予定であったため、巡洋艦の命名基準である山岳名が用いられた。「霧島」は九州で造船された関係で名付けられた。

大正4年4月19日、佐世保鎮守府に就役し、日本海軍は世界的にも最新鋭の超弩級巡洋戦艦4隻を保有したのである。その能力は、第1次世界大戦時、同盟していた英国海軍が金剛型巡洋戦艦の欧州派遣を要請したほどである。

その後、防御重視の時勢によって昭和5年に第1次改装がなされ、バルジ増設などで防御力を増した。だが巡洋戦艦の特徴でもある速力が落ちてしまい戦艦へと艦種が変わる。昭和11年の第2次改装では、主機、タービンを交換し出力が以前のほぼ2倍の13万6000馬力となり、最大30ノットの高速が可能となった。また燃料を重油専焼としたので、航続距離の増大に成功した。ただし、重油にしたことはのちの日本の南進による石油入手の必要性に、密接に関わってくる。

さらに主砲仰角を増加させ、檣楼を改善、カタパルトを設置して水上偵察機3機を搭載したことで、遠距離射撃能力を向上させた。昭和5年当時、すでに旧型艦の域に達していた金剛型巡洋戦艦であったが、改装によって最新の高速戦艦として生まれ変わったのである。

昭和16年12月8日の真珠湾攻撃では、同型艦「比叡」とともに第3艦隊第2小隊を編成し、南雲機動部隊の護衛にあたった。

以降ミッドウェー海戦まで、「比叡」と南雲機動部隊に随伴し空母護衛の任にあたった。そして昭和17年8月ガダルカナル島を巡る攻防戦が勃発、「霧島」も投入。同年8月23日の第2次ソロモン海戦にも参加。同年11月12日深夜からの第3次ソロモン海戦では、ガダルカナル島奪還のための陸軍増援部隊上陸支援のため「比叡」と米軍ヘンダーソン飛行場砲撃の任務に就いた。しかし突然の米巡洋艦隊との遭遇により砲撃戦が勃発。その結果「比叡」が自沈してしまう憂き目に遭う。

だがこの戦闘で「霧島」の主砲が、米キャラガン隊旗艦である重巡洋艦「サンフランシスコ」を直撃。キャラガン少将を死亡させ、「サンフランシスコ」の上部構造物を破壊せしめたのである。

「霧島」は生き残ったが、その2日後に重巡洋艦「愛宕」「高雄」らと再びヘンダーソン飛行場の艦砲射撃に向かう。それに対し、米海軍は虎の子の新型戦艦「サウス・ダコタ」「ワシントン」で迎え撃った。どちらも主砲に40cm3連装砲を搭載した強力な戦艦である。この時の戦闘も深夜であった。

先手を取ったのは、レーダーの充実していた米艦隊だ。6000mの至近距離からの「サウス・ダコタ」の砲撃に、すぐさま「霧島」も反撃する。だが、主砲に装填されていた砲弾は徹甲弾でなく、前夜戦と同様に飛行場破壊用の「三式弾」であり、戦艦の重厚な甲板を貫くには不向きであった。乱戦のなか、日本艦隊は「サウス・ダコタ」に攻撃を集中し27発以上を命中させ、電源施設など上部構造物のほとんどを破壊した。しかし徹甲弾でなかったので機関部などの主要部には被害は及ばず、「サウス・ダコタ」は離脱した。残る戦艦「ワシントン」はレーダーを駆使し「霧島」を砲撃。大小40発もの命中弾に戦闘不能となる。そしてガダルカナル沖で自沈するに至ったのだ。

【要目】（昭和17年当時）
基準排水量：3万1980トン、全長：222.7m、最大幅31m、主機：艦本式高中低圧減速ギアー付きタービン4基4軸、出力：13万6000馬力、速力30ノット、航続力18ノットで9850浬、兵装：45口径35.6cm砲連装4基8門、50口径15.2cm砲単装14門、40口径12.7cm高角砲連装4基8門、25mm機銃連装10基20梃、水上偵察機3機、乗員：1303名

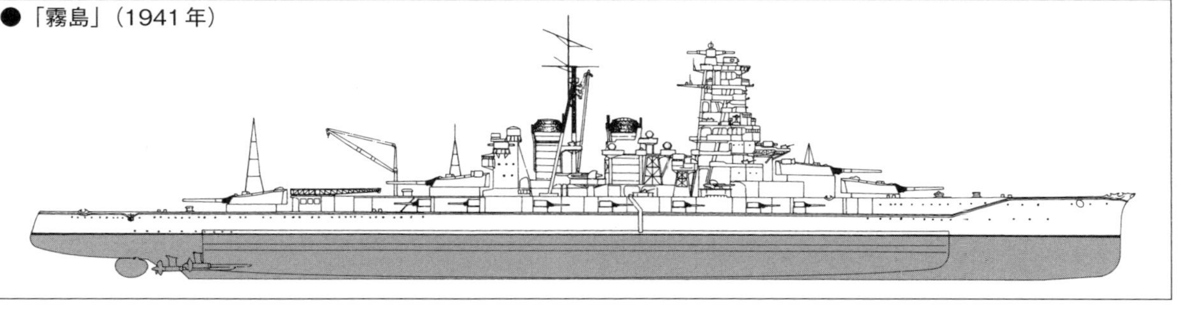
●「霧島」（1941年）

「扶桑」

——巨大な艦橋の艨艟VS真珠湾生き残り戦艦

3万トン超えの「超弩級戦艦」

世界初の常備排水量3万トン超の軍艦であり、日本海軍初の純国産超弩級戦艦である。英国から導入された金剛型巡洋戦艦の技術を基礎に、明治45年3月11日に呉海軍工廠で起工され、大正4年11月8日に就役した。

日本の戦艦の名前は慣例上旧国名を名付けられるが、「扶桑」というのは、中国神話にある東の海に浮かぶ島のことで、日本の異名のひとつである。非常に野心的な設計がされており、金剛型にも搭載された35.6cm連装砲を6基搭載、火力を高めた。さらに仮想敵であった米国戦艦にも通用する速度を得ることができたのだ。ただし、主砲を艦全体に配置したために、一斉射撃すると爆風が艦全体に広がり照準するにも困難を極める状態となり、船体にも歪みを生じさせたのだという。

防御に関しても、建造当初は1万mでの砲戦を想定していたために、水平面防御を軽んじていた。それが第1次世界大戦の英艦隊と独艦隊とのユトランド沖海戦で、砲弾が上空からほぼ垂直に装甲の薄い上部甲板を突き破ったことから、水平面防御の重要性が知れ渡ったのだ。そこで第1次世界大戦後、「扶桑」は小規模な改装を度々受ける。主砲の仰角を増加させ射程を延長、砲塔上面装甲の強化などである。

大正10年のワシントン条約により戦艦の保有が制限されると、昭和5年から旧型なれども貴重な戦艦である「扶桑」は2度に渡って近代化改装工事を受ける。ボイラー換装により煙突が2本から1本に減少した。

前檣楼の様相も測定機器の増設により複雑化し、高さは水面から50mに達した。水上観測機の搭載スペースが足りず、やむなく前檣楼と煙突の間にある3番砲塔の上部に発進用カタパルトを設置した。そのため3番砲塔が通常と逆方向の前向きとなる。高い檣楼と第3砲塔の向きという特徴で「扶桑」は識別しやすい。

のちに艦尾が延長され、そこに航空機カタパルトが移ったが、3番砲塔の向きは逆のままであった。しかし、「扶桑」は構造上の致命的な欠陥のため、金剛型並の近代化に至らず旧式戦艦の域を出ることはなかったのだ。「扶桑」のボイラーは、3番砲塔と4番砲塔の間にあり、さらなる速度向上のための強力だが大きいボイラーを設置するスペースが足りなかったのである。また戦艦には、機関部や弾薬庫、主砲塔などの重要区画を厚い装甲で覆う「直接防御」がなされている。

太平洋戦争がはじまっても、日本戦艦中最低速の「扶桑」に長らく出番はなかった。しばらくの間、日本近海での訓練任務についていた。ミッドウェー海戦に参加し「大和」とともにアリューシャン列島に向かうが、交戦することなく帰投。日本の空母4隻が失われると、戦艦「扶桑」「山城」「伊勢」「日向」の空母改造が検討された。しかし、資材と時間がなかったため、「伊勢」「日向」だけが飛行甲板が取り付けられ航空戦艦に改造された。

そしてレイテ沖海戦に参加。同型艦「山城」とともに鈍足のため主力である栗田艦隊でなく、別働隊の西村艦隊に属しフィリピン・レイテ湾を最短ルートで目指した。レイテ湾の近くに到着したが、合流予定の栗田艦隊は遅れ、西村艦隊は夜半に単独でレイテ湾に突入することを選んだ。昭和19年10月25日のことである。だが、途中のスリガオ海峡には米艦隊が待ち伏せていた。敵米艦隊は戦艦6隻、重巡洋艦4隻、駆逐艦26隻、魚雷艇37隻であった。「扶桑」も応戦したが、駆逐艦からの魚雷2発が命中。敵戦艦による十字砲火で弾薬庫に引火、爆発を起こしスリガオ海峡に沈んだのであった。その最期は他艦乗組員の「巨大な檣楼が崩れ落ちるのを見た」との証言がある。

【要目】（昭和19年当時）
基準排水量：3万4700トン、全長：212.8m、最大幅：33.08m、主機：艦本式タービン4基4軸、出力：7万5000馬力、速力：24.7ノット、航続力16ノットで1万1800浬、兵装：45口径35.6cm砲連装6基12門、副砲：50口径15.2cm砲単装14門、40口径12.7cm高角砲連装4基8門、25mm機銃3連装8基24梃、同連装16基32梃、同単装39基、13mm機銃単装10基、水上偵察機3機、乗員：1396名

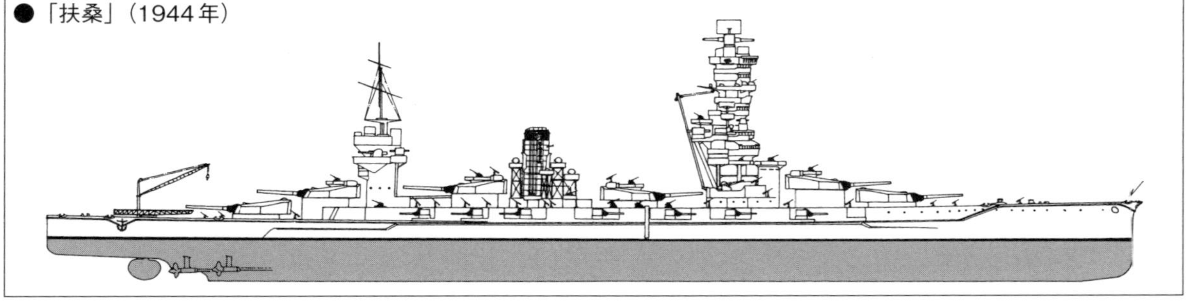

●「扶桑」（1944年）

「山城」
――最多の巨砲で圧倒する帝国海軍の切り札艦

「スリガオ海峡」最後の出撃

扶桑型戦艦の２番艦として横須賀海軍工廠で建造された。大正2年11月20日起工、大正６年３月31日に就役。「山城」という艦名は、かつて都であった京都府の旧国名に由来する。１番艦である「扶桑」はいろいろと欠陥のある戦艦であった。主砲を一斉射撃すると爆炎で照準がつけられず、さらに船体が歪んだ。２番艦であり同じ設計の「山城」もまた同様の欠陥を抱えたまま誕生したのである。そして「扶桑」とともに長らく一線から引き、多くの時間をドックでの改装工事に費やした。

「山城」は実戦でなかなか使用されなかったが実験に使われた。第１次世界大戦中、英海軍は戦艦に滑走台を取り付け、航空機の離艦に成功した。そこで大正11年に日本海軍も「山城」の２番砲塔上部に滑走台を設置し、航空機の発進実験を行ない成功したのだ。

その後、「扶桑」のように「山城」も大改装工事を受け、船体抵抗減少を狙って艦尾が延長されると同時に、艦尾に航空機カタパルトが設置された。そのため「扶桑」のように３番砲塔上部にカタパルトが無かったため、檣楼の根本の形状がえぐれたようになっておらず、３番砲塔も後ろ向きのままである。ともに水面から50mはある高い檣楼ではあるが、「扶桑」との見分けは容易についたのだ。

大改装は行なわれたが、砲塔や機関部の位置の基本的構造の欠陥によって、近代化は難しかった。このように建造された時から不遇な艦であったが、意外なことに昭和３年12月10日からほぼ１年、連合艦隊の旗艦であった時期がある。

太平洋戦争がはじまっても、「扶桑」とともに旧型艦である「山城」にはしばらく出番はなかった。時代は強力な艦砲と防御力をもった戦艦から、航空機を運用する機動艦隊に代わっていたことも理由だろう。大改装で速度が２ノットほど増したが、それでも同型艦「扶桑」とともに最高速24.5ノットと最も遅かったので、空母の護衛にも就けずに本土周辺で練習艦をしていたのである。

ようやく出番があったのは昭和17年６月のミッドウェー海戦だ。「大和」「扶桑」とともに主力艦隊として出撃するが、敵艦と遭遇することはなかった。ミッドウェー海戦で空母４隻を失った日本海軍は、空母不足を補うために「山城」の空母改造を検討するが、改造を決行すると大規模工事になってしまい資材と時間の不足により実施されなかった。

そして昭和19年10月、戦力不足により「山城」も前線へと駆り出される。フィリピンに残る陸海の残存兵力を集め、米国のフィリピン攻略阻止を目的に決戦を挑む「捷一号作戦」への参加である。フィリピンは、東南アジアからの資源の輸送路にあり、米軍に抑えられてしまうと石油の供給が滞り、事実上戦争の継続が不可能になってしまうのだ。

「大和」「武蔵」の主力部隊たる栗田艦隊とは別働隊となる西村艦隊に「扶桑」とともに属し、最短距離のルートでレイテ湾を目指した。西村艦隊の旗艦を「山城」が務める。予定では、途中で栗田艦隊と合流しレイテ湾に突入するはずであった。だが、栗田艦隊はシブヤン海で航空攻撃を受け遅れてしまう。そこで西村艦隊は、狭いレイテ湾南側のスリガオ海峡に単独突入したのである。

そしてそこには米軍艦隊が待ち構え、攻撃を加えてきた。激しい攻撃に「扶桑」は沈没。「山城」は必死に応戦したが、米駆逐艦３隻の発射した魚雷４本が命中。つづく米戦艦、重巡洋艦からの艦砲射撃により「山城」は大破炎上、大爆発を起こし沈んだのだ。生存者はわずかに10人。

西村艦隊自体も駆逐艦「時雨」１艦を残して全滅した。「山城」は戦艦同士の砲撃戦で沈んだ最後の戦艦である。

【要目】（昭和19年当時）
基準排水量：３万9130トン、全長：214.94m、最大幅：34.60m、主機：艦本式タービン４基４軸、出力７万馬力、速力：24.5ノット、航続力：16ノットで１万浬、兵装：45口径35.6㎝砲連装４基12門、50口径15.2㎝砲単装14門、40口径12.7㎝高角砲連装４基８門、25㎜機銃３連装８基24梃、同連装16基32梃、同単装39基、13㎜連装機銃３基６梃、同単装機銃10基、水上偵察機３機、乗員：1445名

●「山城」（1944年）

「伊勢」　——主砲の背負い式＆新設計の14cm砲の採用

主砲配置を変えた「改扶桑型」

扶桑型戦艦に続く超弩級戦艦として建造されたが、のちに航空戦艦に改造される。元々は扶桑型戦艦の新型艦として建造される予定であったが、予算にめどが立たず着工が遅れた。その間に、扶桑型戦艦の欠陥があらわとなり、大幅に設計が変更されることとなった。設計に変更を加え、扶桑型戦艦の問題点であった主砲の配置を改善したのだ。

扶桑型の3番、4番砲塔は煙突の前後に1基ずつ前檣楼と後檣楼に挟まれ独立するように存在し、防御面においても砲術指揮の面においても難があった。そこで「伊勢」では3番、4番砲塔を煙突と後檣楼に並んで配置したのだ。これにより欠点は改善され、機関部も大型化が可能になり速度も0.5ノット向上する。

さらに副砲を15cm単装砲から14cm単装砲へと小さくした。日本人の体格には15cm砲の砲弾は大きくて扱いづらかったのだ。そこで口径を小さくして戦闘効率を上げたのである。

「伊勢」は川崎重工業神戸造船所で大正4年5月10日に起工され、大正6年12月15日に就役をむかえた。扶桑型から改良されたとはいえ、まだ不具合が存在していた。主砲を移動したことのしわ寄せで、乗員居住区の面積が狭く居住性が劣悪になったのである。また高速航行時に一部の副砲が波をかぶり、射撃が不可能になる不具合もあった。

完成してからも、他の日本戦艦のように、砲仰角を増加し射程延長などの改装が行なわれた。昭和10年からは近代化改装工事を受ける。甲板などの水平防御や浮力と間接防御のためのバルジの設置、前檣楼を整備しての指揮施設の改善。艦尾の延長と機関部の交換による高速化である。扶桑型に比べると構造が改良されていたおかげでスムーズに近代化し、速力と防御力の強化ができた。

太平洋戦争開始時には、真珠湾攻撃に参加。損傷した南雲艦隊の空母の収容に向かった。帰投後、「伊勢」は「日向」とともに、日本海軍初のレーダー装備試験を行なった。「伊勢」には波長1.5mの超短波を用いた艦艇用対空レーダー「2号1型電波探信儀」が仮装備された。55km先の単機の航空機や20km遠方の「日向」の探査に成功する。

一応の結果を残したが、超短波ゆえ凪の海面ではレーダー波が乱反射してしまい水上探査や射撃管制に適さず、撤去が決定された。しかしミッドウェー海戦に参加が決定し、撤去する暇もなく出港した。それでものちに「2号1型電探」は量産され、戦艦や空母などに搭載されたが、1トン近い重量のため大型艦にしか積めなかった。

ミッドウェー海戦では、「大和」「日向」らとともに主力として参加したが、前線での機動部隊の戦闘により雌雄が決してしまい出番はなかった。しかしこの海戦により日本海軍は空母4隻を失った。そこで空母不足を補うために、戦艦を空母に改造する航空戦艦改造計画が持ち上がったのである。しかし空母に改造するには時間がかかり、時勢的に無理があった。そこで白羽が立ったのが伊勢型戦艦2隻だった。

船体の後部から砲塔を取り払い、格納庫とカタパルトを設置。副砲も全部取り払って、かわりに高角砲と対空機銃を強化するのだ。こうして昭和18年8月に「伊勢」は航空戦艦に生まれ変わった。

それからの「伊勢」は、小沢艦隊松田隊の旗艦として「日向」とともにフィリピン沖海戦に参加。エンガノ岬沖海戦では、米機動部隊による航空攻撃にさらされるが、対空装備を強化していたこともあり生還。本土帰還後、呉で米機動部隊からの空襲を受け昭和20年7月28日に沈没した。

戦後、陸揚げされ解体された「伊勢」の艦橋部に戦災で家を失った4家族が住み着いた記録が残っている。

【要目】（近代化改装後・戦艦時）
基準排水量：3万6000トン、全長：215.708m、最大幅：33.83m、主機：艦本式タービン4基4軸、出力：8万馬力、速力：25.4ノット、航続力：16ノットで7870浬、兵装：45口径35.6cm砲連装6基12門、50口径14cm砲単装16門、40口径12.7cm高角砲連装4基8門、25mm機銃連装10基20梃、水上偵察機3機、乗員：1571名

●「伊勢」（1942年）

「日向」 ——砲塔爆発事故がもたらした新たなる進化

日本海軍初のレーダー装備艦

伊勢型戦艦の2番艦として建造され、やがて戦局の悪化とともに航空戦艦に改造される。大正4年5月6日に長崎の三菱造船所で起工、大正7年4月30日就役。艦名の「日向」は宮崎県の旧国名であり、艦内神社は宮崎神社からわけられたものである。宮崎県には天孫降臨の地であり、巡洋艦の名にもなっている「高千穂」がある。姉妹艦「伊勢」にも劣らぬ由緒正しき名前なのだ。

「日向」は元々扶桑型戦艦の4番艦として建造予定であったが、扶桑型の不具合により設計を変更されて完成した。前檣楼への砲術指揮施設の増加などの幾度かの改装を経て、昭和9年から「伊勢」と同様な内容の大規模な近代化工事を実施される。水平防御の強化や主砲の仰角増加による射程延長、艦尾延長とボイラーと機関部の交換による速力の増加だ。

「日向」は事故の多かった戦艦である。就役からわずか1年後の大正8年10月24日、房総沖で演習中に突然3番砲塔が爆発。続いて大正13年9月17日、4番砲塔弾薬庫で火災が起きた。そしてミッドウェー海戦直前の昭和17年5月5日、伊予灘で射撃訓練中、5番砲塔が爆発を起こし使用不能となってしまった。とりあえず5番砲塔の跡に蓋をして、その上に25㎜3連装機銃4基を設置してことをしのいだという。

結局、修理も間に合わずに6月のミッドウェー海戦には5番砲塔を撤去した状態で参加した。さらにミッドウェー海戦前に「伊勢」とともにレーダーを仮装備し実験を行なった。「伊勢」のレーダーは艦艇用対空目的の「2号1型電波探信儀」であったのに対し、「日向」に仮装備されたのは対水上及び射撃用のマイクロ波レーダー「2号2型電波探信儀」であったという。ただしマイクロ波発振装置の信頼性が低く、航空機を探知できなかったため不採用となり、取り外されることになった。しかし間に合わずレーダーを装備しながらミッドウェー海戦に向かう。だが、アリューシャンに向かう途中で艦隊が霧に包まれたときに、「2号2型電探」を暗中測定装置として用いた。このことで「2号2型電探」は仮採用を勝ち取ったのである。

ミッドウェー海戦後、5番砲塔の事故が「日向」、さらには「伊勢」の運命まで変えてしまう。ミッドウェー海戦で空母4隻を失い、空母不足に陥った日本海軍が戦艦を空母に改造することを検討したのだ。候補に上がったのは、「扶桑」「山城」と「伊勢」「日向」であった。だが資材と時間の関係上、改造に工程のかかる空母は断念し、航空戦艦に計画は変更された。後部の砲塔が撤去されて、そこに格納庫とカタパルトを設け、爆撃機を搭載し小型空母化し、さらに戦艦の攻撃力も併せ持つ“航空戦艦”となったのである。昭和18年11月に改造が完了し、「伊勢」型戦艦2隻は“航空戦艦”に生まれ変わったのだ。

「伊勢」に搭載された2号1型電探

エンガノ沖海戦では、米機動部隊航空機の集中攻撃を受けたが「伊勢」ともに窮地を切り抜ける。また副砲が全門撤去され、代わりに高角砲と機銃が設置されたので、空母の随伴艦として活躍したという。

昭和20年2月には南方からの戦略物資輸送作戦「北号作戦」に参加し成功させた。帰還後、燃料不足で呉軍港に係留され浮き砲台化される。3月からは米機動部隊に立て続けに空襲され、7月28日についに大破沈座してしまった。終戦後、引き上げられ現地で解体された。

【要目】（近代化改装後・戦艦時）
基準排水量：3万6000トン、全長：215.8m、最大幅：33. 83m、主機：艦本式タービン4基4軸、出力：8万馬力、速力：25.034ノット、航続力：16ノットで7870浬、兵装：45口径35.6cm砲連装6基12門、50口径14cm砲単装16門、40口径12.7cm高角砲連装4基8門、25㎜機銃連装10基20梃、水上偵察機3機、乗員：1571名

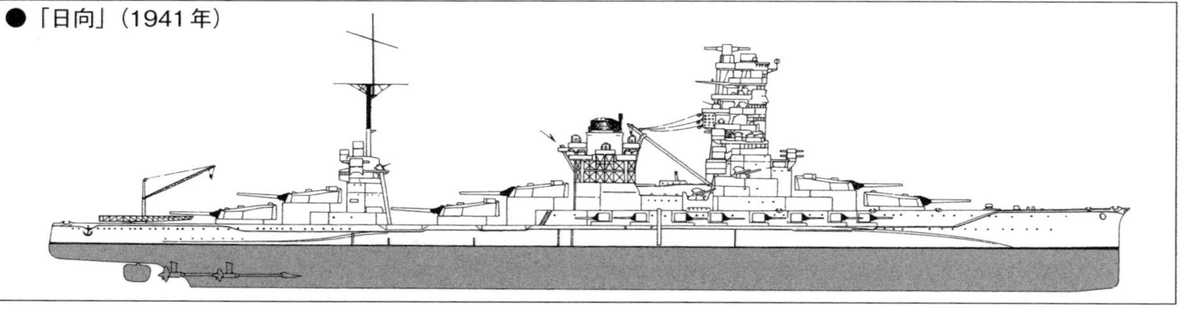

●「日向」（1941年）

「長門」

——高速を兼ね備えた世界最初の40cm砲搭載艦

「八八艦隊」整備計画第1陣

世界初の40cm主砲を搭載した戦艦である。長い期間、連合艦隊の旗艦をつとめ、さらに大和型戦艦の存在が国民に秘匿されていたため、日本海軍の象徴として親しまれてきた。大正6年8月28日に呉海軍工廠にて起工、大正9年11月25日に竣工している。日本海軍は米海軍を仮想敵としていた。そこで新造戦艦8隻と巡洋戦艦8隻からなる「八八艦隊」を創設しようとする。「八八艦隊」を構成する戦艦として建造されたのが「長門」なのである。

「長門」の40cm砲は建造当時世界最大であった。それ以前には英国の38cm砲を搭載したクィーン・エリザベス級戦艦があり、米国初の40cm砲搭載戦艦「メリーランド」の竣工が大正10年7月である。「長門」の速力は26ノットと、巡洋戦艦並みの高速でもあった。通常最高速度は重要機密であり、真の速度を伏せられて23ノットと公表された。しかし大正13年の関東大震災の際に、「長門」は災害救助活動で物資を積載し東京に全速力で向かった時である。支援を申し出た英巡洋艦「プリマス」が並走していたので、最高速度を知られてしまったのだ。機密より人命を優先した結果である。

建造当時は2本の煙突を持っていたが、前側の煙突が出す煙と熱が前檣楼に影響を与える不具合があった。そこで前の煙突を曲げて煙と熱を逃がすという工事を行なった。この曲がった煙突が「長門」、そして姉妹艦の「陸奥」の特徴となり、遠くからでも認識できた。

強力な「長門」「陸奥」などで「八八艦隊」が編成されるはずであった。しかし大正11年、各国の戦艦保有数を制限するワシントン軍縮条約により、「八八艦隊」整備計画は頓挫してしまう。この条約により新造艦は禁止され、

以降20年にわたり戦艦は製造されず、「大和」が建造されるまで長門型戦艦こそが日本海軍最大の戦艦であった。

軍縮条約締結後のこの時代は「海軍の休日（ネイバル・ホリデー）」と称され、世界で7隻のみ存在を許された40cm砲を有する戦艦、米国「メリーランド」「コロラド」「ウエスト・バージニア」、英国「ネルソン」「ロドネイ」、そして日本の「長門」「陸奥」は「ビッグ・セブン」と呼ばれ、7つの海で最強を誇ったのである。

昭和8年から「長門」は近代化改装工事を受ける。バルジの装着や水平面の防御強化、主砲の仰角増加による射程延長、艦尾の延長、檣楼の大型化のほか、ボイラーを交換し特徴であった曲がった煙突がなくなり、煙突は直立した一本だけとなった。ただし主機関を交換しなかったので最高速度は落ち、25ノットとなった。

昭和16年12月8日、太平洋戦争が開始された時、「長門」は連合艦隊の旗艦であった。真珠湾攻撃開始命令の暗号電文であった「ニイタカヤマノボレ1208」は、瀬戸内海の山口県岩国沖柱島泊地の「長門」から機動部隊に向け発信されたものである。のちにミッドウェー海戦に主力として参加するが、後方支援で戦闘はなかった。

昭和19年6月のマリアナ沖海戦では空母の随伴艦として対空戦闘を経験するが、空母機動部隊は全滅してしまう。そして同年10月、栗田艦隊としてレイテ沖海戦に参加。シブヤン海で空母機の攻撃で損傷するも、その翌日のサマール沖海戦で米護衛空母部隊を砲撃、米艦船1隻を大破させた。

多数の命中弾を受けながらも横須賀に帰投した「長門」は燃料枯渇のため動けなくなる。終戦1ヵ月前に空襲を受け、爆弾3発が命中し中破。そしてそのまま終戦をむかえた。

満身創痍であるが終戦時に自走できる唯一の日本戦艦であった。戦後、ビキニ環礁での米国原爆実験の標的艦となる。昭和21年7月より2度に渡る原爆を耐え、5日後の深夜、静かに海底に沈んでいった。

【要目】（昭和19年当時）
基準排水量：3万9130トン、全長：224.94m、最大幅：34.59m、主機：艦本式タービン4基4軸、出力：8万2000馬力、速力：25ノット、航続力：16ノットで8650浬、兵装：45口径40.6cm砲連装4基8門、50口径14cm砲単装18門、40口径12.7cm高角砲連装4基8門、25mm3機銃連装14基42梃、同連装10基20梃、同単装30基、水上偵察機3機、乗員1368名

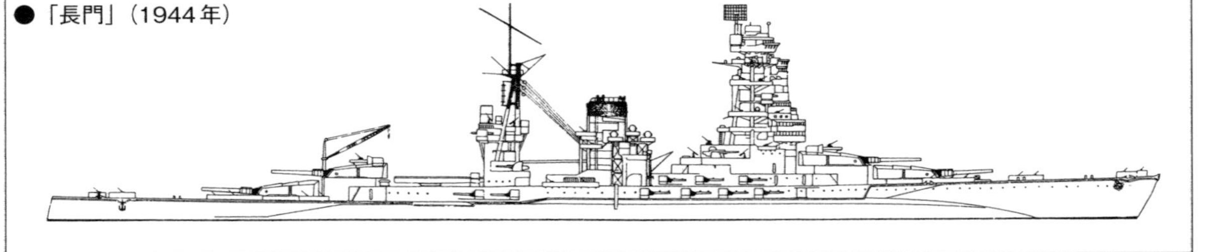

●「長門」（1944年）

「陸奥」

——「長門」と共に親しまれた日本海軍の象徴

「謎の爆沈」を遂げた悲運の艦

長門型戦艦の2番艦として建造されたが、謎の爆発事故を起こして沈んだことで知られている。船内神社は青森県の津軽一宮「岩木山神社」の御分神が祀られていた。

第1次世界大戦後、日本は米国を仮想敵と定め、新造戦艦8隻と巡洋戦艦8隻からなる「八八艦隊」を創設しようとした。その艦隊のために建造されたのが「長門」であり、2番艦の「陸奥」である。

「八八艦隊」完成後の艦隊維持費には国家予算の半分以上もの費用が必要であると予想された。各国も同様に新造戦艦の建造による軍拡競争で、国庫が疲弊していった。そのような情勢を鑑みた列強各国は、大正10年にワシントン軍縮条約を締結し国ごとに戦艦、空母の保有量を制限、未完成の戦艦の廃棄、新造の禁止を決定したのだ。これで「八八艦隊」計画は破綻。建造途中であった「陸奥」も米英により廃棄対象と主張されたが、日本はすでに完成したと言い張った。そこで日本は「陸奥」の工事を急がせ、一部の艤装をしないまま大正10年10月24日に竣工となった。

欧米の視察団には、「陸奥」の医務室に海軍病院から傷病者をわざわざ移送し、すでに稼動状態であることをアピールする工作まで行なわれたのである。からくも「陸奥」は保有を認められ、「長門」とともに日本海軍の象徴となり、「『長門』と『陸奥』は国の誇り」とまで謳われたのである。

ワシントン軍縮条約後、40㎝砲を積んだ戦艦は「陸奥」「長門」併せて世界で7隻のみであり、「ビッグ・セブン」と称された。ただし、「陸奥」の保有にこだわり、欧米の40㎝砲搭載新戦艦計4隻の建造に譲歩した。「陸奥」1艦のために英米の海軍力増強を招いたことで、山本五十六はその行為を批判している。

「陸奥」は昭和11年に「長門」と同様の近代化改装工事を行ない、主砲仰角増加で射程延長により攻撃力、大型バルジ増設などで防御力を向上した。主機関は換装しなかったために最高速度が25ノットに低下したのも同様である。ただし、この速度低下は想定内のことであり、日本海軍が改装した戦艦の速力を25ノットに揃えた結果である。太平洋戦争開始時、「陸奥」は連合艦隊旗艦「長門」とともに山口県岩国沖の柱島泊地に停泊。時代は航空機を活用する機動艦隊が中心となり、戦艦の出番はなかなかこなかった。

ようやく昭和17年6月のミッドウェー海戦に参加、主力部隊ではあったが、後方支援なので戦闘することはなかった。戦闘は前線の機動部隊だけで終わってしまったのだ。同年8月にはガダルカナル島に米軍が上陸し対策として、トラック環礁に進出。8月23日からの第2次ソロモン海戦に参加したが、目標である米機動艦隊を発見できずに終わった。

そののち日本に戻り、横須賀に寄港。そして昭和18年6月8日、広島湾柱島泊地に停泊中の「陸奥」の3番砲塔弾薬庫で大爆発が起きたのだ。1000トンもの3番砲塔が空高く吹き飛び、巨大なきのこ雲を出現させた。船体は2つに破断し沈没。乗員1474人のうち1121人が死亡した。

日本海軍は「長門」と並び海軍の象徴であった「陸奥」の沈没を終戦まで隠し、死亡した乗員には給与が支払い続けられた。爆発の原因であるが、乗員のほとんどが死亡してしまい正確には謎である。盗みを糾弾された下士官が自暴自棄に船を道連れに放火した説やいじめに端を発して放火した説、スパイによる破壊工作、1年半前に駆逐艦「潮」から投下された機雷が誤爆したとの説もあるが、どれも真偽のほどははっきりしない。「陸奥」の謎の沈没は、太平洋戦争におけるミステリーのひとつであるのだ。

【要目】（昭和18年当時）
基準排水量：3万9050トン、全長：224.94m、最大幅：34.59m、主機：オールギアードタービン4基4軸、出力：8万2000馬力、速力：25.28ノット、航続力：16ノットで8650浬、兵装：45口径40.6㎝砲連装4基8門、50口径14㎝砲単装18門、40口径12.7㎝高角砲連装4基8門、25㎜機銃連装10基20梃、水上偵察機3機、乗員1474名

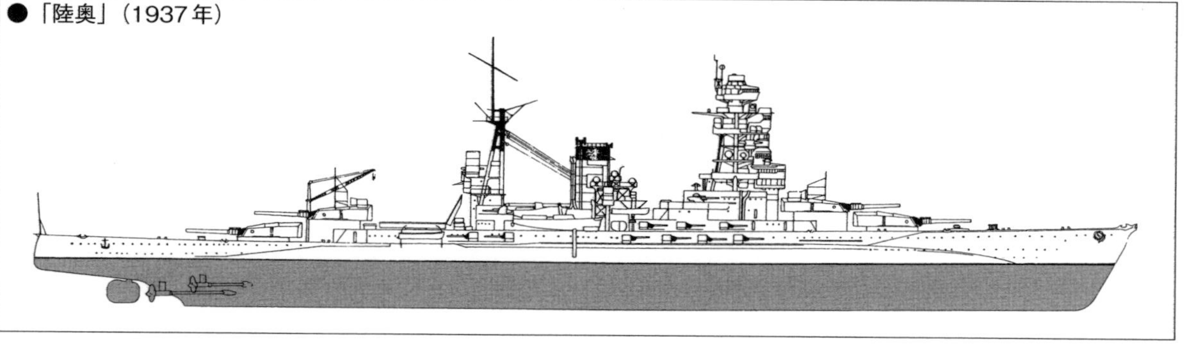

●「陸奥」（1937年）

「大和」 ——アウトレンジで米戦艦を圧倒する最大戦闘艦

「空前のバトルシップ」誕生

「大和」と「武蔵」は史上最大の戦艦である。基準排水量は米国最大「アイオワ」級の約1.4倍、全長は空母「赤城」と変わらないが、全幅は当時の軍艦では最大の38.9mであった。米戦艦はパナマ運河を通過する影響で、船体幅が最大32.3mに制限されて、同時に戦艦に搭載される主砲も最大40cm砲であった。「大和」は全幅を活かし、世界最大最強の45口径46cm砲を主砲として搭載したのだ。主砲弾は1.46トン、射程は4万2000m、東京駅から国道16号線の圏内まで届く距離であり、3万m先の厚さ40cmの装甲鈑を突き破る威力があったのだ。

防御に関してもぬかりはない。戦艦の防御は、自分の砲の直撃に耐えられることであるから、理論上「大和」を撃沈できる主砲を持つ戦艦は存在しないのだ。喫水線下には、船底まで装甲鈑が装着され、水中弾を防いでいた。列強の戦艦では比較的に軽んじられていた部位である。また煙突内部には小穴の開けられた装甲鈑が設置された。砲弾が中に飛び込まぬように発明されたもので蜂の巣甲鈑と呼ばれた。

完成時には左右舷に1基ずつ重巡洋艦「最上」が換装した15.5cm3連装砲を副砲として流用し搭載していた。しかし昭和18年に高角砲、機銃を設置するために撤去された。「大和」の弱点はこの副砲塔部分の防御であり、補強されたが充分とはいえなかった。

「大和」の最高速力は27ノット。機動艦隊に随伴するには金剛型戦艦のように30ノットは欲しかったが、高速化すると艦のさらなる大型化を招くため妥協した。大和型戦艦ではじめて艦首が球状のバルバス・バウとなり、水の抵抗を8パーセント押さえることで燃費を節約できた。良好な結果から以降、空母「翔鶴」「大鳳」などにも採用される。

「大和」はロ号艦本缶（ボイラー）を12基搭載の蒸気タービン機関を有し、生み出された15万馬力で4個の3翅スクリューを回転させた。予定では航続力を伸ばすためディーゼル機関も搭載されるはずだったが、故障も多く信頼性から蒸気タービンのみとなったという。

大和型戦艦の前檣楼に設置された光学式測距儀の大きさは15mあり、これも世界一であった。測距儀は大きいほど目標までの距離を測る精度が高いのだ。

これだけの大型戦艦が造られたのは、昭和11年の軍縮条約失効ののちの米国との軍拡競争への用意と、まだ健在であった大艦巨砲主義によるものであった。

起工は呉海軍工廠にて昭和12年11月4日、竣工は16年12月16日である。造船は徹底的に秘密裏に行なわれ、造船ドックには屋根と壁が造られ外部から隠された。山本五十六にも「大和」の詳しいデータは知らされなかったのだ。

連合艦隊旗艦としてミッドウェー海戦に参加するが、後方支援だったので戦闘せず、昭和19年6月19日からのマリアナ沖海戦では、空母機動部隊の護衛として参加したが、護りきれずに惨敗した。レイテ沖海戦に「武蔵」とともに出撃した。シブヤン海で米機動部隊艦載機の攻撃に遭い、「武蔵」を撃沈され「大和」も2発の命中弾を受ける。

その後のサマール沖海戦では、米護衛空母との戦闘で苦戦したが、主砲により米護衛空母「ガンビア・ベイ」、駆逐艦「ホール」などを撃沈せしめた。

そして昭和20年4月5日、「大和」は軽巡洋艦「矢矧」や「雪風」含む駆逐艦8隻とともに第2艦隊旗艦として、沖縄水上特攻に向かった。途中、坊ノ岬沖で計13隻の米空母群に集中攻撃を受けてしまう。米艦載機400機以上の波状攻撃で、魚雷12本、爆弾5発以上をくらい、史上最大の戦艦は司令長官・伊藤整一中将や多数の乗員と共に沈んだのだ。

【要目】（昭和20年当時）
基準排水量：6万5000トン、全長：263.0m、最大幅：38.9m、主機：艦本式タービン4基4軸、出力：15万3553馬力、速力：27ノット、航続力：16ノットで7200浬、兵装：45口径46cm砲3連装3基9門、60口径15.5cm砲3連装2基6門、40口径12.7cm高角砲連装12基24門、25mm3機銃連装52基156梃、同単装6基、13mm機銃連装2基4梃、水上偵察機7機、乗員：3332名（沖縄特攻時）

●「大和」（1945年）

「武蔵」

――空前の航空攻撃を一身に受けた悲劇のフネ

日本海軍最後の「浮き城」

大和型戦艦の2番艦として建造された。昭和13年3月28日に三菱重工業長崎造船所で起工された。

「大和」同様、造船所周辺にも秘密裏に建造が進められた。ただ長崎は山に囲まれた土地であり、秘匿するのが困難であった。そこで日本海軍は高台にあり造船所を見下ろすグラバー邸を買収し、船体の一部に屋根をかぶせた。また造船所の対岸には米英などの領事館が建っていたので目隠し用の倉庫を建設したり、巨大クレーンの偽装にシュロの葉で覆ったりした。

シュロは漁網の材料であったので、価格が高騰し漁民が困ったという逸話もある。

「武蔵」の建造は、「大和」の建造を行なった呉海軍工廠のように、進水時に注水だけで済む掘り込み式のドックではなく、船台の上で行なわれた。進水の際には、斜めになった船台を滑り海に浮かぶのだ。

昭和15年11月1日に「武蔵」は進水。「武蔵」の進水重量は3万5737トンもあり、進水式では長崎港の立神桟橋付近でおよそ10分間に海面が30㎝上昇、58㎝の高さの波をも生み出した。さらに対岸に建つ民家を高波が襲い床上浸水を引き起こしたという。

就役したのが昭和17年8月5日。船内神社には、武蔵国一宮氷川神社が分社された。完成当時の「武蔵」と「大和」との外観の差異は少ない。前檣楼の後部にある階段（ラッタル）や艦尾のクレーンの支柱の形が幾分異なるくらいで一見して見分けがつかなかった。

一方、内部構造は異なっており、「武蔵」は連合艦隊旗艦としての司令部施設が拡充され、「大和」の弱点と指摘された副砲塔まわりの装甲を強化していた。また客船などを手がけていた民間会社の建造なので、いろいろと「大和」より使いやすかったらしい。

大和型戦艦は冷暖房完備の上、他の戦艦の乗組員の寝具がハンモックのところがベッドであり、またラムネ製造機が設置されてもいた。このような環境であったので「大和ホテルに武蔵御殿」と揶揄もされたが、憧れる海軍将兵も多かったという。

就役翌年、「武蔵」はさっそく連合艦隊旗艦へと任ぜられる。ただし、すでに時代は戦艦同士の砲撃戦でなく、航空機とそれを搭載する空母が主体となっていた。「武蔵」はトラック諸島で停泊し、そこから全軍を指揮し続けた。

トラック諸島からの最初の任務は、昭和18年5月17日、日本への連合艦隊司令長官山本五十六の遺骨の護送である。同年4月18日、山本五十六の乗機がブーゲンビル島上空で撃墜されてしまったのだ。

すぐに後任の司令長官に古賀峯一が着任したが、昭和19年3月31日にパラオでの飛行機事故で殉職してしまう。同時に連合艦隊司令部も解体され、「武蔵」も旗艦の任が解かれた。

6月のマリアナ沖海戦に「大和」とともに第2艦隊第1戦隊として空母護衛任務で参加。そののち対航空兵装の必要に迫られ、「大和」とともに副砲を撤去し6基の高角砲を増強することにした。

しかし「武蔵」の高角砲は生産が間に合わず、代わりに25㎜3連装機銃6基が装備され、レイテ沖海戦にもそのまま参加した。改装後の両艦は対空装備で見分けることができたのだ。

レイテ沖海戦では、「大和」「長門」などと主力の栗田艦隊に属した。そして直前に明るい色に塗り替えていたという。だが、「武蔵」は目的地に辿り着くことができなかった。

10月24日、リンガ泊地を出撃しレイテ島に向かう途中のシブヤン海で、栗田艦隊はハルゼー提督の第3艦隊からの航空攻撃に見舞われる。艦隊でひときわ明るい色の「武蔵」は格好の目標物だった。航空機支援のないなか、魚雷20本、爆弾17発以上が命中し、日本海軍が最後に造った戦艦は海底に沈んだのだ。

【要目】（昭和19年当時）
基準排水量：6万5000トン、全長：263.0m、最大幅：38.9m、主機：艦本式ギヤードタービン4基4軸、出力：15万馬力、速力：27ノット、航続力：16ノットで7200浬、兵装：45口径46㎝砲3連装3基9門、60口径15.5㎝砲3連装2基6門、40口径12.7㎝高角砲連装6基12門、25㎜3機銃連装35基105梃、同単装25基、13㎜機銃連装2基4梃、水上偵察機7機、乗員：約3300名

昭和19年10月、ブルネイを出撃する「武蔵」

航空戦艦「伊勢」「日向」

——時代の“あだ花的”軍艦

〈写真〉公試運転中の航空戦艦「日向」

戦艦プラス空母の特殊艦

航空戦艦とは、戦艦の攻撃力と小型空母並みの航空戦力を併せ持つ艦船である。日本では、戦艦から改造された「伊勢」「日向」が存在した。

英国では昭和2年にヴィッカーズ社のジョージ・サーストンがワシントン軍縮条約非加盟国向けに航空戦艦の案を発表したが、採用はされなかった。また第2次世界大戦中には建造途中の新型戦艦ライオン級の一案として航空戦艦化が検討されたが、建造自体が中止されてしまった。そして米国で1980年代に現役復帰したアイオワ級戦艦の後部にスキージャンプ台甲板を取り付け、「ハリアー」を発着させる案があったが実現しなかった。仏国では、未完成のまま自由フランス軍に参加したリシュリュー級戦艦「ジャン・バール」が航空戦艦化を検討されたが、戦艦として大戦後に完成した。このように航空戦艦は、日本以外どこも実用化に至らず、机上だけの検討案で終わってしまったのである。

日本の航空戦艦は苦肉の策により生まれたものである。太平洋戦争ではすでに大艦巨砲主義は終わり、機動部隊の航空機による戦いとなっていた。マレー沖海戦で日本軍は、英国戦艦「プリンス・オブ・ウェールズ」「レパルス」を航空機だけで撃沈する。

戦艦は、戦艦でなければ撃沈できないとの通説を破ったのは、ほかならぬ日本であった。航空機、そしてそれを運用するための航空母艦が海戦でのキーとなったのである。そしてミッドウェー海戦で航空母艦4隻を失ってしまった海軍は、空母不足に悩むこととなった。そこで新造空母や他艦種の空母改造を画策した。しかし工事期間と資材の折り合いがつかず、断念することとなった。その代わり既存の戦艦の、後部砲塔を取り除いて、飛行甲板と格納庫を取り付けた“航空戦艦”に改造する計画がもちあがる。その候補として検討されたのが、「扶桑」「山城」、そして「伊勢」「日向」であった。

その中で「日向」が、事故により後部甲板の5番砲塔が取り払われていたので適格とされた。さらに同型であった「伊勢」も資材や設計が流用できるという理由で選ばれた。昭和18年の秋、伊勢型戦艦は“航空戦艦”に改造され完成したのである。

伊勢型航空戦艦の後部飛行甲板は甲板の上にコンクリートを敷いて造られていた。長さが70m、前方幅29m、後方幅13mであり、とうてい着艦はできないものである。飛行甲板の下には格納庫があり9機が収容でき、さらに甲板上に11機、左右舷にそれぞれあるカタパルト上に1機ずつ、合わせて22機の航空機を搭載できた。カタパルトは、船体後方から斜め前方に向け、4番砲塔の両脇に延びていたが、対空合戦時には後ろに向けられ、3番、4番砲塔の射線を確保した。この一部飛行甲板に埋め込むように設置された2基のカタパルトは、大和型戦艦や水上機母艦「日進」と同じ「一式2号射出機11型」で、5トンの艦載機を30秒間隔で射出できた。

全長は25.6m、従来のカタパルト「呉式2号5型」の全長19.4mより長く、そのため射出時にパイロットへの衝撃が軽減された。射出時の平均加速度は2.7G。カタパルトの動力には「一三式火薬」が用いられている。この火薬は、不揮発性で駆逐艦の魚雷射出用途や、大和型戦艦の主砲発射薬にも使用されたものである。

「伊勢」「日向」の搭載機数は少なく、搭載機が爆撃機のみ、さらにフロートのない艦上機の帰艦が不可能であるので、他の正規空母とともに行動することを想定されていた。そ

●航空戦艦「伊勢」（1944年）

●航空戦艦「日向」(1944年)

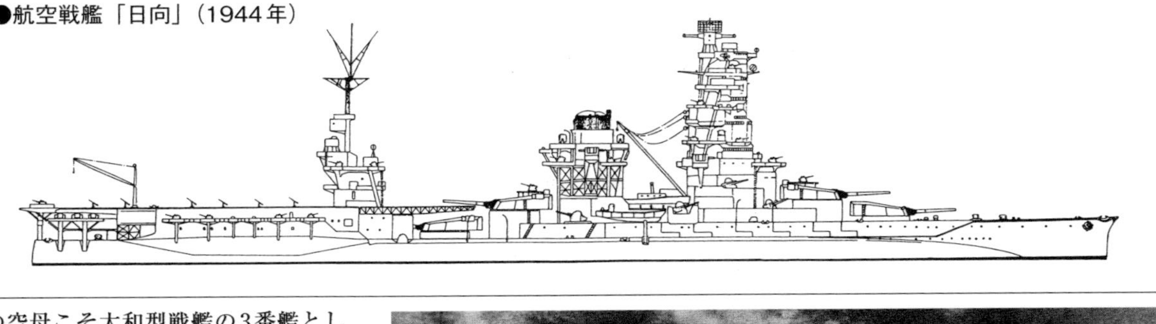

昭和19年10月25日、エンガノ沖で戦闘中の航空戦艦「日向」

の空母こそ大和型戦艦の3番艦として建造途中に空母に改造された「信濃」であった。「信濃」は基準排水量6万2000トンの日本最大の空母である。巨体のわりには艦載機格納庫は一層であり、しかも艦載機は常用42機とかなり少ない。それは「信濃」の主な運用目的が前線での移動航空基地であるからだ。後方にいる他の空母や航空戦艦から発艦した艦載機が、「信濃」に着艦すると消耗した燃料弾薬を補給して再び発艦するのである。そのため前線にとどまっていられるように飛行甲板はとくに重防御化されていた。しかし、「信濃」は就役まもない昭和19年11月29日、米潜水艦の魚雷により紀伊半島潮ノ岬沖にて沈没してしまった。「信濃」が存在していたならば、航空戦艦の運用方法も異なっていたであろう。

「伊勢」「日向」には専用の航空機部隊も編成された。搭載機は当初、海軍最後の制式艦上爆撃機「彗星」を22機予定していたが、新型艦載用水上偵察機の「瑞雲」が急降下爆撃もできるということで、半分の11機を「瑞雲」とした。ただし「伊勢」「日向」それぞれに「彗星」「瑞雲」11機ずつが配備というわけでなく、「伊勢」には「彗星」8機「瑞雲」14機、「日向」には「彗星」14機「瑞雲」8機の編成の予定であったのだ。しかし「彗星」「瑞雲」ともに生産がなかなか進まず、しかも完成した機体も昭和19年10月12日からの台湾沖航空戦に投入されて損耗してしまい、「伊勢」「日向」に配備されることはなく、搭載機がない状態のままレイテ沖海戦に小沢艦隊として参加したのだ。

エンガノ岬沖海戦では、ハルゼー中将率いる米機動部隊の猛攻を、司令官・松田千秋少将の爆撃回避術により「伊勢」「日向」ともに無傷で乗り切った。松田少将は、爆撃標的艦の艦長の経験があり、爆撃回避術に通じていたのである。また副砲が全門撤去され、代わりに高角砲と機銃、さらに「12センチ28連装噴進砲」という対空ロケットランチャーも搭載されていた。この対空兵器はロケット弾の四式焼霰弾(通称:ロサ弾)を発射する。ロサ弾は射程1500m、空中で爆発し三式弾のように焼夷弾子を撒き散らすのだ。ただし撃墜するほどの効果はなく、急降下爆撃機を威嚇し、回避に使用されたという。戦艦時代より充実した対空兵器により、空母の随伴艦として活躍し、敵機44機を撃墜したとの報告もある。

昭和20年2月には南方からの戦略物資輸送作戦「北号作戦」に参加し成功させている。だが以降は、両艦とも本土の燃料不足から呉軍港に係留され浮き砲台化されてしまった。そして3月19日からの数度の米空母機動部隊による空襲を受けてしまう。そして7月28日、「伊勢」は米空母「レキシントン」機によって17発の命中弾を受けて7月28日ついに大破着底。「日向」はとくに空母「タイコンデロガ」機からの11発の命中弾を受け大破沈座してしまう。終戦後、両艦は引き上げられ現地で解体されたのである。

航空戦艦は時代のあだ花であった。だが高速である巡洋艦は主任務に偵察があり、航空機搭載の親和性が高かったので、大戦中にはスウェーデンの「ゴトランド」や日本の「最上」などの航空巡洋艦が造られた。その系譜は現代のヘリコプター搭載護衛艦に受け継がれ、その艦名が「ひゅうが」と「いせ」なのだ。

【要目】(航空戦艦改装時)
基準排水量:3万8662トン(「日向」は3万8872トン)、全長:219.62m、最大幅:33.83m、主機:艦本式タービン4基4軸、出力:8万640馬力、速力:25.31ノット(「日向」は25.1ノット)、航続力:16ノットで9500浬、兵装:45口径35.6cm砲連装4基8門、40口径12.7cm高角砲連装8基16門、12cm噴進砲28連装6基、25mm機銃連装31基93梃、同単装11基、飛行甲板:長さ70m、前方幅29m、後方幅13m、搭載機:常用22機、乗員:1660名(「日向」は1669名)

艦隊型空母

解説　白神栄成
作図　吉原幹也

●試行錯誤の「鳳翔」を皮切りに機動部隊の中核になった「浮かぶ航空基地」
〈写真〉島型艦橋を配置した新造時の「鳳翔」

「鳳翔」

——戦時は練習空母として、戦後は復員輸送に従事

世界初の空母として建造

「鳳翔」は、日本が建造した最初の空母である。竣工は大正11年であり、英国が建造した世界最初の空母「フューリアス」に遅れること5年であった。だが、フューリアスが大型巡洋艦を改造した空母であったのに対して、「鳳翔」は最初から空母として建造された世界最初の艦である。その建造には、建造中の英空母「アーガス」や「ハーミーズ」の計画資料等、英国からの空母関連技術の提供があった。

同時期に建造された英国の空母「アーガス」（基準排水量1万4000トン）、米国の空母「ラングレー」（基準排水量1万3990トン）と比べて、「鳳翔」の基準排水量は7470トンともっとも小さい。

その代わり「鳳翔」には、艦の揺れを防ぐために当時の最新技術であるジャイロ・スタビライザーが搭載され、この装置によって小さな揺れなら3分の1以下に抑えることができた。

「アーガス」が甲板上の前部中央に隠顕式の小型艦橋、「ラングレー」が飛行甲板下に艦橋を持っていたのに対して、「鳳翔」は全通飛行甲板の右側に島型艦橋を配置する近代的な艦容を持っていた。また、3本ある煙突は起倒式で、航空機の発着の際は90度外へ倒すことができた。

だが、島型艦橋は狭い飛行甲板での航空機発着艦の邪魔となるため、竣工後まもなく取り除いている。また航空機の発進を容易にするため、前下がりの飛行甲板を採用していたが、これも支障があることがわかり、この時平らに改修されている。

後の空母と異なり、「鳳翔」には軽巡の主砲と同じ14cm砲4門が搭載され、これで接近する敵駆逐艦を撃退することも考慮されていた。また対空防御として8cm高角砲2門を装備しており、当時の戦艦「陸奥」や「長門」が高角砲4門を持っていただけなのと比べても、対空防御を重視していたといえる。

昭和10年には、台風で飛行甲板の前端が下に湾曲して操艦不能となったため、前部飛行甲板の短縮や支柱の強化等の改修工事を行なっている。また、復原性向上のため、重量のある起倒式の煙突を倒れたままの固定煙突に改装した他、高角砲を撤去して13mm機銃連装6基が装備された。「鳳翔」は竣工後すぐに航空機の発着艦や戦術研究に用いられ、続く空母建造のための貴重な資料となった。

昭和7年の上海事変では、「鳳翔」は三式艦戦5機、一三式艦攻6機を搭載して、「加賀」と共に第1航空戦隊を編成して出撃。上陸作戦の支援や中国空軍機との空中戦を行なっている。続く日中戦争でも「鳳翔」は活躍したが、小さすぎて着艦が困難な上、搭載機が少ない「鳳翔」は使いにくく、昭和12年12月には予備艦に格下げされた。

ミッドウェー海戦では、「鳳翔」は九六式艦攻6機を搭載して第1艦隊の直援として偵察や対潜警戒にあたり、漂流する空母「飛龍」を発見している。

大戦後半は、瀬戸内海で搭乗員の発着艦訓練に使用された。昭和19年には、「天山」や「彗星」の発着艦訓練に対応するために、飛行甲板を180.8mに延長する工事を行なった。14cm砲4門もこのとき撤去された。この改装によって、「鳳翔」は外洋を航海する能力を失った。

【要目】（竣工時）
基準排水量：7470トン、全長：168.25m、最大幅：17.98m、主機：パーソンズ式ギヤード・タービン2基2軸、出力：3万馬力、速力：25ノット、航続力：14ノットで1万浬、兵装：50口径14cm砲単装4基、7.6cm高角砲単装2基、飛行甲板：長さ168.25m、幅22.71m、搭載機：常用15機、補用6機、乗員：550名

●「鳳翔」（1939年）

「赤城」

——三段式から全通甲板に改装、南雲艦隊の旗艦となる

試行錯誤した巡洋戦艦改造艦

ワシントン海軍軍縮条約によって廃棄が決まった建造中の天城型巡洋戦艦の２番艦を改造して、空母として完成させたのが、空母「赤城」である。

日本は「鳳翔」を建造したとはいえ、大型空母建造の経験はなく、「赤城」の建造は試行錯誤の連続だった。たとえば、初めての大型空母とあって、正確な見積もりを出すことができず、船体の完成と一般艤装の段階で予算が底をつき、以後は他艦艇の建造費を流用して建造が進められた。

「赤城」の最大の特徴は、三段式の飛行甲板を持つことである。この方式の最大のメリットは、搭載機の発艦と着艦を別々の飛行甲板で行なうことで、航空機の発着艦を同時に行なえるところにある。これを単一の飛行甲板で行なうには、第２次大戦後のアングルド・デッキの登場を必要とした。また、下段の飛行甲板からは、エレベーターを使用せずに直接、格納庫から発艦できるため、迅速な発進が可能である。

長さ190.2ｍの上部飛行甲板は発着兼用、長さ15ｍの中部飛行甲板は小型機発艦用、長さ55.2ｍの下部飛行甲板は大型機発艦用だった。

「鳳翔」の経験から島型艦橋を用いず、中部飛行甲板の前部両舷に小さな艦橋を置く計画だった。だが、左右に分かれた艦橋では操艦できないという意見が出されたため、前部全面に艦橋が拡大される。この結果、中部飛行甲板は竣工時から実際には使用できなかった。

煙突の配置は、研究を重ねたが妙案を得ることができず、結局、右舷に上向き下向き各一本ずつを配置している。小型の上向き煙突は混焼缶用で、航空機の発着艦時には使用しないため、発着艦の時は全速を出すことができなかった。大型の下向き煙突は重油専焼缶用で、先端には海水を噴出する煙熱冷却装置を付けて排気を冷却するようになっていた。この方式は良好で、後の日本空母の標準となった。

水上戦を考慮して、重巡なみの20㎝砲10門を装備し、うち４門を連装砲塔２基に収めて艦橋前方両舷に、残り６門を単装砲として後部舷側に３門ずつ配置した。これもきわめて特異な方式で、同時期に竣工した米国のレキシントン級は、島型艦橋と煙突の前後に、連装砲塔を２基ずつ背負式に配置していたため、８門全てが両舷を射撃できたが、「赤城」が片舷に指向できるのは10門中５門にすぎなかった。ただし、対空兵装は当時の戦艦より強力で、12㎝高角砲連装６基を装備している。

昭和10年から「赤城」は、三段式飛行甲板を全通甲板に改造する工事を行なった。この時、艦橋を島型艦橋に改め、左舷中央部に配置している。島型艦橋を左舷に配置したのは、「赤城」と「飛龍」だけであり、煙突と反対舷に配置することによって、重量のバランスをとる意味があった。もっとも、実際に使用してみると気流に乱れを生じて着艦しにくいことがわかり、以後の空母では右舷側に配置されるようになる。

「赤城」に搭載された20㎝連装砲

煙突は一本にまとめられ、下向きに配置された。中部飛行甲板にあった20㎝連装砲塔２基も撤去され、後部の単装６基だけになっている。高角砲は以前のままだが、25㎜機銃連装14基が新設された。

改装後の「赤城」は、南雲機動部隊の旗艦として活躍したが、ミッドウェー海戦で戦没した。

【要目】（カッコは改装後）
基準排水量　２万6900トン（３万6500トン）、全長：261.2ｍ（260.67ｍ）、全幅：29.0ｍ（31.32ｍ）、主機：技本式タービン８基４軸、出力：13万1200馬力、速力：31.0ノット（31.2ノット）、航続力：14ノットで8000浬（16ノットで8200浬）、兵装：20㎝砲連装２基４門、同単装６基、45口径12㎝高角砲連装６基12門（20㎝砲単装６基、45口径12㎝高角砲連装６基12門、25㎜機銃連装14基28梃）装甲：舷側127㎜、飛行甲板：長さ190.2ｍ、幅30.48ｍ＝上段（長さ249.2ｍ、幅30.5ｍ）、搭載機：常用60機（常用66機、補用25機）、乗員：1297名（2000名）

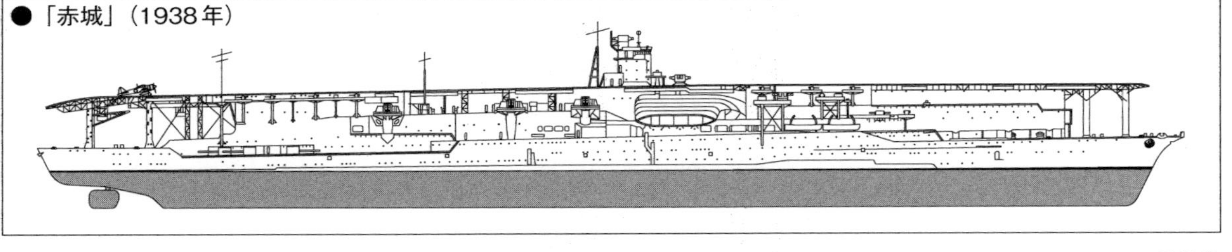
●「赤城」（1938年）

「加賀」 ——搭載機数は90機となった戦艦改造艦

三段式から近代的全通甲板式へ

「赤城」同様、天城型巡洋戦艦の第1番艦「天城」も空母に改造される予定だったが、関東大震災によって破損し、断念しなければならなくなった。

その代わりに、加賀型戦艦の1番艦「加賀」を改造したのが、空母「加賀」である。空母の速力は30ノットが望ましいとされる中、「加賀」の26.5ノットでは不足だったが、加賀型の「加賀」「土佐」以外に改造に適した艦はなかった。

「加賀」は大正12年12月、「赤城」から1ヵ月遅れで空母への改造工事に着手したものの、予算が「赤城」へ流用されたこともあって工事が進捗せず、完成したのは「赤城」から3年近く遅れた昭和4年12月だった。

飛行甲板は、「赤城」同様三段式で、艦橋の配置や、20cm砲10門、12cm高角砲連装6基を装備したことも「赤城」と同じである。

「加賀」は戦艦を改造したため、基準排水量は2万6900トンと「赤城」と同じなのに、全長が「赤城」より22.7m短い。このため、上部飛行甲板も赤城より19m短かった。また、速力も「赤城」の31ノットに対して27.5ノットと、空母としては低速だった。

「赤城」と「加賀」の最大の違いは、煙突の装備方法である。煙突は、「赤城」が右舷に上向き下向き各一本ずつ配置しているのに対して、「加賀」は比較実験のため、飛行甲板下の両舷を通って艦尾へ開口している。

この方式は英空母「アーガス」でも用いられた方式だが、煙突重量がかさむ上、後方気流が悪く、着艦は排煙に妨げられ、居住区が高温となって居住に耐えられないなど不評であった。

「加賀」は「鳳翔」と共に昭和7年の上海事変に参加したが、この実戦によって三段式の飛行甲板が実用的でないことを痛感する。また、速度不足や煙突の問題など不都合も多く、昭和9年6月、「赤城」に先駆けて最上段の飛行甲板を艦首まで延長する全通甲板空母への改造工事が行なわれた。

この改装で、「加賀」は缶の全部と主機の半数を換装し、機関出力は9万1000馬力から12万5000馬力に増大した。また、艦尾を8m延長したため、速度は28.3ノットにまで向上した。これにともない、従来の煙突は撤去され、右舷に下向きの煙突1基に改められた。

また、島型艦橋を右舷前方寄りに設け、12cm高角砲連装6基を、新型の40口径12.7cm高角砲連装8基に換装、新たに25mm機銃連装11基も装備している。これらの高角砲は装備位置を高めてあり、反対舷も射撃できるようにしたため、対空火力は「赤城」より格段に強化された。艦首の20cm砲塔は2基とも撤去されたが、「加賀」ではその4門を両舷に追加して装備し、砲数は変わらなかった。

改装後の「加賀」は、上下三段の格納庫に90機の搭載機を有する有力の艦となった。加賀の基準排水量3万8200トンは戦艦「長門」（基準排水量3万9130トン）に匹敵し、全長では「長門」をしのぐ（「加賀」248.6m対「長門」224.94m）。

「加賀」は、昭和19年に空母「信濃」が竣工するまでは、排水量で日本最大の空母だった。だが同時に、改装後の速力28.3ノットは、南雲機動部隊の正規空母6隻中、もっとも低速だった。

改装後の「加賀」は、昭和12年から日中戦争の諸作戦に従事した。太平洋戦争では「赤城」と共に真珠湾攻撃を皮切りに機動部隊の主力として活躍したが、ミッドウェー海戦で戦没した。

【要目】（カッコは改装後）
基準排水量：2万6900トン（3万8200トン）、全長：238.5m（248.6m）、全幅：29.6m（32.5m）、主機：ブラウン・カーチス式タービン4基4軸、出力：9万1000馬力（12万5000馬力）、速力：27.5ノット（28.3ノット）、航続力：14ノットで8000浬（16ノットで1万浬）、兵装：20cm砲連装2基4門、同単装6基、45口径12cm高角砲連装6基12門（20cm砲単装10基、40口径12.7cm高角砲連装8基16門、25mm機銃連装11基22梃）、装甲：舷側127mm、飛行甲板：長さ171.3m、幅30.48m＝上段（長さ248.6m、幅30.5m）、搭載機：常用60機（常用72機、補用18機）、乗員：1269名（2000名）

● 「加賀」（1937年）

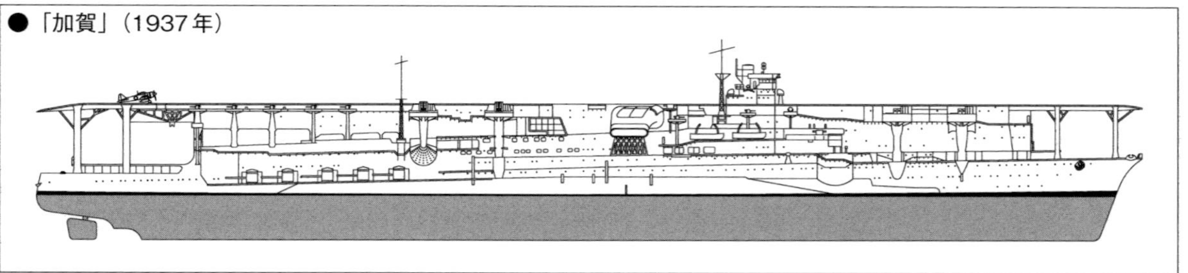

「龍驤」 ――50機搭載の小型空母、緒戦で活躍する

大型格納庫を備えた小型空母

ワシントン軍縮条約によって、日本が保有できる空母の総基準排水量は8万1000トン以内に制限された。だが、1万トン未満の空母は制限外であり、この範囲内で航空機24機を搭載する基準排水量8000トンの小型空母として計画されたのが、「龍驤」である。

「龍驤」は昭和4年に起工されたが、昭和5年のロンドン条約で1万トン未満の空母も制限に入ることになったため、一段の予定だった格納庫を二段に増やし、24機だった搭載機を36機に増やすことになった。

格納庫が二段となったため、上部構造物の大きな独特の艦型となり、復原性に悪影響を与えた。この「鳳翔」と大差ない大きさの船体に2倍近い数の航空機を搭載したことが、後に様々な問題を引き起こすことになる。

飛行甲板は長さ158.6mで、日本の空母で最も短かった。エレベーターは2基、40口径12.7cm高角砲連装6基を装備していたが、この高角砲は空母では「龍驤」に初めて搭載された。

「龍驤」は甲板上に艦橋構造物を持たず、艦橋は飛行甲板前端の下に配置している。防御は対駆逐艦搭載砲程度とされ、中央部舷側水線部には46㎜NVNC甲鈑が施されていた。

「龍驤」は、昭和8年5月に竣工したが、公試で早くも、転舵時に約20度もの傾斜を生じ、搭載したカッターが波で破損するなど、不安定さを露呈してしまう。

とりあえず、重油の使用制限を行なって運用することとしたが、昭和9年3月「水雷艇『友鶴』転覆事件」が発生したため、同年5月に復原性能改善のための工事が行なわれた。

この改装では、バルジをより大型のものに変更した他、重油タンクの一部に海水補填装置を設け、タンクが空でも重心が上昇しないようにする、艦底に固定バラスト約550トンを搭載する、上部重量軽減のため高角砲2基を撤去し、25㎜機銃連装2基に換装するなどの処置が行なわれた。

また、右舷舷側の中段から下向きに開口していた煙突を、3m上へ移し、傾斜時に煙突から海水が入ることがないようにした。

これらの改装で復原性は増大したが、艦の吃水が増えた結果、もともと低い乾舷が一層低くなってしまった。とくに艦首部は、平穏な海面を航行していても前甲板まで波が届くほどで、これが別の問題を呼び込むことになる。

昭和10年9月26日、演習中に「龍驤」は台風に遭遇し、波で破損してしまう。第4艦隊事件である。このとき「龍驤」は、艦首を乗り越えた波の衝撃によって艦橋前壁が圧壊し、後部の格納庫扉も破壊された。

このため、再び改装工事が施された。「龍驤」は艦首に1甲板を増加して乾舷を高め、波が乗り越えにくくするとともに、波浪の衝撃をやわらげるために、艦橋とその上の飛行甲板前端を、丸みを帯びた独特の形状に変更している。後部甲板も乾舷を高める必要があったが、短艇の出入りが困難になるため断念され、かわりに格納庫後端の扉が廃止された。

このような復原性を高める改造の結果、公試排水量は1万2575トンと当初の計画から1.5倍に増加した。

「龍驤」は日中戦争から作戦に従事したが、とくに太平洋戦争の緒戦では、搭載機は九六式艦戦18機、九七式艦攻12機で、零戦は搭載していなかったにもかかわらず、フィリピン、蘭印方面で単艦、偵察や艦隊攻撃、泊地攻撃、上空直衛、船団狩りなどに活躍し、軽空母の有用性を存分に示した。

昭和17年8月、第2次ソロモン海戦で米空母の攻撃を受け、戦没した。

【要目】（カッコは改装後）
基準排水量：8000トン（1万600トン）、全長、180.0m、最大幅：20.32m、主機：艦本式ギヤード・タービン2基2軸、出力：6万5000馬力、速力：29ノット（28ノット）航続力：14ノットで1万浬、兵装：40口径12.7cm高角砲連装6基12門、13㎜4機銃連装6基24梃（40口径12.7cm高角砲連装4基8門、25ミリ機銃連装2基4梃、13㎜4機銃連装6基24梃）、飛行甲板：長さ158.6m、幅23.0m（長さ156.5m）搭載機：常用36機、補用12機、乗員：924名

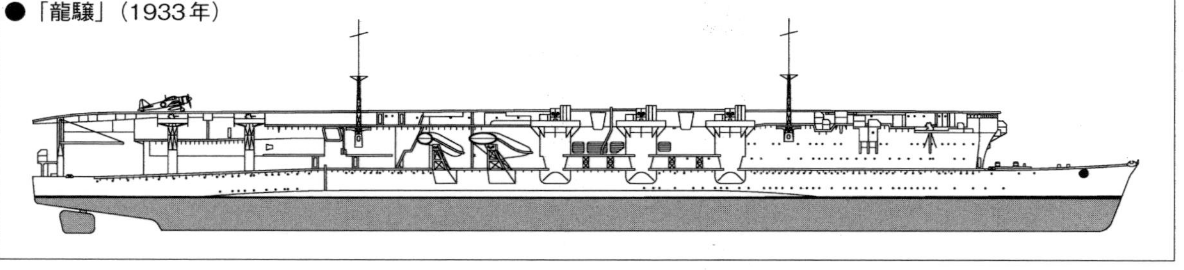
●「龍驤」（1933年）

「蒼龍」

――ミッドウェーで問題となった防御力の弱さ

運用実績を反映させた初の艦

「蒼龍」は、日本海軍が計画した最初の本格的艦隊空母である。当初、ロンドン軍縮条約の枠内で基準排水量1万50トンの空母として計画された。当初の計画は、速力36ノット、航続力18ノットで1万浬、15.5cm砲5門と航空機72機を搭載するという、きわめてトップヘビーなものだった。

改装後の「龍驤」の基準排水量が1万600トンであり、それより小さい基準排水量で「龍驤」の二倍の航空機を搭載しようというのだから、その不安定さがわかろう。

「蒼龍」の起工直前の昭和9年3月、水雷艇「友鶴」の転覆事故が生じたことから、復原性を改善するため、基準排水量を1万5900トンに増大、主砲を廃止、速力を35ノットに減少、航続力を18ノットで7800浬に短縮するなどの対策がとられ、設計をやり直して昭和9年11月に着工された。

建造中の昭和10年9月に発生した第4艦隊事件により、ふたたび船体構造の補強を行なっている。電気溶接を船体全てに採用していたのを鋲構造にやり直すというものであり、船体を切断して鋲継ぎ手を設けるという大工事だった。

電気溶接は建造期間を早め、船体を軽くする利点があるが、当時の溶接技術は未熟で、米国でも戦時中に全溶接構造で建造された4694隻の標準船のうち、約3割が脆性破壊によって損傷する事故を起こしている。

昭和12年12月、「蒼龍」は、建造途中で軍縮条約の有効期間が終了したことと、これらの改正のため、公試排水量1万8448トンの空母として完成した。

その船体は重巡をやや大きくしたもので、速力も34.5ノットと高速である。「蒼龍」は、「鳳翔」以来の空母の運用実績を取り入れた上、復原性も充分にあり、大きすぎる「赤城」「加賀」と、小さすぎる「龍驤」「鳳翔」の中間に位置する使いやすい中型空母であった。

全通飛行甲板に上下2層の格納庫を有し、3基のエレベーターによって搭載機の移動がきわめて便利となった。また、飛行機の搭載はそれまで格納庫後端の開口部より行なっていたが、この開口は艦の浸水時に被害を拡大するため、「蒼龍」では格納庫後端を水密とし、搭載機は飛行甲板上からエレベーターで格納する方式に変更された。これにともない、起倒式の電動クレーンが装備された。

「蒼龍」では、「鳳翔」以来初めて新造時から甲板上に島型艦橋が配置された艦である。これは、「赤城」や「加賀」の経験によって、大型空母では、飛行甲板上に艦橋がないと、操艦や航空機の発着艦の指揮に不便ということがわかったためである。

「蒼龍」の島型艦橋は右舷側前方寄りに設けられ、その後方に2本の煙突を下向きに配置していた。また、水上戦用の主砲をもたない純空母となった。対空兵装として、12.7cm高角砲連装6基、25mm機銃連装14基が装備された。

中型艦の宿命として、防御力は不充分だった。防御は、機関部や舵取機室が敵駆逐艦の主砲、ガソリンタンクや弾火薬庫で敵重巡の20cm砲弾に耐えるよう設計されていただけであり、飛行甲板や格納庫甲板には施されなかった。

「蒼龍」は、第2航空戦隊に編入され、日中戦争での作戦に従事した。太平洋戦争では艦型の小さい「蒼龍」「飛龍」の航続距離は、南雲機動部隊の6隻の空母中もっとも短く、真珠湾攻撃ではこれが問題となった。

一時、「蒼龍」「飛龍」と「赤城」は航続力が短いため、作戦から外す案があり、これを聞いた2航戦司令官・山口多聞少将が南雲中将に詰め寄る一幕があったほどである。結局、この3隻はドラム缶に燃料を搭載することで、作戦に参加している。

「蒼龍」は、以後機動部隊の一員として活躍したが、ミッドウェー海戦で戦没した。

【要目】
基準排水量：1万5900トン、全長：227.5m、最大幅　21.3m、主機：艦本式タービン4基4軸、出力：15万2000馬力、速力：34.5ノット、航続力：18ノットで7680浬、兵装：40口径12.7cm高角砲連装6基12門、25mm機銃連装14基28梃、飛行甲板：長さ216.9m、幅26.0m、搭載機：常用57機、補用16機、乗員：1100名

●「蒼龍」（1939年）

「飛龍」

――敵空母「ヨークタウン」と最後の死闘

航空艤装を完成させた中型空母

「飛龍」は「蒼龍」の同型艦であるが、多くの改良が加えられた。とくに、改装後の「加賀」の実績から、島型艦橋のある空母では、飛行甲板の幅が「蒼龍」の26ｍでは不足ということがわかり、さらに1ｍ拡げて27ｍにすることになった。これを実現するには船体幅を拡げなければならず、船体線図から新たに設計しなおす必要があった。

「飛龍」は、「蒼龍」とは艦尾形状や舵の形式が異なる別の線図で建造されたため、実質的にはまったく別設計の艦となった。しかし、性能上は同型艦といっても差し支えない。

昭和10年の第4艦隊事件の結果を受けて、「飛龍」は建造時から復原性と船体構造について対策がとられた。「飛龍」は船体の電気溶接をとりやめて、鋲接構造で建造された。

艦底外板および甲板鋼鈑の厚さを増加させ、船体強度も向上させている。当初から前甲板を「蒼龍」より1甲板上げて前部乾舷を高めるなど、艦首と艦尾の乾舷を高めて、凌波性と耐波性を増している。また、舵は2枚式の平衡式吊舵を廃して1枚の半平衡舵としたが、これは低速での旋回圏が大きく不評だった。

これらの改良の結果、「飛龍」の基準排水量は1万7300トンと、「蒼龍」より1400トン増加し、起工も「蒼龍」より2年遅れの昭和11年となった。

「飛龍」は、艦橋の位置を除けば、中型空母として理想に近い艦であった。3個のエレベーター、2層の格納庫、全長におよぶ全通飛行甲板はいずれも成功であり、日本初の量産型空母である雲龍型は、「飛龍」の船体線図を用いて建造されている。

また、「鳳翔」から「赤城」「加賀」の試行錯誤を経て、日本空母の航空艤装は「飛龍」「蒼龍」でほぼ完成された。飛行甲板には横索式の呉式飛行機着艦制動装置四型が装備され、飛行甲板後部には、航空機搬入のために埋込式の起倒式クレーンが設置された。さらに、新造空母としては初めて着艦指導燈が装備されたが、これは着艦する航空機に適切な降下角度を示す非常に優秀な装置であった。

艦尾には、両側に張り出した着艦標識があり、飛行甲板最後尾には縞模様のマーキングが施され、着艦時の目印とされている。これらの航空艤装は、以後の日本空母の標準となった。

「蒼龍」からの変更点の中で、とくに目立つのが島型艦橋を左舷中部に配置したことである。これは、「加賀」の運用実績から、艦載機の運用上、艦橋を艦の中央部に設けることが望ましいとされたが、右舷中央部には煙突があるため、左舷に艦橋を配置することになったものである。

艦の重量配分面でも、煙突の反対舷に艦橋を置くことは望ましかった。ちなみに「赤城」と並んで左舷艦橋艦は、世界で2隻だけである。

左舷艦橋は、「赤城」の使用実績が悪く、以後の空母には採用されなかったが、「飛龍」はすでに工事が進んでいたためそのままとなった。この結果、「飛龍」は左舷中央に島型艦橋、右舷に煙突を持つことになり、「蒼龍」とは外見上もかなり異なるものとなっている。

「飛龍」は艦橋位置が後ろへ下がっているため、見通しをよくするために艦橋構造物の背を高くしている。このため空いたスペースに作戦室を配置することができ、旗艦機能が充実することになった。最後の出撃となったミッドウェー海戦で、「飛龍」と「蒼龍」で編成された第2航空戦隊の司令官・山口多聞少将が指揮を執ったのも、「飛龍」からである。

「飛龍」の高角砲は「蒼龍」と変わりないが、機銃は25㎜機銃3連装7基、25㎜機銃連装5基に強化されている。空母で25㎜機銃3連装を装備したのは、「飛龍」が最初である。

「飛龍」は昭和14年7月に竣工、「蒼龍」と第2航空戦隊を編成して太平洋戦争で活躍したが、ミッドウェー海戦で戦没した。

【要目】
基準排水量：1万7300トン、全長：227.35ｍ、最大幅：22.32ｍ、主機：艦本式タービン4基4軸、出力：15万3000馬力、速力：34.59ノット、航続力：18ノットで7670浬、兵装：40口径12.7㎝高角砲連装6基、25㎜3機銃連装7基21梃、同連装5基10梃、飛行甲板：長さ216.9ｍ、幅27.0ｍ、搭載機：常用57機、補用16機、乗員：1101名

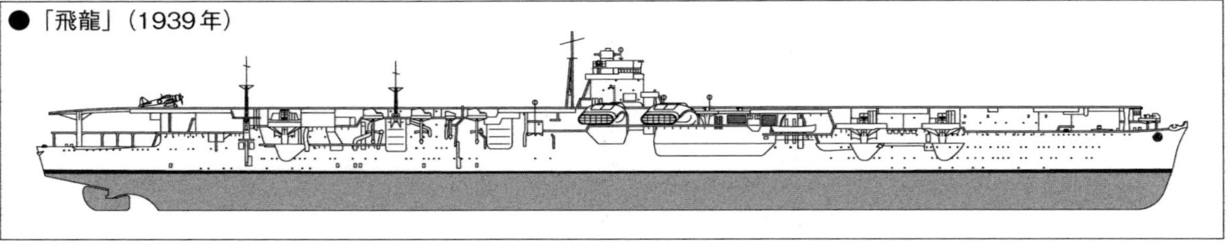
●「飛龍」（1939年）

「翔鶴」

——搭載機数、速力ともにバランスのとれた新鋭艦

理想的大型艦隊空母の登場

軍縮条約明けに建造された翔鶴型は、トン数の制限もなく、自由に設計された初の大型艦隊空母である。軍令部の要求は、改装後の「赤城」「加賀」と同等の航空機を搭載した上で、速力は蒼龍型と同じ34ノット、航続距離は今までのどの空母よりも長い18ノットで9700浬というものだった。

これに加えて、防御力の向上も図られたため、翔鶴型は基準排水量が2万6000トンに近い大型高速空母となった。

この要求を満足するために、「翔鶴」には「大和」(15万馬力)を上回る、日本軍艦として最大の16万馬力の主機関が搭載され、速力34.2ノットを出すことができた。また、対空兵装は今まででもっとも強力で、40口径12.7cm高角砲連装8基、25mm3機銃連装12基を装備していた。

「翔鶴」は「赤城」同様、左舷中央部に島型艦橋を設ける予定だったが、建造中に右舷艦首寄りに変更されている。このため、艦橋の高さが「蒼龍」「加賀」、雲龍型より一層分高くなっている。

「翔鶴」の飛行甲板長さは242.2mと、「飛龍」に比べて約25m長く、「赤城」「加賀」の249mと大差ない。だが、喫水線からの高さは14.2mと、「赤城」「加賀」の三分の二の高さとなっていた。このため、復原性と操縦性は格段に増大した。

格納庫は上下二段、エレベーターは3基で、搭載機数は常用72機、補用12機と、改装後の「赤城」「加賀」とほぼ同じである。

しかし、飛行甲板と格納庫内の航空機の移動はずっと容易であり、発艦も着艦もずっと早く、また、その補用機はバラバラにして格納したのではなく、ほとんどそのまま使用できる準常用機として使うことができた。

飛行甲板に防御はないものの、各エレベーターの前後にはそれぞれ防火シャッターが設けられていた。また、上部格納庫は軽構造で、外板をわざと薄くしており、万一、敵の爆弾が命中した場合でも、爆風が側面の外板を吹き飛ばして飛行甲板の被害を局限できるよう考慮されていた。しかし、実際にはあまり効果がなかった。

機関部や弾火薬庫の防御は「飛龍」に比べて強化され、弾薬庫は800kg爆弾の水平爆撃および20cm砲弾に耐え、機関室は250kg爆弾の急降下爆撃や駆逐艦の12.7cm砲弾に耐えるように設計された。弾火薬庫の甲板には、25mmDS鋼鈑上に132mmNVNC甲鈑を装着、舷側部には165mmNVNC甲鈑を装着していた。

機関室の水中防御も強化され、日本海軍初の多層式水中防御方式が採用された。450kg炸薬に対する防御として30mmの防御縦壁を含む5層の防御区画を設け、隙間を重油タンクに利用する液体防御を施している。しかし、水中防御層の奥行きが最大5mと浅く、充分な効果は得られなかった。

機関部直上には厚さ25mmのDS鋼鈑の上に厚さ65mmのCNC鋼鈑が張られていた。

「翔鶴」は、日本空母として初めて球状艦首(バルバス・バウ)を採用している。

この球状艦首は戦艦「大和」のものが有名であるが、艦首艦底部にふくらみを持たすことによって、造波抵抗を減少させるもので、後の空母「大鳳」にも採用された。また、舵は「大和」と同様副舵を装備した。

水測兵装として、艦首付近の艦底部に最新型の零式聴音機が装備された。この聴音機は、捕音器を片舷16個ずつ計32個配置したもので、20ノットまでなら感度良好、状態が良ければ2万m先の音を探知することができた。

「翔鶴」は昭和12年12月12日起工、昭和16年8月8日に竣工した。太平洋戦争開戦ぎりぎりの完成だった。「翔鶴」は南雲機動部隊の主力として活躍、機動部隊の中核となっていたが、昭和19年6月のマリアナ沖海戦で戦没した。

【要目】(昭和16年当時)
基準排水量:2万5675トン、全長:257.5m、最大幅:26.0m、主機:艦本式高中低圧タービン4基4軸、出力:16万馬力、速力:34.2ノット、航続力:18ノットで9700浬、兵装:40口径12.7cm高角砲連装8基16門、25mm機銃3連装12基36梃、飛行甲板:長さ242.2m、幅29.0m、搭載機:常用72機、補用12機、乗員:1660名

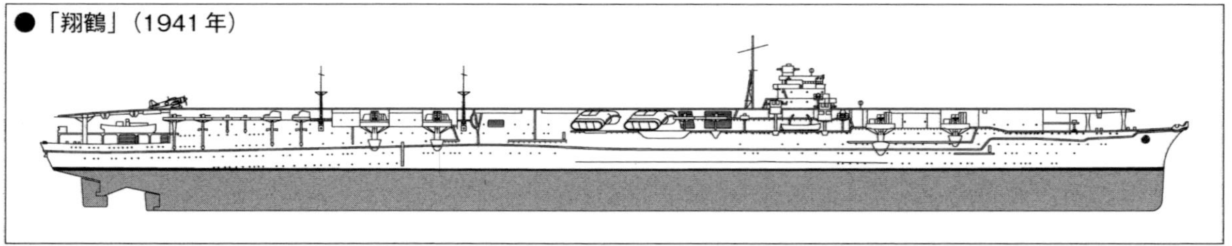
●「翔鶴」(1941年)

「瑞鶴」

——米機動部隊の「囮」となった真珠湾の生き残り

空母部隊の栄光を担った「武勲艦」

「瑞鶴」は、「翔鶴」の同型艦であり、太平洋戦争でミッドウェー海戦を除く全ての空母機動部隊の作戦に参加した歴戦の殊勲艦である。馬力は16万馬力と「大和」より大きく、また「瑞鶴」の船体の大きさは「大和」や「信濃」より6m短いだけである。速力34ノットは、「赤城」「加賀」より優速であった。その飛行甲板は広く、あらゆる点で当時の最優秀艦であった。

翔鶴型は、発艦時に艦首より約100mを滑走区域とし、その後方を発艦する航空機を並べる発艦整列区域としていた。また、着艦時には逆に艦尾より約150mを着艦区域とし、その前方を収容区域としていた。

着艦機はただちに前部のエレベーターで格納庫に降ろすか、または前方に留めることで、約30〜40秒の間隔で着艦することができた。着艦機の収容を考慮して3基あるエレベーターのうち、前部エレベーターのみ横が4m大きくなっていた。

空母の重要な能力として、一度の攻撃隊として発艦させられる機数がある。翔鶴型はこの面でも優秀で、昭和17年5月7日の珊瑚海海戦では、「瑞鶴」が37機、「翔鶴」が41機を発進させている。これは、真珠湾攻撃の時の「赤城」の36機、「加賀」の35機を上回る数字である。ちなみに、艦型がより小型の「蒼龍」「飛龍」は27機程度だった。

「瑞鶴」は、昭和13年5月に起工され、開戦直前の昭和16年9月に、「翔鶴」より1ヵ月半遅れで竣工した。開戦を直前にひかえた緊急戦備発令のため、突貫工事によって工期を繰り上げての完成であり、これによって「瑞鶴」はぎりぎりで真珠湾攻撃に参加することができた。

「瑞鶴」は「翔鶴」と共に第5航空戦隊を編成し、真珠湾攻撃、インド洋作戦、珊瑚海海戦、第2次ソロモン海戦、南太平洋海戦など主要な空母作戦に軒並み従事するが、一度も損傷することがなかった。

「瑞鶴」はミッドウェー海戦に参加しなかったが、戦訓により防火対策が行なわれた。従来の炭酸ガス消火施設は穴が開くと消火困難になるため、格納庫の両側に石鹸水の泡沫を噴射する泡沫式撒水装置が設置された。また、不燃性塗料に塗り替えられた。

マリアナ沖海戦では、「大鳳」沈没後、第1機動艦隊の旗艦として全軍を指揮し、爆弾1発を受けている。海戦後、対空兵装の大増設が行なわれ、片舷に4基ずつ8基の12cm噴進砲28連装を搭載したほか、25mm機銃が96梃に増強された。

また、相次ぐ潜水艦被害への対策として、零式水中聴音機の40m後方に聴音器がさらに一組増設された。聴音器を2セットも装備したのは、「瑞鶴」だけである。この水中聴音器は、レイテ沖海戦では魚雷の航走音を探知している。

レイテ沖海戦出撃時には、艦橋後部のマストに13号電探、艦橋上と中部エレベーターの左側に2号1型電探各1基が装備され、距離241kmで接近する米機編隊を探知、敵機が来襲する30分以上前に警報を発している。

マリアナ沖海戦後、「瑞鶴」は後部ガソリンタンクの使用を廃止し、前部タンクのみを使用することになった。この部分の魚雷防御を強化するために、外板の外側に小さなバルジを設け、バルジ内にセメントを充填している。このため、「瑞鶴」は水線下の外舷がなめらかでなくなった。だがその効果は大きく、マリアナ沖海戦で「翔鶴」が魚雷3本で沈没したのに対して、レイテ沖海戦では、「瑞鶴」は7本もの魚雷、爆弾7発を受けるまで沈むことがなかった。

「瑞鶴」は、日本機動部隊の栄光を共に担い、その終焉と共に姿を没したのである。

【要目】（昭和19年当時）
基準排水量：2万5675トン、全長：257.5m、最大幅：26.0m、主機：艦本式高中低圧タービン4基4軸、出力：16万馬力、速力：34.2ノット、航続力：18ノットで9700浬、兵装：12.7cm高角砲連装8基16門、25mm機銃3連装20基60梃、同単装36基、12cm噴進砲28連装8基、飛行甲板：長さ242.2m、幅29.0m、搭載機：零戦28機、爆装零戦16機、彗星艦爆11機、天山艦攻14機（捷号作戦時）、乗員：1712名

緒戦の真珠湾からフィリピン沖まで戦いぬいた「瑞鶴」

「大鳳」

——初陣のマリアナ沖、悲劇的な最後

前線基地的機能の「重装甲母艦」

「大鳳」は、日本で初めて飛行甲板に装甲を施した重防御大型空母である。空母にとって脆弱な飛行甲板は最大の弱点であったが、ここに装甲を施すと非常な重量となり復原性に問題が出るため、今まで手を付けることができなかった。

「大鳳」の装甲飛行甲板は、太平洋戦争の戦訓ではなく、新たな運用構想であるアウトレンジ戦法に基づいて、昭和14年の軍備充実計画で決定されたものである。

このアウトレンジ戦法は、重装甲の「大鳳」を前方へ進出させて前線基地として機能させることで、防御の薄い空母を後方へ下がらせ、「大鳳」の飛行甲板を経由して攻撃を行なわしめようというものだった。これを効果的に行なうには、「大鳳」1隻では不足であり、昭和17年の補充計画では、「大鳳」の拡大改良型5隻が計画されたが、計画だけに終わっている。

飛行甲板の装甲は前部エレベーターと後部エレベーターのあいだの長さ150m、幅20mの範囲のみ施された。これは航空機の発着艦が可能な最小限の長さと幅とされた。装甲部分は、20㎜DS甲鈑の上に75㎜CNC甲鈑を重ねたもので、500kg爆弾の急降下爆撃に耐えることができた。

「大鳳」にはエレベーターが2基しか設置されていないが、これも防御上の見地からである。エレベーターにも25㎜DS甲鈑二枚重ねの防御が施され、その重量は100トンに達した。

「大鳳」の船体規模は「翔鶴」とほぼ同じだが、飛行甲板に装甲を施したため、重心の上昇を抑えるために飛行甲板の高さは12.5mで、「翔鶴」より一層分（1.7m）低くなっていた。このため、搭載機は常用52機、補用1機と大きさのわりに少なかった。そのかわり、他艦の搭載機へも供給できるよう、爆弾やガソリンの搭載量は多かった。格納庫の側面にも弾片防御のため25㎜DS甲鈑が張られており、爆風対策として爆風抜きが設けられ、その部分には外からフタがされていた。

同様に、飛行甲板の高さが低いため、従来の下向き煙突では艦が傾斜した場合に水をかぶる恐れがあった。このため「大鳳」では、日本空母として初めて直立煙突を採用している。

艦橋はこの煙突と一体化されたためきわめて大型となり、右舷側中央やや前方という、従来の空母より後ろへ下がった位置に配置された。煙突は外へ26度傾け、排煙が飛行作業の邪魔にならないように、飛行甲板から17mの高さを確保している。

「大鳳」は、艦首にエンクローズド・バウ構造を採用している。エンクローズド・バウは、飛行甲板と艦首の間に隙間をなくした一体化構造で、艦首の凌波性、耐波性向上に大きな効果がある。「大鳳」では艦首乾舷の高さが低いことを考慮して採用されたと言われており、日本空母でエンクローズド・バウ構造を採用したのは、「大鳳」が最初で最後となった。

これらにより「大鳳」は、従来の日本空母とは一変した艦容となった。

対空兵装として、九八式10㎝高角砲連装6基、25㎜機銃3連装17基を装備している。九八式10センチ高角砲は、長10㎝高角砲とも呼ばれ、防空駆逐艦秋月型に装備された優秀な砲だが、生産が間に合わないため、空母でこれを搭載したのは「大鳳」のみである。

「大鳳」は昭和19年3月に竣工、わずか3ヵ月後の同6月には第1機動艦隊の旗艦としてマリアナ沖海戦に臨んだ。

期待の重装甲空母であったが、米潜「アルバコア」の放った魚雷1本によって沈没している。原因は前部ガソリンタンク上部の防御甲板の継手に亀裂が生じ、漏洩したガソリンが気化したガスに引火爆発したためだった。

さしもの重防御艦も、ガソリン配管の防御対策は不充分だったのである。

【要目】
基準排水量：2万9300トン、全長：260.6m、最大幅：27.7m、主機：艦本式衝動タービン4基4軸、出力：16万馬力、速力：33.3ノット、航続力：18ノットで1万浬、兵装：65口径10㎝高角砲連装6基12門、25㎜機銃3連装17基51梃、飛行甲板：長さ257.5m、幅30.0m、搭載機：常用52機、補用1機、乗員：1649名

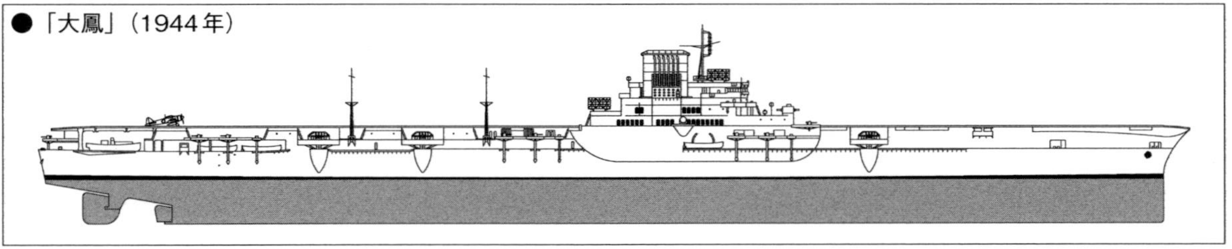

●「大鳳」（1944年）

雲龍型

――「雲龍」「天城」「葛城」(完成)、「笠置」「阿蘇」「生駒」(未完成)

改飛龍型「マスプロ・キャリアー」

雲龍型は、日本唯一の量産型空母である。太平洋戦争開戦直前の昭和16年11月、中型空母「雲龍」の建造が決定された。ミッドウェー海戦後の昭和17年には、さらに雲龍型13隻の建造が決定したが、実際には「雲龍」「天城」「葛城」「笠置」「阿蘇」「生駒」の６隻しか起工されず、そのうち実際に竣工したのは「雲龍」「天城」「葛城」の３隻のみである。

雲龍型は、急速建造の必要性から新たに線図を引いて船型の水槽試験をやる時間はなく、「飛龍」の図面を流用してこれに一部変更を加えるかたちで建造された。このため、改飛龍型とも呼ばれる。「飛龍」は、防御は薄弱だが、排水量のわりには搭載機が多く、急速建造には手頃な空母であった。このため、船型、主要寸法、飛行甲板形状は「飛龍」と同一である。

もっとも、局部的な改正は行なわれ、その結果、「雲龍」の公試排水量は２万400トンと、「飛龍」の２万165トンより200トンほど増大している。

「飛龍」との相違点の一つが、島型艦橋の位置である。艦橋が「飛龍」は左舷中央部に置かれていたが、これは問題が多く、艦橋を右舷側前方に移動して、その直後に下向きの煙突が設置された。島型艦橋は「飛龍」より大型となり、頂部に対空用の２号１型電探が装備された。また、舵は「飛龍」の半平衡舵１枚から、「蒼龍」と同じ２枚の平衡舵に改められた。

飛行甲板の寸法は「飛龍」と全く同じだが、大型化した新型機(「彗星」や「天山」「流星」「彩雲」)を運用するには飛行甲板長が不充分なため、これらの航空機の発艦には、補助ロケットによる発艦方式を採用する予定だった。

工事簡易化のため、エレベーターは２基に減少している。ただし新型機に対応するため、エレベーターは大型化された。なお格納庫の大きさは「飛龍」と変わりなく、搭載機数の減少は艦載機の大型化によるものである。

甲板や格納庫に装甲が施されることはなかったが、泡沫式消火装置が装備され、ガス漏れに備えて通風強化対策が施されるなど、格納庫内の防火対策は大幅に強化されている。

対空兵装は、40口径12.7㎝高角砲連装６基は「飛龍」と同じとなっているが、機銃の数は「飛龍」の３倍に増加された。また「雲龍」は完成後、12㎝28噴進砲連装６基が装備された。

資材難のため、船体、艤装ともに工事の簡易化が徹底された。とくに、雲龍型の建造では、機関の製造がネックとなり、「天城」と「笠置」は改鈴谷型重巡として建造予定の艦のものを流用した。「葛城」と「阿蘇」は、陽炎型駆逐艦の主機２組を搭載し、このため速力は32ノットに低下している。

「雲龍」は昭和17年８月に起工され、２年後の昭和19年８月に竣工した。「飛龍」や「蒼龍」が建造に３年かかったのに対して、工期は２年に短縮されている。

つづく「天城」と「葛城」の工期は１年10ヵ月であり、新規日本空母の最短建造記録となった。だが、米空母「エセックス」の建造期間が１年８ヵ月、同型艦の「タイコンデロガ」が１年３ヵ月で完成し、大戦中にエセックス級14隻が戦闘に参加したことを思えば、戦時急造型空母として、充分に短かったとは言えない。

「雲龍」が完成した時には、すでに搭載する飛行隊がなく、昭和19年12月、マニラへ特攻機「桜花」30機を輸送する任務中に、米潜の雷撃を受けて沈没した。

続いて完成した「天城」(昭和19年８月竣工)と「葛城」(昭和19年10月竣工)は、呉港外の三ッ子島に係留されていたが、昭和20年７月、米艦載機の空襲を受け「天城」は転覆、「葛城」も損傷して終戦を迎えた。生き残った「葛城」は戦後、復員輸送に従事している。

【要目】
基準排水量：1万7150トン、全長：227.35ｍ、主機：艦本式タービン４基４軸、最大幅：22.0ｍ、出力：15万2000馬力(「葛城」「阿蘇」は10万4000馬力)、速力：34.0ノット(「葛城」「阿蘇」は32.0ノット)、航続力：18ノットで8000浬、兵装：40口径12.7㎝高角砲連装６基12門、25㎜機銃３連装21基63梃、同単装30基、12㎝噴進砲28連装６基、飛行甲板：長さ216.9ｍ、幅27.0ｍ、搭載機：常用57機、補用８機、乗員：1100名

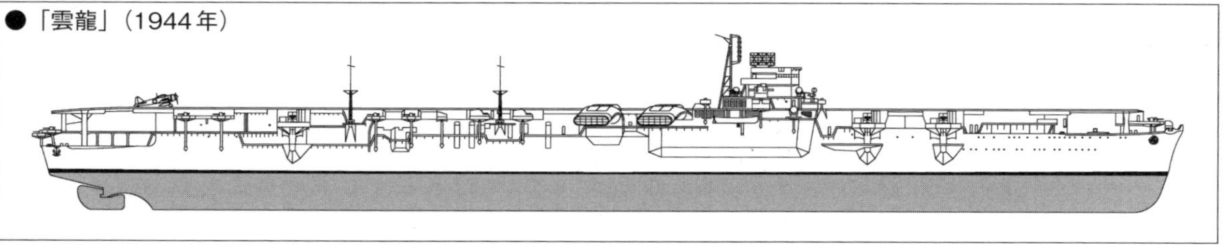
●「雲龍」(1944年)

戦時改装空母

●潜水母艦、水上機母艦、商船、日独貨客船、重巡洋艦、はては大和級戦艦等、第2次大戦中に改装された航空母艦の数々！

解説　勝目純也

作図　吉原幹也

昭和18年5月、トラックにおける「冲鷹」

祥鳳型航空母艦　「祥鳳」（給油艦「剣崎」を改装）「瑞鳳」（給油艦「高崎」を改装）

一朝有事は空母として

昭和8年度に潜水母艦「大鯨」が、昭和9年度に給油艦「剣埼」と「高崎」が計画された。3艦は軍縮条約の制限から外れている艦種として建造され、後に空母に改造する計画をふくんでいた。

つまり祥鳳型は給油艦として計画された「剣埼」「高崎」2艦を空母に改造したもので、前者を「祥鳳」、後者を「瑞鳳」と言った。第2次補充計画で建造された両艦は、第1状態を艦隊用高速給油艦、第2状態を潜水母艦として考慮されており、更に軍縮条約の制限外艦艇として建造し、一朝有事に短期間に空母へ改造が可能なように考慮されていた。

実際には艤装中に「剣埼」は給油艦ではなく潜水母艦に改められ、「高崎」は艤装中に空母として完成することに変更された。よって祥鳳型となっているが「祥鳳」としての竣工が昭和17年1月に対し、「瑞鳳」は昭和15年12月に竣工している。

本艦の特長は、大型ディーゼルの搭載と船体構造に大規模な電気溶接を採用した点にある。ディーゼルエンジンは日本が誇る優秀ディーゼルであり、潜水艦の海大六型、七型や甲型、乙型、丙型に採用された。

しかし大型化することにより克服すべき課題があり、後に運転公試時に故障を起こしてしまう程、不調が続くことになる。それにも増して、友鶴事件や第4艦隊事件に対する対策工事で、工廠に余裕はなく「剣埼」の艤装はなかなか進捗しなかった。

その中で昭和12年7月に日華事変の勃発により、民間の高速で優秀なタンカーを徴用の可能性が高くなったこともあり、潜水母艦として完成させるべく計画が変更された。

給油艦としての建造が進んでいる「剣埼」から着工することとし、後に空母への改造も踏まえて飛行機エレベータ2基を装備した潜水母艦として建造が進められた。

「高崎」については当初、「剣埼」のように潜水母艦とする計画であったが、昭和14年に出師準備計画とにより空母として完成した。

搭載機は戦闘機が18機、艦上攻撃機が9機で、その他に補用機が数機あった。兵装は連装高角砲が4基、連装機銃は4基装備された。

昭和17年4月にポートモレスビー攻略部隊としてトラックを出港、その際の搭載機は零戦6機、九六艦戦10機、九七艦攻12機合計28機だった。5月7日に初の空母対空母の海戦である珊瑚海海戦に参加、米空母機の集中攻撃を受けて沈没した。

「瑞鳳」は就航後、佐世保鎮守府の警備艦となり、昭和16年4月に第1艦隊第3航空戦隊に配備された。開戦時は柱島で待機させられており、飛行機輸送などに従事した後、昭和17年6月のアリューシャン攻略作戦を支援。10月には南太平洋海戦に参加して爆弾を1発受けて損傷。

昭和18年には前部の飛行甲板を延長。マリアナ沖海戦には機銃を68基に増設。19年10月に比島沖海戦に参加。噴進砲6基を装備したとされる。エンガノ岬沖海戦で、魚雷2本、爆弾2発を受けてパリンタン海峡東方250浬で沈没した。

【要目】
基準排水量：1万12000トン、全長：205.5m、全幅：18.0m、乗員：785名、主機：艦本式オール・ギヤード・タービン2基・2軸、出力：5万2000馬力、速力28ノット、航続力：18ノットで7800浬、兵装：12.7cm40口径高角砲連装4基、25mm機銃3連装4基、搭載機：常用27機・補用3機、飛行甲板：長さ180.0m・幅23.0m

●祥鳳型（1941年）

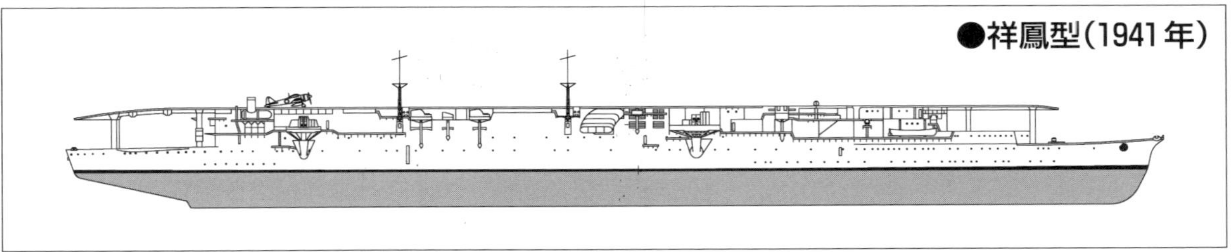

龍鳳型航空母艦　「龍鳳」(潜水母艦「大鯨」を改装)

元は潜水母艦

昭和8年度計画に基づき建造された潜水母艦「大鯨」を空母に改造した艦が「龍鳳」である。空母予備艦の第1艦で軍縮条件下に空母の増備を計画させた賢明な方法であった。

潜水母艦としての「大鯨」は、海大型潜水艦の発達に伴い、これまで運用されていた迅鯨型では潜水母艦として小さく、低速であったため、旗艦能力、居住性、通信力などが続々と建造される海大型、巡潜型に対応できなくなった。

潜水戦隊に随伴し、指揮できる大型・高速の潜水母艦としてロンドン条約制限の範囲で建造された。基準排水量1万トンの「大鯨」は当初の建造に際して、潜水母艦と建造されるが第2状態では、3ヵ月で空母に改造できるよう設計されていた。

また同艦は初めて電気溶接を使用した大型艦であったが、船体の歪みが生じたため進水後に再び入渠して、前部と後部で切断、歪みを矯正して後に鋲接とし、完成後には復元力と船体構造の大改装が行なわれ、機関についても大型ディーゼルの不調が続くなど、問題を多数かかえる艦であったが運用側からは大型の潜水母艦として好評だった。

「大鯨」は日本海軍にはない艦容をしていた。中央船楼は長く延び、高さも十分であったので船楼甲板を空母に改装される際には飛行甲板として使用されるよう設計されていた。

また潜水母艦として索敵能力や連絡機能を果たすため水上機の搭載が考慮されており、空母で必要なエレベーター2基のうち前部1基は最初から装備されていたのである。しかし昭和10年度の大演習において、台風に遭遇し動揺角度50度に達し、復元性の不良が認められた。

更に後部防水扉の破損により舵取機室昇降口から海水が流入し、電動機の故障により舵がきかなくなったため人力操作で横須賀に帰投した。しかしその後の確認で船体溶接部分に亀裂が見つかり呉に回航され、本格的な修理を受けた。

昭和16年9月に横須賀工廠で航空母艦改造に着手。その際主機をディーゼルからタービンに換装したため、艦内の区画も大きく変更することにより3ヵ月の改造期間は約1年におよび、速力も当初の計画より遅くなった。肝心の速力もディーゼル機関では31ノットを計画していたが、タービン機関では26ノットに留まったことは本艦の作戦使用範囲を狭める結果となった。

空母として完成したのは昭和17年11月となった。4月には東京初空襲でB-25の爆撃を受け損傷。第3艦隊付属に編入、竣工後には12月には八丈島付近で敵潜水艦の魚雷を受けて損傷するなど、建造から竣工後に至るまで御難続きであった。

搭載機は戦闘機が21機、艦上攻撃機が9機の計30機であった。兵装は高角砲が4基、3連装機銃が10基装備されていたが、昭和18年から昭和19年にかけて機銃の増備と電探の装備を実施された。昭和19年春には飛行甲板が前方に約15m延長され、新艦載機の対応と艦速向上が図られた。

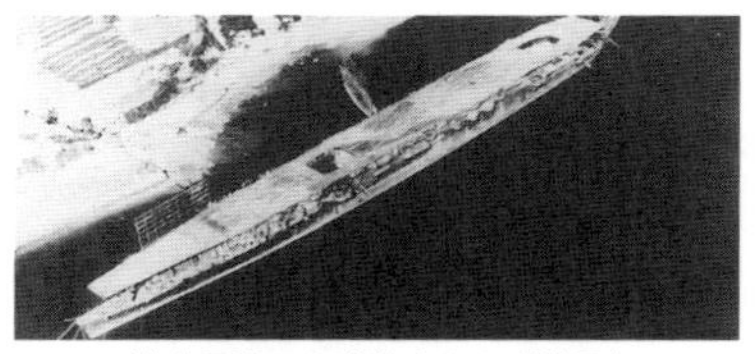
潜水母艦から改装された「龍鳳」

昭和19年6月マリアナ沖海戦に参加、搭載機は零戦18機、九七艦攻9機で損傷を受けるも損害軽微で呉に帰還するに至ったが、マリアナ沖海戦は「龍鳳」にとって機動部隊として活躍した最後の機会となった。昭和20年3月19日に呉にて敵艦載機の大空襲を受け、飛行甲板に直撃弾が数発命中し、火災が発生した。

特に前部エレベーターの開口が煙突の役割を担い、火炎が噴き上がる程の被害を受けた。その結果格納庫は燃え尽き、飛行甲板にも大きな損害を残したため、空母としての機能は果たすことはできなくなった。

船体そのものは比較的損害が少なく、機関も被害が少なかったこともあり、呉港外飛度ノ瀬というところに退避して偽装を施すこととなった。繋留された状態で終戦を迎え、昭和21年に呉工廠内で解体された。

【要目】
基準排水量：1万3360トン、全長：215.65m、全幅：19.58m、乗員：989名、主機：艦本式オール・ギヤ・タービン2基・2軸、出力：5万2000馬力、速力：26.5ノット、航続力：18ノットで8000浬、兵装：12.7cm40口径高角砲連装4基　25mm機銃3連装10基、搭載機常用24機・補用7機、飛行甲板：長さ185.0m・幅23.0m

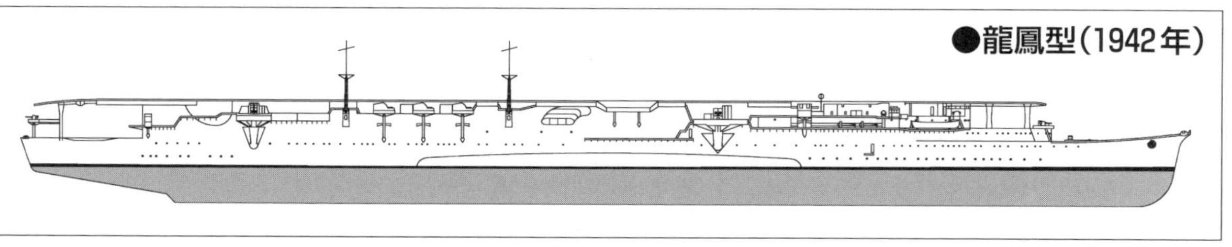
●龍鳳型(1942年)

千歳型航空母艦　「千歳」「千代田」(両艦とも水上機母艦を改装)

ミッドウェー海戦後に空母へ

「千歳」「千代田」の前身は日本海軍初の新造水上機母艦で、当初から甲標的母艦、空母に改造されることを計画されていた。

昭和9年度の第2次補充計画、通称㊁計画では軍縮条約の制限下で、様々に工夫された艦艇が建造された。その一つが「千歳」「千代田」である。

軍縮条約の規定の中に、基準排水量1万トン以下、速力は20ノット以下、搭載機を3機以内の場合、カタパルトは片舷のみ、4機以上の場合は装備をしてはならないとあった。このため排水量は9000トン、速力20ノット、カタパルトは2基までと制限内に留めるように設計があらためられたのである。

「千歳」は昭和13年7月に竣工。「千代田」は昭和12年12月に竣工した。竣工時の搭載機は九五式三座水偵が24機で、6分間隔で水上機を発進できる能力を有していた。

しかし本艦のもうひとつの特長は、甲標的母艦としての能力である。甲標的は当時、戦艦「大和」と同じレベルの最高機密の扱いで、「千歳」「千代田」に甲標的を12艇搭載して、米艦隊の進出の際に漸減作戦の切り札として襲撃を行なうことは軍機に属した。

両艦は完成後に水偵を搭載して日華事変に水上機母艦として活躍したが、「千代田」は昭和15年5月に甲標的母艦に改造を実施した。7月には実際に甲標的を発進させる実験を行ない、大成功を収めている。

しかし甲標的を搭載した後も、水上機を12機搭載しており水上機・甲標的母艦としてミッドウェー(途中中止)、キスカ、ガ島への甲標的輸送任務に従事。

空母への改造は、ミッドウェー海戦後の空母増強計画により実施されることが決定した。空母としては飛行甲板の長さは180m、格納庫は二層平甲板型、飛行機の搭載機数は約30機の小型空母に属する。

「千歳」の空母改装への着工は昭和18年1月で、約1年後の昭和19年1月に完成。「千代田」は昭和18年2月に着工、昭和18年12月に完成した。

両艦とも空母改造に伴い艦名は変更されなかった。これは空母の命名基準において空母の名前が底をついたこともあるが、乗員の希望により艦名の変更はされなかった。

飛行甲板のエレベーターの数は前後2基で、遮風柵は設置せず制動索は7索、制止索は2索だった。搭載機は30機の他に飛行甲板上に7機繋留できるように露天係止された。

空母に改造された後の「千歳」「千代田」は当初、別々の行動をしていたが昭和19年2月に第3艦隊第3航空戦隊に編入、同年6月のマリアナ沖海戦に参加する。マリアナ沖海戦では「千代田」が被弾により損傷するが無事、沖縄中城湾に「千歳」とともに帰投している。

その後、両艦とも比島沖海戦に参加。海戦では第3艦隊の小沢長官は4空母を2組に別けた。北のグループには「瑞鳳」「瑞鶴」南のグループに「千歳」「千代田」を配備した。10月25日の朝、米空母の第1次空襲が始まった。この時「千歳」の飛行甲板に艦載機が認められた。米空襲部隊指揮官は、制空戦闘機隊を発艦させてはならぬと、「千歳」に対して集中的に攻撃を加えた。

これにより急降下爆撃機の爆弾が左舷に2発命中。更に後部エレベーターに直撃弾が命中。これが火災と浸水を起こす原因となり人力操舵に陥った。続いて直撃弾4発が命中。左舷への傾斜が激しくなり空襲から1時間半後の9時半に沈没した。

「千代田」は「千歳」が沈没してまもなく朝10時に左舷後部に命中弾を受けた。これが致命傷となり戦場に取り残されてしまう。その満身創痍の「千代田」は空母の護衛に当たっていた巡洋艦の部隊に捕捉され、16隻からの艦隊を相手に戦い、遂に沈没した。25隻の日本の空母の中で、敵艦と砲撃を交えたのは「千代田」一艦のみである。

【要目】

基準排水量：1万1190トン、乗員：785名、全長：185.93m、全幅：20.8m、主機：艦本式オール・ギヤード・タービン2基、艦本式11号10型ディーゼル2基・2軸、出力：5万6800馬力、速力：29ノット、航続力：18ノットで1万1810浬、兵装：12.7cm40口径高角砲連装4基・25mm機銃3連装10基、搭載機：常用30機、飛行甲板：長さ180.0m・幅23.0m

●千歳型

飛鷹型航空母艦　「飛鷹」(橿原丸級貨客船「出雲丸」を改装)「隼鷹」(橿原丸級貨客船「橿原丸」を改装)

元は大型豪華客船

「飛鷹」「隼鷹」は商船改造航空母艦である。もとは日本郵船の北米サンフランシスコ航路の大型客船「出雲丸」「橿原丸」である。

日本政府は昭和12年に優秀船舶建造助成施策を実施し、排水量6000トン以上、速力19ノット以上の客船・貨物船・油槽船に対して助成金を交付していた。当時は日本でのオリンピック開催も内定していたこともあり、日本郵船としては大型客船の建造を検討するに至った。

それに対して逓信省・大蔵省・海軍省での折衝の末、排水量が2万7000トンの大型豪華客船で、一朝有事の際に空母に改造することを目標に、建造費の約6割を助成金として政府が交付することで建造が決定した。

「出雲丸」は昭和14年11月に川崎重工神戸造船所で起工され、「橿原丸」は昭和14年3月に三菱長崎造船所で起工された。起工後は順調に工事が進み、日本客船史上空前の大型豪華客船の完成が期待された。

しかし昭和16年2月に早くも海軍が買収し、3万トン近い豪華客船は遂に完成することはなかった。この日本郵船の「出雲丸」が「飛鷹」「橿原丸」が「隼鷹」になった。

「飛鷹」「隼鷹」は昭和17年7月に完成、「飛鷹」は第3艦隊第2航空戦隊へ、「隼鷹」は第1航空艦隊第4航空戦隊に配備された。

飛行甲板は木甲板張りで、前後2基のエレベーターを有していた。大型客船故に、飛行機の搭載機数も「蒼龍」にも匹敵しており、戦闘機21機、艦爆18機、艦攻9機合計48機で、そのうち8から9機は飛行甲板に露天繋止することとした。

兵装は高角砲が6基、3連装機銃が8基装備され、速度は25.5ノットであった。完成してまもなく「隼鷹」は「龍驤」とペアを組み、ミッドウェー作戦に策応したアリューシャン攻略作戦に投入された。

6月4日ダッチハーバーの空襲が「隼鷹」の初陣である。零戦13機、九九艦爆15機が「龍驤」の零戦、九七艦攻とともに発艦した。しかしこの「隼鷹」攻撃隊はダッチハーバーを発見できず帰投した。

翌日は零戦5機、艦爆11機を発艦させダッチハーバーのオイルタンクを爆撃、撃破している。その後は内地に帰り、ソロモン作戦に従事、南太平洋海戦で3次に渡り攻撃隊を発艦させ戦果を挙げている。

マリアナ沖海戦では2発の直撃弾と6発の至近弾を受けた。直撃弾は艦橋に命中し、多数戦死者を出した。マリアナ沖海戦の損傷による修理でレイテ沖海戦には参加できなかった。以降は搭載する航空戦力がなく、空母として使われないまま、輸送作戦に従事するようになる。

昭和19年12月、マニラへの輸送任務から佐世保への帰投中、長崎県野母崎沖の女島付近で米潜水艦の攻撃で魚雷2本が艦首および右舷機械室に命中、中破状態でなんとか佐世保に帰投した。佐世保で修理・繋留されたまま終戦を迎えた。

「飛鷹」は完成した後にアリューシャン作戦に参加することなく、内地付近に留まり、昭和17年10月にはトラック島に進出するも機関の故障を起こし、南太平洋海戦や第3次ソロモン海戦には参加できなかった。

また昭和18年6月、トラック島に向かう途中、三宅島東方海面で米潜水艦の雷撃を受け、損傷。航行不能になるが「山城」が横須賀より緊急出港して、「飛鷹」を曳航して何とか横須賀に帰投する。結局「飛鷹」「隼鷹」が揃って参加した海戦はマリアナ沖海戦で最初で最後であった。

マリアナ沖海戦では「飛鷹」は2次に渡る攻撃隊を発艦させたが敵の雷撃機6機の攻撃を受け、最後の1機が200mまで接近して撃墜されたが、その直前に投下された魚雷が右舷機関室に命中した。

商船からの改装による防御力不足から、たちまち航行不能に陥り、被雷後2時間後に突如として大爆発が起こり、強烈な火災はたちまち全艦に広がった。あわせて弾薬の誘爆も起こり遂に沈没した。

【要目】
基準排水量：2万4140トン、乗員：1187名、全長：219.32m、全幅：26.7m、主機：川崎式オール・ギヤード・タービン2基2軸（隼鷹は三菱式）、出力：5万6250馬力、速力：25.5ノット、航続力：18ノットで1万2251浬、兵装：12.7cm40口径高角砲連装6基・25mm機銃3連装8基、搭載機：常用48機・補用5機、飛行甲板：長さ210.3m・幅27.3m

●飛鷹型（1942年）

大鷹型航空母艦

「大鷹」(貨客船「春日丸」を改装)
「雲鷹」(貨客船「八幡丸」を改装)
「冲鷹」(貨客船「新田丸」を改装)

歴戦の貨客船空母

「大鷹」「雲鷹」「冲鷹」は日本郵船の貨客船の改造空母である。「春日丸」が「大鷹」、「八幡丸」が「雲鷹」、「新田丸」が「冲鷹」となった。

日本郵船が欧州航路へ新しく投入する予定で建造した豪華客船新田丸級三姉妹である。新田丸級三船は日本郵船を代表する客船の予定で、日本郵船株式会社のイニシャルN、Y、Kに因んで新田、八幡、春日と命名した。三船は優秀船舶建造助成施設の助成を受けた。

「春日丸」は昭和15年11月、商船として三菱長崎造船所で艤装中に航空母艦改造に着手。昭和16年5月に海軍に徴用され特設軍艦に編入された。特設航空母艦に類別されて佐世保海軍工廠に回航、昭和16年9月に改造が完成した。昭和17年8月1日に買収、31日に軍艦に編入、「大鷹」と改名された。

「八幡丸」は昭和15年7月に三菱長崎造船所で商船として竣工。昭和16年10月に徴用され、同年11月に特設軍艦に編入、特設航空母艦に類別された。昭和17年1月、呉海軍工廠で航空母艦改造に着手。同年5月に完成、8月1日に買収され31日に軍艦に編入されて「雲鷹」となった。

「新田丸」は昭和15年3月に三菱長崎造船所で商船として竣工。昭和16年9月に徴用され、昭和17年5月に呉海軍工廠で航空母艦の改造に着手。昭和17年8月1日に買収。8月20日に「冲鷹」と命名された。

航空母艦への改造は、客船での遊歩甲板以上の上部構造物を廃し、その上方約5mに支柱を設置して飛行甲板を設け、両甲板間を鋼板で囲い一段格納庫にした。エレベータは前後2基で、搭載機は「大鷹」「雲鷹」が常用23機、補用4機、「冲鷹」は常用26機、補用4機。

艦橋は格納庫前端に配置され、平甲板型空母である。兵装は「大鷹」「雲鷹」が高角砲4基、連装機銃が4基。「冲鷹」は高角砲が4基、3連装機銃が10基である。

速度は21ノットと竣工した日本海軍の空母の中で、同じく商船改造空母「神鷹」と並んで最も低速だった。飛行甲板については、「冲鷹」が「大鷹」「雲鷹」より10m長く好評だったため、2隻も損傷修理の際に18m延長した。

「大鷹」は昭和16年9月に第1航空艦隊第5航空戦隊に編入。「雲鷹」は昭和17年5月に聯合艦隊付属に編入、「冲鷹」は昭和17年11月に聯合艦隊付属に編入されている。

3空母とも主要な海戦には参加せず、主にトラック、マニラ、シンガポール間の人員や兵器などの輸送任務に従事していた。そんな中、最初の犠牲は「冲鷹」だった。昭和18年12月3日、航空機を輸送中、八丈島の東180浬で米潜水艦に探知され、3回の雷撃を受け「冲鷹」は沈没する。

「大鷹」は昭和19年8月18日、シンガポールに向けて「ヒ七十一船団」(船舶20隻、海防艦5隻、駆逐艦2隻)を護衛中、ルソン島西方で米潜水艦の雷撃を受け、わずか8分後に沈没した。

「雲鷹」は昭和19年1月にサイパン島沖で米潜水艦の魚雷を受けて損傷、横須賀で修理を受けていた。修理完了後、昭和19年8月24日、「ヒ七十三船団」(タンカー12隻、練習巡洋艦、海防艦5隻)をシンガポールに向けて護衛任務に就いた。

途中、南シナ海で敵潜水艦を確認したが、「雲鷹」搭載機と海防艦の連携により敵に襲撃の機会をあたえず、全艦無事シンガポールに到着。帰路は「ヒ七十四船団」の護衛である。

同船団はタンカー5隻、護衛は練習巡洋艦、海防艦5隻に「雲鷹」という編成であった。帰路には米潜水艦が待ち伏せをしている。昭和19年9月17日、ルソン島北部で米潜水艦の魚雷攻撃を受け、9月17日の早朝に沈没してしまう。あっけない最期であった。結局「雲鷹」は一度の輸送作戦も往復路で成功させることなく、沈没した。

【要目】
基準排水量:1万7830トン、全長:180.24m、全幅:22.5m、乗員:747名(「冲鷹」は850名)、主機:三菱式ツェリー式オール・ギヤード・タービン2基2軸、出力:2万5200馬力、速力:21ノット、航続力:18ノットで8万5000浬、兵装:12cm45口径高角砲単装4基・25mm機銃連装4基(冲鷹は12.7cm40口径高角砲単装4基・25mm機銃3連装10基)、搭載機:常用23機・補用4機、飛行甲板:長さ162.0m・幅23.5m

●大鷹型(1942年)

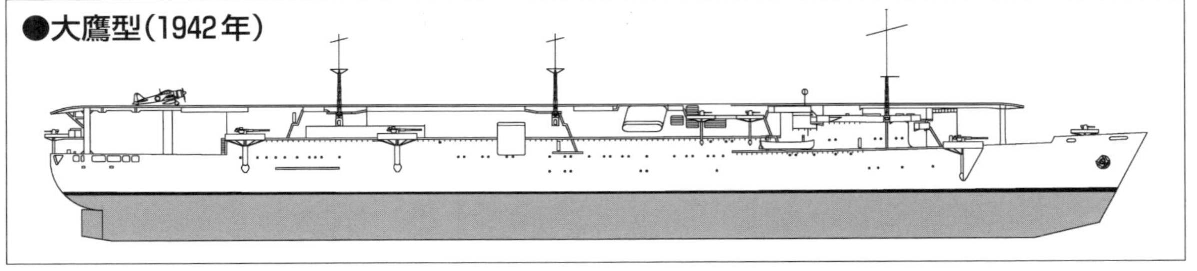

神鷹型航空母艦 「神鷹」（貨客船「シャルンホルスト」を改装）

ドイツ製貨客船を改装する

「神鷹」は商船改造空母であるが元の商船はドイツ、ロイド社所属の貨客船「シャルンホルスト」である。同船は昭和10年に就役後、姉妹船である「ポツダム」「グナイゼナウ」と共に東洋航路に従事していた。

「シャルンホルスト」はブレーメンと横浜港を結んでいた。昭和14年9月に第2次世界大戦が勃発し、「グナイゼナウ」と「ポツダム」は無事ドイツ本国に帰ることができたが、「シャルンホルスト」は日本に来港中であり、本国に帰っても途中、英国艦隊に拿捕される危険性が高いため、帰国を断念し長く神戸の芦屋御影沖に係留されたままであった。

ミッドウェー海戦の敗北を受け、航空母艦への改造が急務の中、日独の協定を活かして譲渡を受け、戦争終結後、船の価格の倍の金額を支払うことで合意を得たと言う。

昭和17年6月30日、航空母艦への改造が正式に決定。9月21日、呉工廠で改造に着手。客船から航空母艦への改造は、既に「新田丸」クラスで経験があったので、ほぼ同じ要領で進むことで特に大きな問題はないとされた。しかしドイツの客船ということで、正確な図面がない。罐や電気機器などが日本では経験のない未知のものである。などの問題が露呈することとなった。

しかし、工事を簡素化して格納庫などは上下二層の計画だったが一層とするなど、資材でも最小限とした。しかし「神鷹」には大きな問題があった。機関が安定しないのだ。

ドイツの新式高温高圧の罐4基による、タービン発電機を駆動するターボ電機推進であったが、罐と罐の管の破裂や故障が続き、何度も入れ替えて運転したがこのままでは就役困難と判断され、結局広工廠の大型罐に換装することで引き渡しを終了したのである。

その間、様々なトラブルが発生し、昭和18年12月8日終末公試を行ない、12月15日に完成、軍艦に編入「神鷹」と命名された。搭載機数は、大鷹型より多少増大しており、常用27機、補用6機で飛行甲板も大鷹型より拡大されていた。

完成後、昭和19年7月には第1海上護衛隊に編入され、「神鷹」にあたえられた初任務は「海鷹」「大鷹」と組んでの飛行機運搬であった。「ヒ六十九船団」は7月12日に門司からマニラを経由してシンガポールに向かうもので、「神鷹」は零戦5機、雷電8機を輸送のため積載し、これ以外に対潜任務として九七艦攻を14機搭載した。船団はその他タンカー12隻、護衛は練習巡洋艦、海防艦4隻という編成だった。

7月31日にシンガポールに到着し、帰路はタンカー8隻の「ヒ七十船団」の護衛を任された。続いて護衛を果たしたのは「ヒ七十五船団」で、9月8日に門司を出港して船団11隻を海防艦3隻、駆逐艦2隻でシンガポールに届ける任務だった。

9月21日に無事シンガポールに入港。「神鷹」はこの後、シンガポールを拠点として、マラッカ海峡やペナン沖で跳梁する英潜水艦の対潜作戦を実施した。駆逐艇や魚雷艇の護衛を受けて、搭載する磁気探知を装備した九七艦攻を使って対潜狩りを実施するのである。

しかし戦果はなく、シンガポールから「ヒ七十六船団」を護衛して内地に帰還した。続く任務は第23師団のフィリピンまでの護衛任務で、陸軍上陸母艦4隻、タンカー5隻を海防艦7隻、駆逐艦1隻で守る。

しかし「神鷹」にとり最後の船団護衛となる。11月14日、門司を出港し、翌日には陸軍の「あきつ丸」が撃沈される。そして17日、任務を終えた九七艦攻が次々と「神鷹」に着艦したのち夜になり、米潜水艦の魚雷攻撃を受けてしまう。

なんと6本の発射した魚雷のうち4本が「神鷹」が命中し、航空用ガソリンに引火、全艦瞬時に大きな炎に包まれ、船団をあかあかと照した後に沈没したという。「神鷹」をはじめ日本海軍は5隻の護衛空母を対潜戦に投入、船団護衛にあたらせたが、遂に1隻の潜水艦を捕捉することなく4隻が撃沈されている。

【要目】
基準排水量：1万7500トン、全長：198.34ｍ、全幅：25.64ｍ、乗員：834名、主機：ターボ電気推進2基2軸、出力：2万6000馬力、速力：21ノット、航続力：18ノットで8000浬、兵装：12.7㎝40口径高角砲連装4基・25㎜機銃3連装10基、搭載機：常用27機・補用6機、飛行甲板：長さ180.0ｍ・幅24.5ｍ

●神鷹型（1944年）

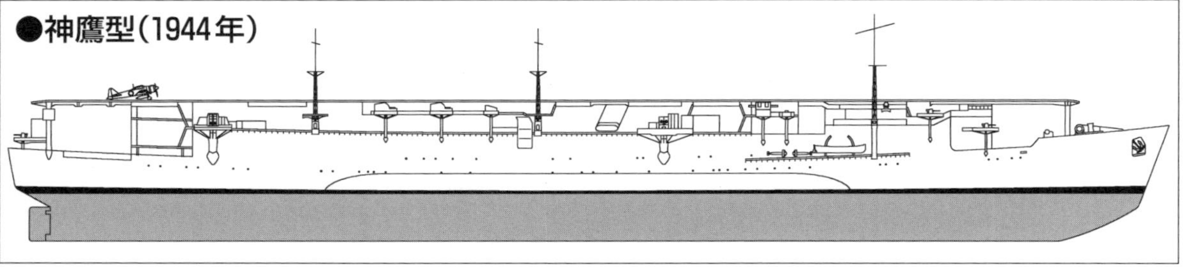

海鷹型航空母艦 「海鷹」(貨客船「あるぜんちな丸」を改装)

船団護衛や航空機輸送に従事

「海鷹」の前身は元大阪商船が南米航路で就航させていた貨客船「あるぜんちな丸」である。昭和17年5月に徴用され、特設運送船として使われていた。

元々姉妹船の「ぶらじる丸」と共に助成金で建造された船である。しかし「ぶらじる丸」は昭和17年8月にトラック島沖で米潜水艦の雷撃で沈没してしまったため、航空母艦に改造されたのは「あるぜんちな丸」だけとなった。

昭和17年6月30日航空母艦への改造が決定。12月9日には買収がなされ、三菱長崎造船所で改造に着手された。昭和18年11月23日改造完成、軍艦に編入され「海鷹」と命名された。

改装の内容は、先の商船改造である大鷹型に準じるものであったが、主機が力不足との見解で結局陽炎型の主機と缶に換装された。これは、前身である「あるぜんちな丸」時代に将来、ディーゼル機関を予測しての設計だったのが、タービン機関を搭載することになったため、大改造を余儀なくされ、結局機関変更には約1ヵ年の月日を要したのである。

飛行甲板についても、これまでの商船改造空母の中では最小で、搭載機も常用24機とされたが低速故に、他の商船改造空母同様第一線の作戦には投入されることなく、船団護衛や航空機輸送に従事した。

完成と同時に聯合艦隊付属となり、昭和19年2月に海上護衛総司令部付属に編入された。3月17日には第1海上護衛隊に編入され、船団護衛に従事したのである。昭和20年に入ってからは発着艦訓練目標艦として、地道な任務を果たした。

しかし、昭和20年7月14日、佐多岬灯台沖で触雷。曳航により大分県日の出海岸に擱座し、更に7月28日に米艦載機の爆撃を受けて大破、放棄された。

【要目】
基準排水量：1万3600トン、全長：166.26ｍ、全幅：21.9ｍ、乗員：587名、主機：艦本式オール・ギヤード・ガスタービン2基2軸、出力：5万2000馬力、速力：23ノット、航続力：18ノットで7000浬、兵装：12.7㎝40口径高角砲連装4基・25㎜機銃3連装8基、搭載機：常用24機、飛行甲板：長さ160.0ｍ・幅23.0ｍ

●海鷹型(1943年)

海外の商船・タンカー改装空母①

客船を改装した「アーガス」
MACシップであるラパナ級『ラパナ』

「海鷹」のような商船改装空母の元祖となったのが、イギリス海軍の「アーガス」だ。

「アーガス」はイギリスの造船所で建造中だったイタリアの客船「コンテ・ロッソ」を改装したフネで、艦の全長に渡って飛行甲板を設置し、その下を格納庫とする空母の基本形を確立した。

その後イギリス海軍はしばらくの間商船を空母に改装することはなかったが、第2次大戦の序盤、ドイツ海空軍の船団攻撃に対抗するため、貨物船やタンカーの上部構造物の一部を撤去し、飛行甲板を設置したMACシップを建造する。このMACシップの日本版と言えるのが「しまね丸」だ。

MACシップが期待以上の働きを示したことから、イギリス海軍は拿捕したドイツの貨客船を改装した「オーダシティ」と、建造途中の貨物船を改装した「アーチャー」を相次いで就役させる。

この2隻は「海鷹」などに比べ速力が5～6ノット遅く、搭載機数も少なかったが、航続距離の短いドイツ空軍機や潜水艦を相手にしたため、船団護衛で大きな役割を果たした。(竹内修)

信濃型航空母艦 「信濃」(大和型戦艦「信濃」)

大和型3番艦として起工される

「信濃」は戦艦「大和」「武蔵」に次ぐ大和型の3番艦として昭和15年5月に横須賀工廠で起工された。大和型3番艦と4番艦は昭和14年度から着手された第4次海軍軍備充実計画、通称㊃計画で横須賀工廠にて建造されることが決まった。

設計段階において「大和」「武蔵」における不備や不具合については、可能な限り改良が施された。内容としては艦底防御の増強、甲鈑の厚さの減少、旗艦施設の増備など。

予定では進水が昭和18年10月、主砲の搭載が昭和19年4月、竣工が昭和20年の3月であった。しかし開戦により一旦工事が中止され、「信濃」を建造していた巨大ドックを他の艦船が使用するために明け渡したのである。それでも「信濃」は浮揚させてドックから出渠させ、最小範囲の建造を進めていくことになった。戦艦としての工事を中止し、浮かせて出渠させるに必要な最小限の工事を行なったのである。

ところがミッドウェー海戦の敗戦により空母増勢策の一艦として「信濃」を空母として改造して完成させることに決したのである。その理由としては、空母への改造が比較的容易な段階での完成度であったことが大きい。すなわち、舷側は中甲板まで、機関区は下甲板まで、主機はすでに搭載済み、前部、後部の主砲は未搭載という状態であった。

改造部分については、戦艦としての上甲板の部分を格納庫の甲板として使用し、更にその上部に飛行甲板を設置する構造とした。結果的に全長こそ「大鳳」に及ばないものの、横幅は「赤城」や「加賀」より10mも広い40mを数えた。飛行甲板の強度はミッドウェー海戦での艦爆攻撃の教訓から、500kg爆弾の急降下爆撃に耐えうるとされる75㎜の装甲が施された。

これにより前後の昇降機も同様の装甲を施したため、極めて重量の大きなものとなった。艦橋は右舷に島型四層構造となっており「隼鷹」「飛鷹」「大鳳」などと同様の煙突が傾斜している外見となっている。

艦橋の上部には羅針盤艦橋、防空指揮所を有し、13号、21号電探を装備していた。格納庫は戦艦時の最上甲板一層で、前部と後部に分れ、搭載機は戦闘機が18機、艦上爆撃機が24機、計42機と当時世界最大の空母としては少なかった。

兵装は高角砲が8基、機銃は3連装が12群36基、単装機銃が40基、噴進砲が12基装備され、対空戦の重要性はよく認識されていた装備であるといえる。

工事は昭和19年12月に完成することを目標に大変な努力により進めていたが、昭和19年に入り前線での損傷艦の修理に忙殺され、一時3ヵ月中断の止むなきに至った。

しかし一方で空母完成は望まれており、同年10月15日に完成を繰り上げることに決した。そのため、工事の省略・簡素化が図られ、11月19日に遂に完成するに至った。

その後「信濃」は残工事を呉工廠で実施するため、第17駆逐隊「浜風」「雪風」「磯風」の護衛で11月28日午後1時半に横須賀を出港し、午後6時半に外洋に出た。

護衛する駆逐艦の艦長は歴戦の艦長ばかりで潜水艦が居るのは間違いないため、夜の航海は危険なのでできるだけ陸岸近くを昼間のうちに通るよう意見具申したが「信濃」艦長はその意見を採用せず、午後に横須賀を出て、夕方に外洋に達し、夜のうちに危険水域を抜けて朝方に呉に到着する予定とした。

しかし駆逐艦長達の予想は適中してしまう。午前3時13分、浜名湖南方沖で米潜水艦「アーチャーフィッシュ」の放った魚雷4本が命中する。夜が明け、次第に傾斜が大きくなる「信濃」を曳航することも検討されたが、流石に6万2000トンの巨艦に浸水による海水が加わっている。「信濃」は無事呉に到着しても乗せる飛行機がなかったといわれているが、当時、世界最大の排水量を持つ空母だったが、竣工後わずか10日で喪失したのである。

【要目】
基準排水量：6万2000トン、全長：266.0m、全幅：38.0m、乗員：2400名、主機：艦本式オール・ギヤード・タービン4基 4軸、出力：15万馬力、速力：27ノット、航続力：18ノットで1万浬、兵装：12.7㎝40口径高角砲連装8基・25㎜機銃3連装35基・同単装40基、搭載機：常用42機・補用5機、飛行甲板：長さ256.0m・幅40.0m

●信濃型(1945年)

伊吹型航空母艦 「伊吹」(鈴谷型巡洋艦「伊吹」を改装)

未成の巡洋艦改装空母

「伊吹」は、鈴谷型巡洋艦の改良型として昭和16年度戦時建造計画、通称㊝計画で昭和17年4月に1番艦が、6月には2番艦が起工された。その後、ミッドウェー海戦後の空母緊急増勢計画の一環として、巡洋艦として完成させることを断念し、1番艦はとりあえず進水させるための工事を続け、2番艦は起工直後に建造を中止された。

5月21日に1番艦が進水「伊吹」と命名された。進水後はただちに建造を中止、約半年間繋留放置となった。その後船体を活かした改造案として、高速給油艦、軽空母、水上機母艦、高速輸送艦などの案が成されたが、巡洋艦の優速を活かして軽空母として建造を再開することに決定した。重巡の船体を有効活用すべく、可能な限り飛行甲板を長くし平型飛行甲板ではなく、島型の艦橋を設置した。

搭載機は前後エレベーター2基で、戦闘機15機、攻撃機兼爆撃機12機（計画時では戦闘は「烈風」、爆撃機では「流星」）合計27機であるが、そのうち11機は露天繋止である。

主機関は巡洋艦としての計画の約半数に留め、2軸推進で速力29ノットを企画した。これにより空いた区画には重油・軽質油のタンクとして活用した。

兵装は当初、対空機銃のみであったが、後に高角砲2基も装備されることとなった。最終的には連装機銃27基、噴進砲4基も装備されるに至った。電探は21号、22号、13号を装備した。空母改造後の基準排水量は1万2500トン。復元性を増加させるためにバルジを設けた。空母改造工事は昭和18年秋に佐世保海軍工廠で実施され、昭和20年3月に工程約80パーセントで建造が中止され、そのまま終戦を迎えた。

【要目】
基準排水量：1万2500トン、全長：205ｍ、全幅：21ｍ、乗員：1015名、主機：艦本式オール・ギヤード・タービン2基2軸、出力：7万2000馬力、速力：29ノット、航続力：18ノットで7万5000浬、兵装：7.6㎝65口径高角砲連装2基　25㎜機銃3連装17基、搭載機：常用27機、飛行甲板：長さ205.0ｍ・幅23.0ｍ

●伊吹型

海外の巡洋艦改装空母

「伊吹」と同様、戦争の激化によって巡洋艦から空母に生まれ変わったのが、クリーブランド級軽巡洋艦を改装したアメリカのインディペンデンス級軽空母だ。

同級は重巡をベースとした「伊吹」に比べて速力が大きく、正規空母に随伴できるという点は高く評価されたが、防御力が低く、レイテ沖海戦で2番艦の「プリンストン」が彗星艦爆の投じた500kg爆弾の直撃を受けて戦没した。

このためアメリカ海軍はより防御力の高いボルチモア級重巡を改装したサイパン級軽空母2隻を建造することとしたが、就役は大戦後にずれ込んでしまった。

アメリカ以外にもドイツは重巡「ザイドリッツ」、フランスは建造途中の軽巡「ド・グラース」を空母に改装する計画を持っていたが、いずれも改装作業の途中で計画が中止されている。

イギリスも巡洋艦を改装して空母「フューリアス」「カレイジャス」「グローリアス」を建造しているが、この3隻は日米の巡洋艦改装空母とは若干性質が異なる。

この3隻は第1次大戦中に上陸作戦を支援するために戦艦並の巨砲を搭載した軽巡洋艦として建造されたフネで、「伊吹」よりも基準排水量が1万トン以上大きい巨艦だった。（竹内修）

インディペンデンス級「バターン」(CVL29)

軽巡洋艦改装の「フューリアス」

しまね丸型航空母艦 「しまね丸」(タンカーを改装)

空母兼タンカーとして建造

「しまね丸」は戦時標準船タンカーを改造した空母兼タンカーである。太平洋戦争も戦局が次第に厳しくなり、余りにタンカーの損失が激しくなってきた。そこで約1万トンの戦時標準大型油槽船に飛行甲板を付け、自らの対潜哨戒機で油を運びつつ対潜警戒ができる船に着目した。

昭和16年2月、日本油槽船助成協会が設立され、日本海軍はタンカーの新造に助成金を出していた。その中で艦隊用1万トンのタンカーをTL型、5000トン蘭印用をTM型と称した。このTL型タンカーに対して、陸軍から空母化の要求が出されたのである。恐らく次々と沈んでいく油槽船を海軍のみに頼らず、自ら護衛しようという構想であろう。これを見た海軍も艦政本部がタンカーの空母化に取り組んだのである。

昭和19年9月陸軍は性能より早期完成を望み、低速ながら比較的改造が容易な「山汐丸」「千種丸」を指定、特2TLと称した。海軍側は速力不足を嫌いTL型から「しまね丸」「大滝山丸」を指定し、特1TLといった。

タンカー改造といっても本格的で、正規空母と同じ装備品を使用し、エレベーターも搭載し、飛行甲板も長さ155m、幅23mと「龍驤」よりも長いのである。航空機用のエレベーターも格納庫前端に12m四方のものを1基装備し、搭載機も九三式中間練習機を12機搭載予定ではあったが、将来は「烈風」などの艦戦も搭載を考慮されており、搭載機が潤沢にあれば航空母艦として積極的に運用する予定であった。

「しまね丸」は昭和19年6月に起工され、同年12月進水、昭和20年2月末竣工予定の直前、2月29日建造が中止された。一方、2番船の「大滝山丸」は未成に終わり、後に貨物船に改造される予定だったが、終戦直後の台風で流され、そのまま不運にも機雷に触れて沈没している。

「しまね丸」は昭和20年7月、四国高松の志度湾付近に疎開中に英艦上機の空襲を受けた。直撃弾を3発受け、後部船体が折れて着底し、ほぼ全損状態で終戦を迎えている。

【要目】
基準排水量：2万トン、全長：160.5m、全幅：20m、機関：重油ボイラー・2基、出力：8500馬力、速力：18.5ノット、積載量：重油・1万トン、兵装：12cm高角砲単装2基・25mm機銃3連装9基・同単装22基、搭載機：12機

●しまね丸

海外の商船・タンカー改装空母②

アメリカ海軍はイギリス海軍と同じく、1940年に商船を改装した護衛空母の建造に着手した。

最初の護衛空母「ロングアイランド」は改造工事の着手から88日後に就役している。日本海軍の商船改装空母に比べれば、異常に工期が短いが、これは主機の換装などの手間のかかる作業を行なわない改造方針を徹底したためだ。

「ロングアイランド」は大西洋で船団護衛に従事し、その有用性を実証したが、同時に速度の低さや飛行甲板の短さなどの問題も明らかとなった。このため「ロングアイランド」よりも速力の高い貨客船をベースとしたボーグ級と、タンカーをベースにしたサンガモン級が相次いで建造された。

その後ボーグ級とサンガモン級のベースシップの基本船体を流用し、護衛空母の運用実績を基に設計された上部構造物を組み合わせたカサブランカ級とコメンスメントベイ級が大量建造された。

これらの護衛空母は日本の商船改造空母と異なりカタパルトを装備していたため航空機の運用能力が高く、艦隊空母を補佐して海戦でも活躍している。(竹内修)

ボーグ級「コア」(CVE13)
カサブランカ級「リスカムベイ」(CVE56)

古鷹型重巡洋艦「古鷹」

重巡洋艦

●50口径20（または20.3）cm砲連装砲を搭載、61cm4連装魚雷発射管等と強力な雷装を装備した1万トン級重巡洋艦のすべて！

解説　勝目純也
作図　吉原幹也

古鷹型重巡洋艦 「古鷹」「加古」

20センチ単装砲6基を搭載

「加古」は大正11年11月神戸川崎造船所、「古鷹」は12月に三菱長崎造船所でそれぞれ起工されている。当初「加古」が1番艦で「加古」型といわれる予定だった。しかし完成直前に事故で竣工が遅れ、先に「古鷹」が大正15年3月31日竣工しタイプシップとなり、「加古」が7月20日に竣工した。

古鷹型の最大の特長は、軽巡洋艦の発展型において20cm砲を搭載したことにある。これは当時、他国の海軍は大変驚いたといわれている。主砲は単装で配置は、前部、後部の中心線上に3門ずつピラミッド状になっている。

古鷹型は、基本的に平甲板型であるが少しでも重量を軽減するために独特の船体ラインが生まれた。「波型船体」と称されたもので、重量軽減のため艦首から艦尾に至る乾舷を必要最低限の高さに抑え、これを連続して続けていくことで2段階船体ラインが傾斜する波型を形成した。

機関は「古鷹」がパーソンズ式オール・ギヤード・タービンで、「加古」ブラウン・カーチス式のタービン。煙突は外観では2本であるが、煙路は3本で前部煙突は2本の煙路の上部を結合した結合煙突である。

主砲は前述した通り、当時他国にない20cm砲を搭載していたが、ここでも重量軽減が図られ、給弾方法も2段で揚弾、装填される方式で手間がかかり能率が良くなかった。

魚雷発射管は魚雷そのものの強度の関係で中甲板の両舷に設置された。航空機においては、本格的に航空機を搭載したのが本型で、カタパルトは当初装備されていなかったが、昭和6年から8年の間で、カタパルトの装備とあわせて高角砲も8cmから12cmに強化された。

「古鷹」「加古」は開戦時には第6戦隊で「青葉」「衣笠」と共にグアム島攻略やウェーキ島攻略作戦に参加。ラエ・サラモアなどの攻略作戦に従事したが、開戦後1年未満で両艦に悲劇が起きる。

昭和17年8月9日、第8艦隊旗艦「鳥海」以下、「青葉」「衣笠」「古鷹」「加古」、軽巡2隻、駆逐艦1隻がサボ島周辺で重巡6隻、軽巡2隻の敵艦隊と遭遇。日本海軍のお家芸たる肉迫夜戦で、重巡4隻を撃沈。第8艦隊は無傷だった。

しかしラバウルに帰る途中、「加古」が敵潜水艦の魚雷を受け沈没した。「古鷹」は、続く10月12日におきたサボ島沖海戦で「青葉」「衣笠」「古鷹」、駆逐艦4隻によるガ島飛行場砲撃をこころみた。しかし敵のレーダー射撃の先制攻撃を受けて、「青葉」は大破、「古鷹」は3番砲塔付近、2番魚雷発射管付近に敵弾が命中し、大火災を起こした。この火災により敵の集中砲火を浴びることとなり遂に沈没した。

【要目】
基準排水量：7950トン（改装後8700トン）、全長：185.2m、幅：16.55m（改装後：16.9m）、乗員：610名（改装後：639名）、主機：オール・ギヤード・タービン4基・4軸、出力：10万2000馬力（改装後：10万3390馬力）、速度：34.6ノット（改装後：32.95ノット）、航続距離：14ノットで7000浬、兵装：20cm単装砲6基・7.6cm単装高角砲4基・魚雷発射管6基・水偵1機（改装後：20.3cm砲連装3基・12cm高角砲単装4基・25mm機銃連装4基・13mm機銃連装2基・61cm魚雷発射管4連装2基・水偵2機）

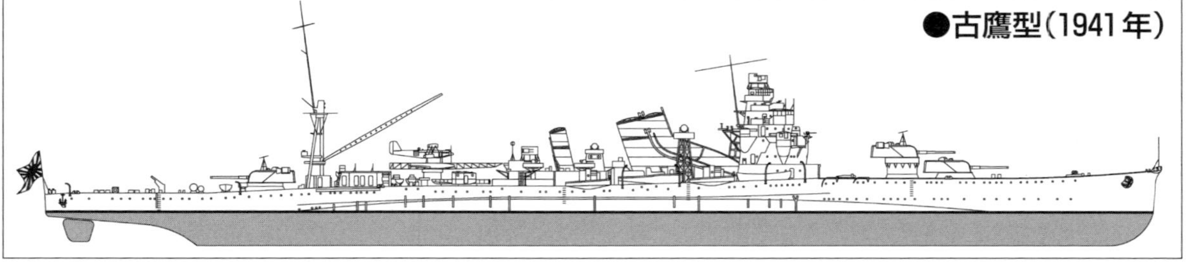
●古鷹型（1941年）

青葉型重巡洋艦 「青葉」「衣笠」

古鷹型の同型艦として計画

青葉型は古鷹型の同型艦として計画された。最大の相違点としては主砲が古鷹型が単装6基に対して、青葉型は連装3基に改められた。

「青葉」は大正13年2月、三菱長崎造船所で起工。大正15年9月進水。昭和2年9月に竣工した。「衣笠」は神戸川崎造船所で大正13年1月起工。大正15年10月進水。昭和2年9月に竣工した。

船体は古鷹型と同様の「波型船体」をとり、艦橋の構造物や煙突などに違いはない。

主な古鷹型からの相違点としては、前述の主砲については古鷹型で指摘されてきた、砲塔内の弾薬を射耗すると、弾火薬庫からの給弾に時間を要し、連続発射速度に影響が出る点について改善されており、弾薬の供給は全て機械化されている。

高角砲については、古鷹型の8cmから12cm高角砲を搭載した。当然であるが初速、射程、射高も増大し、口径が大きいぶん砲弾も大きくなっているので敵機に与えるダメージも大きくなる。

日本海軍の重巡でカタパルトをはじめて装備したのは青葉型だった。航空機を射出するための動力が火薬式なのが呉式二号で「青葉」に、圧搾空気を動力とする呉式一号が「衣笠」に装備されていたが、火薬式のほうが確実に射出できて実用性に富んでいるとされていた。

機関においても古鷹型と同様で、後に欠点として指摘された中央左右の缶室の縦隔壁も同様のままであった。これは万が一、片舷に浸水をきたした場合、より艦の傾斜が増す構造になっている。

ただし排水量は古鷹型より約300トン増大している。青葉型の改装は同様に何度かにわけて行なわれている。昭和5年に高角砲のシールド装着、昭和7年の艦橋付近の対空増備。昭和9年の無線通信設備の改善。昭和11年には砲塔給弾機構の改良を終えたのち近代改装に入った。

青葉型の近代改装の要点は、主砲の換装である。従来の20cm砲を取り外し、20.32cmの砲塔が設置された。換装は単に口径が増したのと、九一式徹甲弾などの新型の各種弾薬が使用可能となった。その他、機銃の増設、カタパルトの換装、測距儀などが新しくなった。

「青葉」は昭和15年11月、「衣笠」は昭和16年3月に第1艦隊第6戦隊に編入され、「古鷹」「加古」と戦隊を組んだ。開戦よりウェーキ島、ラバウル、ラエ・サラモア、ブーゲンビル、珊瑚海海戦などの作戦に従事し、昭和17年8月7日、第1次ソロモン海戦で夜戦に勝利する。

その帰り僚艦「加古」を失い、「古鷹」を失った前述のサボ島沖海戦で「青葉」は被害を受ける。旗艦「青葉」以下が、ガ島砲撃態勢に入った時、左に艦影3隻を見た。夜戦において見えるものは敵と考えるが当然であるが、貨物船と駆逐艦の味方輸送部隊ではないかと懸念。そのため「青葉」は味方識別信号を送る。

しかし返ってきた答えが照明弾と敵のレーダー射撃による集中砲火だった。初弾は艦橋に命中、不発弾だったが、破片が無数に艦橋内に突き刺さり、司令官以下幹部が多数戦死する。

その後の「青葉」は損傷が続く。夜戦の修理が癒えたところで、再びカビエンで米機の空襲に遭い飛行甲板右舷に命中弾を受け、魚雷が誘爆して沈没寸前の大被害を受けた。その損傷も修理し、昭和18年11月にシンガポールに進出するも、今度は米潜水艦の魚雷を受けて損傷。結局マニラ経由で呉に帰還。

そのまま予備艦となり7月に空襲で艦尾切断、呉湾外に着底した状態で終戦を迎えた。

「衣笠」は無傷で各作戦に引き続き従事していたが、昭和17年11月の第3次ソロモン海戦で、米艦載機の空襲を受け、沈没した。

【要目】
基準排水量：8300トン（改装後9000トン）、全長：185.2ｍ、幅：15.8ｍ（改装後：17.6ｍ）、乗員：632名（改装後：657名）、主機：オール・ギヤード・タービン4基・4軸、出力：10万2000馬力（改装後：10万4200馬力）、速度：36ノット（改装後：33.43ノット）、航続距離：14ノットで8223浬、兵装：20cm砲連装3基・12cm高角砲単装4基・魚雷発射管6基・水偵1機　（改装後：20.3cm砲連装3基・12cm高角砲単装4基・25mm機銃連装4基・13mm機銃連装2基・61cm魚雷発射管4連装2基・水偵2機）

●青葉型（1944年）

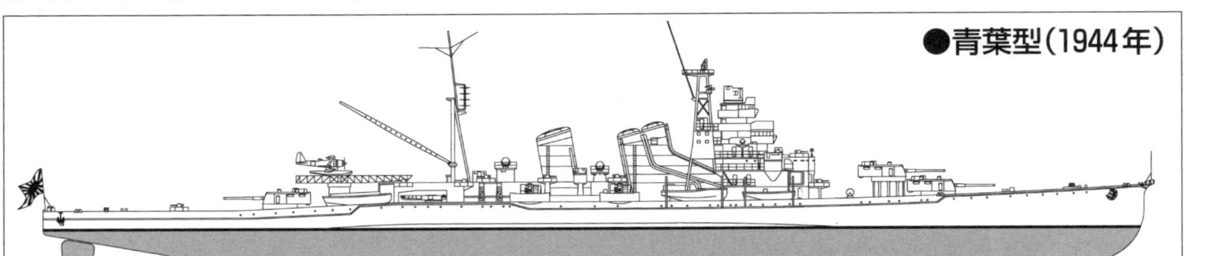

妙高型重巡洋艦 「妙高」「那智」「足柄」「羽黒」

20㎝砲連装5基搭載した大型巡洋艦

「妙高」型は大正12年に計画された補助艦艇補充計画において4隻の建造が決定された。米艦隊との邀撃艦隊決戦の巡洋艦として、同時代の他国の巡洋艦に比較しても極めて高い実力を持つ。

「妙高」は昭和4年7月、「那智」は昭和3年11月、「足柄」は昭和4年8月、「羽黒」は昭和4年4月に相次いで竣工した。

船体については、古鷹型や青葉型から発展させたもので徹底した重量軽減が図られており、艦首に大きなシアー・ラインを持ち艦尾付近を波型に低下させた平甲板型である。艦中央部の上下甲板は波型をしており、独特の美しい艦型を形成している。

防御に関しては対応防御が考慮されており、砲塔付近や水線下の水中防御部分などには102㎜のNVNC（ニッケル・クローム鋼均質甲鈑）甲板を装着して強度を高めている。

機関は艦本式オール・ギヤード・タービン8基で、4軸で4つの主機械室にわかれていた。船体中央部には縦の隔壁があり左右に機械室・缶室がわかれていたが、浸水の際に片舷に傾斜を増長させる欠点は古鷹型から変わっていない。煙突は前後2本であるが、前部の第1煙突に第1缶室から第4缶室、第2煙突には第5缶室から第8缶室、第3煙突に第9缶室から第12缶室までの煙路があり、第1と第2煙突が1つになり前部煙突となっている。

艦橋はこれまでにない洗練された形状で大型化された。主砲は20㎝で連装砲塔が5基配置され、高角砲は12㎝単装砲が当初4基の予定だったが、魚雷発射管の中甲板に設置することにより、一部艦内設備が上甲板に追われ、死角が生まれることから6基とされた。竣工後は、第2艦隊、第4艦隊で活躍していたが、昭和8年第1次改装を実施した。

主な改装点は、砲戦能力の向上と弾薬庫の防御能力強化。魚雷兵装の改良と航空兵装・対空兵装の強化、機関の改善、バルジの増設などである。その後第1次改装が終了した後に、第4艦隊事件が起き、船体の強度に欠陥が露呈されることになる。

昭和11年に補強工事を実施、更に昭和14年に第2次改装工事が実施される。内容は高雄型に行なわれた内容とほぼ同等のもので、指揮装置の改善や機関関係の改良、居住性の改善、魚雷搭載本数の増大、対空機銃の増設などである。

開戦時、「妙高」「羽黒」はパラオに出撃し、レガスピー攻略作戦支援に、「足柄」「那智」は馬公にそれぞれ出撃した。「妙高」はその後、スラバヤ沖海戦、珊瑚海海戦、ミッドウェー海戦、南太平洋海戦など多数の海戦に参加し、マリアナ沖海戦に参加したのち魚雷攻撃を受け、シンガポールに退避。そのまま砲台として活躍して終戦を迎えた。

「足柄」は開戦後、スラバヤ沖海戦に参加、スラバヤ方面で活躍し、シンガポールや内地を往復、その後大きな海戦に参加することなくレイテ輸送作戦などに従事、昭和20年6月にバタビアからの緊急輸送任務中、バンカ海峡で敵潜水艦の魚雷攻撃を受けて沈没した。

「那智」はダバオを拠点にメナド攻略作戦支援、ケンダリー攻略作戦を支援後、スラバヤ沖海戦に参加。その後はアリューシャン方面で行動、アッツ島沖海戦で小破。レイテ沖海戦に参加、西村艦隊を追ってスリガオ海峡に向かうが、「最上」と接触。昭和19年11月、マニラ湾で敵機の攻撃を受けて沈没。

「羽黒」はケンダリー攻略作戦の後、スラバヤ沖海戦に参加。珊瑚海海戦、第2次ソロモン海戦に参加、その後はソロモンで行動を続け、レイテ沖海戦に参加。「妙高」を曳航してシンガポールに入港。昭和20年5月16日、マラッカ海峡で英国艦隊と交戦して沈没する。

【要目】
基準排水量：1万902トン（第2改装後：1万3000トン）、全長：203.8m、幅：19.0m（第2改装後：20.7m）、乗員：792名（第2改装後：891名）、主機：オール・ギヤード・タービン4基・4軸、出力：13万馬力（第2改装後・13万2830馬力）、速度：35.5ノット（第2改装後・33.3ノット）、航続距離：14ノットで7000浬、兵装：20㎝砲連装5基・12㎝高角砲単装6基・61㎝魚雷発射管連装4基・水偵2機（第2改装後：20.3㎝砲連装5基・12.7㎝高角砲単装4基・25㎜機銃連装4基・13㎜機銃連装2基・61㎝魚雷発射管4連装4基・水偵3機）

●妙高型（1938年）

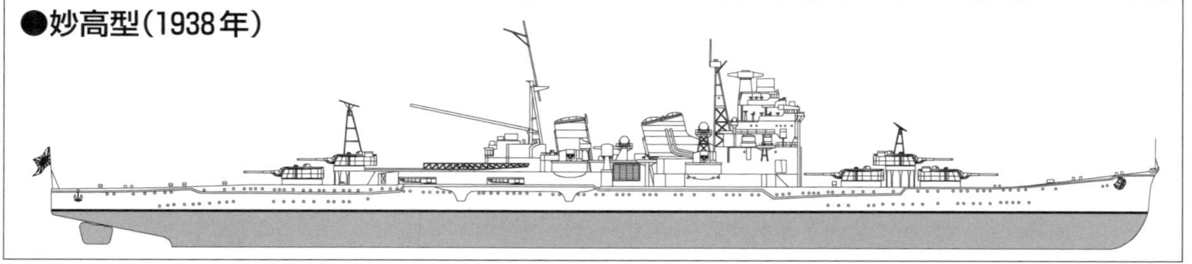

高雄型重巡洋艦 「高雄」「愛宕」「摩耶」「鳥海」

妙高型の性能向上型として計画

妙高型に続く、条約型巡洋艦の第2弾として計画されたのが高雄型である。1番艦の「高雄」は横須賀工廠で建造され昭和7年5月に竣工。「愛宕」は呉工廠で建造され昭和7年3月に竣工。「摩耶」は神戸川崎造船所で建造され、「鳥海」は三菱長崎造船所で建造され、揃って昭和7年6月に竣工した。

高雄型は妙高型の性能向上型で、主な相違点は、各指揮機能を集約して巨大艦橋、魚雷発射管上甲板設置、弾薬庫や機関部分の防御力強化、主砲の仰角向上による高角砲の減少。船体の電気溶接ならびにアルミ合金材の使用などである。

船体の設計は妙高型とほぼ同じで、機関も同一であり艦上の構造物の配置、主砲の配置も同じでありながら、艦容に大きな相違を感じるのは艦橋構造物による。艦橋はいわば10階建てで、主砲射撃所、主砲指揮所、測的所、発射指揮所、羅針艦橋、上部・中部・下部艦橋、高角砲甲板、上甲板と続いている。

主砲は20.3cm砲で対空射撃も可能としていたが、実戦では高速化される航空機の攻撃に対処できる性能ではなかった。高角砲は主砲が対空射撃可能ということもあり妙高型の6基から4基に減少している。

魚雷発射管はこれまで魚雷そのものの耐久性を考慮して中甲板に設置されていたが、高雄型から上甲板に設置された。これにより誘爆の際に自艦への被害が少なくて済む。

航空兵装は、カタパルトが2基、3機の水偵が搭載できる能力を有していた。

高雄型の改装については、「高雄」と「愛宕」が昭和13年に大改装が実施されたが、「摩耶」と「鳥海」は大改装が昭和16年に予定されていたため、日米開戦で実施には至らなかった。

改装の内容は高角砲および機銃の換装と機能向上、魚雷兵装の換装。航空兵装の強化、バルジの追加。居住区の改善や応急施設の追加などである。「高雄」の改装は昭和14年8月。「愛宕」は同年10月だった。

開戦時には「高雄」「愛宕」「鳥海」はマレー上陸部隊の支援に従事し、「摩耶」はフィリピン作戦の支援に当たっていた。

その後「高雄」はアリューシャン作戦の支援を行なった後、第2次、第3次ソロモン海戦に参加。引き続きトラック、ラバウル、シンガポールを中心に行動していたが、昭和20年7月にジョホール水道に停泊中、英小型潜水艇XEの突然の攻撃を受け機雷が爆発。行動不能のまま終戦を迎えた。

「愛宕」はカムラン湾を中心に行動し、ミッドウェー海戦に参加。第2次ソロモン海戦、南太平洋海戦、第3次ソロモン海戦に参加。その後はシンガポールを中心に行動。昭和19年6月のマリアナ沖海戦に参加。昭和19年10月、ブルネイ湾からレイテ湾に向かう途中、パラワン水道で米潜水艦の魚雷を受けて沈没。

「鳥海」はアンダマン攻略作戦、ベンガル湾作戦に従事。ミッドウェー海戦に参加。第8艦隊の旗艦として第1次ソロモン海戦で敵巡4隻撃沈の戦果を挙げた。

レイテ沖海戦に参加したが、昭和19年10月、レイテ沖にて爆撃を受けて落伍したところで駆逐艦「藤波」の手により処分し、「鳥海」の乗員を救助したが、その後の攻撃で「藤波」も沈没、「鳥海」の生存者はないと伝えられている。

「摩耶」はポートダーウィン攻撃部隊の護衛を務め、スターリング湾で行動を続ける。その後、アリューシャン作戦に従事した後、内地を経由して第2次ソロモン海戦、南太平洋海戦、第3次ソロモン海戦に参加。その後再び、アリューシャン作戦に従事し、再び南方作戦に参加。レイテ沖海戦に参加し、昭和19年10月にパラワン水道南口付近で、米潜水艦の雷撃を受け沈没した。

【要目】
基準排水量：1万1350トン（改装後：1万3400トン）、全長：203.8m、全幅：19.0m（改装後：20.4m）、乗員：760名（改装後：835名）、主機：艦本式オール・ギヤード・タービン4基・4軸、出力：13万馬力（改装後：13万3000馬力）、速度：35.5ノット（改装後：34.2ノット）、航続距離：14ノットで8000浬（改装後：18ノット5049で浬）、兵装：20cm砲連装5基・12cm高角砲単装4基・40mm機銃単装2基・61cm魚雷発射管連装4基・水偵3機　（改装後：20.3cm砲連装5基・12.7cm高角砲単装4基・25mm機銃連装4基、13mm機銃連装2基・61cm魚雷発射管4連装4基　水偵3機）

●高雄型（1944年）

最上型重巡洋艦 「最上」「三隈」「鈴谷」「熊野」

当初は15.5cm砲3連装を搭載

ワシントン条約の制限により、その限度一杯に重巡を保有した日本海軍は、昭和11年までに軽巡に関して約3万5600トンの建造が可能であった。よって第1次補充計画により8500トン型の軽巡4隻の建造が決定した。これが後の最上型4隻である。

主砲は15.5cm砲3連装5基、排水量9150トンで計画要目が決まり、1番艦「最上」は昭和6年10月に起工された。「最上」は呉工廠で建造され昭和10年8月に竣工。「三隈」は三菱長崎造船所で建造され、同じく昭和10年8月に竣工。「鈴谷」は横須賀工廠で建造され、昭和12年10月に竣工。「熊野」は神戸川崎造船所で建造され、昭和12年10月に竣工した。

船体はこれまで同様、徹底した重量軽減や高張力鋼や軽合金材が使用され、電気溶接技術も広範囲に使われた。主砲は前部に3基、後部に2基装備され、特に前部はこれまでのピラミッド配置を行なわず、1番2番を同位置、3番を高く配置した。

更に最上型は条約が失効された場合に重巡として活躍できるために20.3センチ砲に換装できるよう、あらかじめ砲塔部に互換性が考慮されていた。

高角砲である八九式12.7cm砲は巡洋艦では初めて搭載されたものである。対空機銃は、25mm機銃連装4基と13mm機銃連装2基が装備された。魚雷発射管は3連装4基と、高雄型より増大している。

艦橋は高雄型に較べて極めてコンパクトであるが、これは友鶴事件の影響から極力トップヘビーにならぬよう苦心惨憺された結果である。機関は艦本式オール・ギヤード・タービンであるが従来に較べて出力が増しており、軽巡時には最高速度36.5ノット、重巡時にも35ノットを発揮している。

昭和10年9月に「最上」と「三隈」は第4艦隊事件に遭遇する。これは三陸沖で強烈な台風に遭遇した、演習中の第4艦隊のうち半数が何らかの被害を受け、うち駆逐艦2隻が艦首を失うという大海難事故である。

この事件において「最上」は異常音や外舷にシワが入るなど、船体強度に問題があることがわかり「最上」「三隈」において至急、対策工事が施され、「鈴谷」「熊野」は建造中だったので、これら改正は工事に盛り込まれた。工事が終了して4隻で第7戦隊を編成できたのは昭和13年になった。

無条約時代に入り、かねてより主砲の換装を企図していため、昭和13年末から順次同型艦4隻に実施された。「鈴谷」が昭和13年12月から、「熊野」は昭和14年5月から、「最上」「三隈」は昭和14年10月から換装工事に入った。換装工事は予想外の手間がかかることがわかり、各艦工事期間は6ヵ月から8ヵ月を要した。

全艦完了したのが昭和15年4月で、これにより最上型4隻は一等巡洋艦、すなわち重巡に変更された。しかしながら、15.5cm砲は新設計のもので、3連装砲塔を採用したのは日本海軍としては最上型が初めてであった。

しかも、60口径と他国の同等砲より長砲身で、初速も早く仰角も最大55度までつけられるので対空戦闘にも使用できた。よって性能が非常に優秀で主砲換装に疑問を呈す声もあったという。

最上型は主砲の換装、「最上」の航空巡洋艦に改造された以外は大きな近代改装な実施されていない。しかし対空兵装は太平洋戦争後半になるに従い必要不可欠の装備となり、大戦後期では対空兵装が強化された。「熊野」「鈴谷」に対して昭和19年に入り、艦橋前の13mm機銃を25mm機銃3連装に換装。後部指揮所付近にも25mm機銃3連装2基が追加された。

更に「あ号作戦」前までには両艦に対し、25mm機銃3連装4基、同単装を「鈴谷」に10基、「熊野」に16基装備された。これにより総合計は50を超える対空機銃陣になった。「最上」に対してはマリアナ沖海戦前に、25mm機銃3連装4基、同単装18基が追加されている。

開戦時は4隻ともマレー半島上陸作戦支援で活躍した。「最上」はジャワ攻略作戦、バタビア沖海戦に参加。ミッドウェー作戦に参加するが、「三隈」と衝突してしまい浸水。更に敵艦載機の攻撃を受け、5発の命中弾を受けるもトラックに帰還。

昭和17年9月に内地で修理および航空巡洋艦に改造された。これは後部の4番、5番砲塔を撤去し、従来

最上型軽巡洋艦「最上」。写真の「最上」は15.5センチを搭載している

●最上型(1943年)

の飛行甲板を艦尾まで延長、水偵11機を搭載できる能力を有した。対空兵装も強化され、25㎜機銃3連装10基が装備された。その後昭和18年11月にラバウル周辺で敵航空機の空襲を受け、直撃弾が1、2番砲塔中間に命中し、「鈴谷」に曳航されトラックに帰っている。マリアナ沖海戦に参加。レイテ沖海戦ではスリガオ海峡に突入。敵艦隊の砲撃を受け艦橋、防空指揮所に甚大な被害を受けた上に、「那智」と衝突。駆逐艦に曳航されてコロンに向かったが再び敵艦載機の攻撃を受け、大火災となったため、味方駆逐艦の魚雷にて処分された。

「三隈」はその後バタビア沖海戦、北部スマトラ作戦支援に参加した後、ミッドウェー作戦に参加。攻略部隊に属しミッドウェー島砲撃を企図するが作戦中止により、主力部隊と合流すべく航行中、敵潜水艦発見を受け回頭の際「最上」と衝突した。衝突の損害は軽微であったが、翌日敵艦載機の攻撃を受け、6発の命中弾を受け大火災に包まれ炎上、沈没した。

「鈴谷」は開戦後、アナンバス攻略作戦支援、パレンパン上陸作戦支援、バタビア攻略作戦の支援を実施した後、ベンガル湾にて商船7隻を撃沈する。ミッドウェー海戦、第2次ソロモン海戦、南太平洋海戦に参加。トラック、ラバウル方面で行動後、マリアナ沖海戦に参加。レイテ沖海戦では栗田艦隊第2部隊に所属。敵艦載機の幾度か空襲を受け、1発が右舷中部舷側への至近弾となった。損傷は軽微だったが、不幸なことに火災と至近弾の破片により発射管に装填してあった魚雷が誘爆。

一度は鎮火に成功したが、再び他の魚雷の誘爆により機械室、缶室が損害を受けた。更に火災は上甲板全体にも及び、弾薬庫、機械室に注水するも効果なく、サマール島東方沖に沈没した。

「熊野」は開戦後カムラン湾、シンガポール方面で行動し、ミッドウェー作戦に従事。その後第2次ソロモン海戦に参加。昭和18年7月にコロンバンガラで敵雷撃機の攻撃を受け、右舷後部に魚雷を受けるも小破に留まりラバウルに帰還した。

引き続き南方方面で行動し、カビエン輸送作戦、マリアナ沖海戦に参加。レイテ沖海戦では栗田艦隊第2部隊に所属、シブヤン海で猛烈な空襲を受けたが無傷のまま、サマール島沖海戦で敵空母群を発見、追撃する矢先に魚雷を艦首に受け損傷。艦首から13mもぎとられて、一時航行が困難になった。なんとか自力で航行しコロン湾に向けて退避するも、サンベルナルディ海峡で雷撃機の空襲を受け、被弾を回避するも、翌日の空襲では煙突に2発、艦橋左舷下の甲板に1発命中する。

この被弾により高射指揮装置や高射測距儀が破壊され、電探も損害を受けた。それでも「熊野」は沈むことなく再び、自力航行ができるようになり、遂にマニラに帰還を果たす。昭和19年10月に「熊野」は「青葉」とともに、三十一船団と一緒に内地に帰還する命令を受けた。「熊野」としては損傷しているので、できるだけ早く内地に向けて航行したかったであろう。

しかし途中、サンタクルーズ湾で「熊野」は敵の潜水艦の魚雷を受けて、再び損傷。それでも沈むことなく、再度曳航により帰還をもくろむが満身創痍の「熊野」は再び、敵艦載機の空襲を受け、さすがの「熊野」も遂に沈没した。約1000名の乗員のうち約400名が助かり、最終的にマニラに移送された。その後内地に帰還することもかなわず、生存乗員はマニラの陸戦にまきこまれ、そのほとんどが戦死した。

【要目】
基準排水量：1万1200トン（「鈴谷」「熊野」1万1200トン）、全長：200.6m、全幅：18.2m（「鈴谷」「熊野」20.2m）、乗員：951名、主機：艦本式オール・ギヤード・タービン4基・4軸、出力：15万2000馬力、速度：36.5ノット（「鈴谷」「熊野」35ノット）、航続距離：14ノットで8000浬、兵装：15.5㎝砲3連装5基（主砲換装後：20.3㎜砲連装5基）・12.7㎝高角砲連装4基・25㎜機銃連装4基・13㎜機銃連装2基・61㎝魚雷発射管3連装4基、25㎜機銃連装4基・水偵2機

【要目　最上航空巡洋艦改装時】
基準排水量：1万2200トン、全幅：20.5m、乗員：930名、速力：35ノット、航続距離：18ノットで8000浬、兵装：20.3㎝砲連装3基・12.7㎝高角砲連装4基・25㎜機銃3連装10基・61㎝魚雷発射管3連装4基、25㎜機銃連装4基・水偵11機

昭和10年7月に撮影された「最上」

利根型重巡洋艦 「利根」「筑摩」

主砲を前部に集中配置する

ロンドン、ワシントン両条約により、1万トンの条約型巡洋艦は妙高型、高雄型で制限が一杯となり、軽巡洋艦に関しては最上型4隻の建造により、認められているトン数の残りは1万6955トンで、8500トン型2隻ではわずかに足りないことがわかった。

よって最上型5番艦、6番艦（残り2隻）は8450トンとして計画され、これが後の「利根」「筑摩」である。計画では基準排水量8450トン、主砲は15.5cm砲3連装4基で、まさしく条約の制限内の軽巡洋艦だった。

最終的には昭和8年に成立した、第2次補充計画で最上型2隻が追加されたが、友鶴事件への対応として性能改善が行なわれ、起工は当初より1年程遅れて「利根」が昭和9年末、「筑摩」が昭和10年秋となった。更に第4艦隊事件の対応も加えられて設計が進んだ。

しかし両艦の竣工は、昭和12年以降になることもあり無条約時代に入ってから進水することから、建造中から20cm砲塔を搭載することとなった。最終的には次のような基本性能が固まった。公試排水量1万2500トン、速力36ノット、航続力18ノットで8000浬、水偵6機、主砲を20cmとなった。当初の計画からは、主砲を20cmにしたこと、航続力を1万から8000浬にしたこと、飛行機を6機に増したことが大きな変更内容である。

利根型の最大の特長は主砲を4基とし、全て艦橋から艦首に配置され、艦後部には飛行甲板を艦尾まで拡張し水偵6機を搭載する計画にある。これは巡洋艦に索敵・触接・観測・対潜哨戒などの多様化した任務に運用できるよう水偵の搭載機数を増やしたものだが、他説では潜水戦隊の母艦としても利根型のような優速、水偵搭載巡洋艦の装備を考えられていた。

船体は寸法もふくめて最上型に準じたもので、全長がやや長い。機関は「鈴谷」をベースに設計され、左右2列4室ずつ8基の缶を収め、主機は左右2室ずつ4室に配置された。

主砲は最上型、古鷹型の単装からの換装後の砲と同じ、50口径20.3cm砲である。仰角が55度まで対応可能である。主砲を前部に全て配置するのは他に類例がなく、理由として航空機を主砲の爆風から守り、かつ主砲戦中でも水偵を発進でき、更に6機連続射出が可能となるからである。

1番・2番砲塔は背負式で前向きに配置し、3番・4番砲塔は上甲板に後ろ向きに配置された。砲塔を前部に集中させたことは、結果的に弾庫の防御が1ヵ所で済むという効果が生まれた。艦前部に砲塔を4基配置した関係で、艦橋と艦橋に隣接する煙突も、これまでの艦より後方に位置している。

艦橋構造では最上型を基本としており、若干艦橋まわりの対空機銃が増えている。艦橋のトップには九四式方位盤照準装置を装備、高射装置も測距儀と一体になっている九四式に変わり射撃精度はより向上した。

最上型から採用されている八九式12.7cm連装高角砲は、日本独自の優秀な半自動式の高角砲で、単装と連装があった。対空機銃はすべて25mm連装機銃で、艦橋前面に2基、煙突両舷に各1基、後部マスト付近両舷に各1基装備された。魚雷発射管は九〇式3連装水上発射管で、後部の航空甲板下の上甲板部に設けられた発射管室に片舷2基ずつ装備された。

搭載魚雷は61cm九三式酸素魚雷24本である。艦内に魚雷発射管がある場合、万が一被弾した場合の艦へのダメージを少しでも低減させるため、発射管は発射口に沿ってできるだけ外舷に寄せて装備された。これは発射管を発射位置に定めた場合に、発射管先端部ができるだけ外に突出するように考慮されていた。

後甲板には水上機を待機させておくスペースが確保でき、新造時には九四水偵2機、九五水偵4機が設定されていた。その後、零式三座水偵、零式観測機が搭載されたが、実際には何機配備されていたかは不明である。

これだけの航空装備を有していながら格納庫がないのは、水偵を連続射出するために常に航空機を露天繋止させるためだとあるが、水偵の露天搭載は他の特設水上機母艦等と同様、長期に渡った際に天候による影響が少なくなく、整備に要する時間もかかり実際の稼働率に問題が残されたといえる。大淀型の大型格納庫

利根型重巡洋艦「利根」。20.3cm砲8門、魚雷発射管3連装4基（61cm酸素魚雷を24本搭載）を装備していた

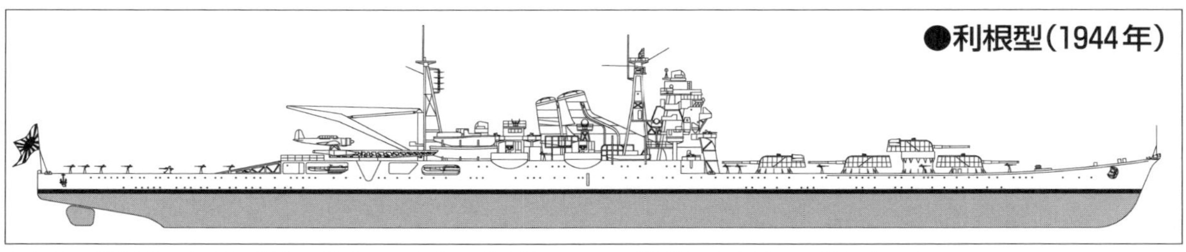
●利根型（1944年）

や今日の護衛艦のように海上で航空機を運用する際には格納庫は必須といえる。

カタパルトは火薬を使用した呉式二号五型で、左右両舷に1基設置されていた。その他には水偵揚収用のクレーンが設置されている。水偵の積載において格納庫はなく、全て露天での繋止になり最大で8機、三座水偵4機、複座水偵4機が限度であった。

日本海軍最後の巡洋艦である「利根」は三菱長崎造船所で建造され、昭和13年11月に竣工。「筑摩」は同じく三菱長崎造船所で建造され、昭和14年5月に竣工した。

開戦時は「利根」「筑摩」共に南雲機動部隊に配備され、ハワイ作戦に従事。その後、ウェーキ島攻略支援、ポートダーウィン攻撃、セイロン作戦に従事。コロンボ攻撃に参加し、ツリンコマリー攻撃に参加。続けてミッドウェー作戦、第2次ソロモン沖海戦、南太平洋海戦に参加した。

その後トラック、シンガポールを中心に行動し、マリアナ沖海戦に参加。ミッドウェー海戦では利根4号機の敵発見が有名になっている。続いてレイテ沖海戦に参加する。栗田艦隊第2部隊に配備されサマール島沖海戦で、「鈴谷」大破により「利根」に第7戦隊旗艦を移動。その後、敵機の空襲を受け、被弾するも損害軽微にてブルネイに入港。舞鶴をへて呉に帰投し、練習戦隊に編入された。

昭和20年、江田島内にて生徒実習艦として訓練中に、敵機の攻撃を受け、損傷。7月に再度攻撃を受け大破着底のまま終戦を迎えた。

「筑摩」は概ね「利根」と行動を共にし、第2次ソロモン海戦や南太平洋海戦、マリアナ沖海戦に参加。南太平洋海戦では艦橋付近に直撃弾を4発、至近弾3発を受け大被害を受けたが、その後の処置が的確で沈没に至らずトラックに帰りついている。

この修理の期間に「利根」もふくめて、電探の装備、機銃の増設を行なっている。更にその後昭和18年に入り、ラバウルで空襲を受けるなどの損傷・修理の際に「利根」「筑摩」ともに25㎜連装機銃を3連装に換装している。

マリアナ沖海戦の後では、やはり両艦とも電探と対空兵装の強化を思い知らされ、「利根」には25㎜機銃3連装4基、同単装25基。「筑摩」には単装機銃を23基装備している。電探は、22号電探、13号電探を増備した。

レイテ沖海戦では栗田艦隊第2部隊に配備されていた。サマール島沖海戦において戦艦「金剛」、重巡「羽黒」と共に米護衛空母「ガンビア・ベイ」を撃沈する。ところが追撃戦中、米艦載機の攻撃により、魚雷1本を艦尾に受ける。損傷は大きくなくても命中したところが悪かった。艦尾に火災が発生し、舵が故障。更に速度も低下したため、追撃態勢にある艦隊より取り残される結果となった。

敵の制空権下での護衛がない損傷艦の単艦行動はほぼ絶望的である。再び米軍機の空襲を受け、左舷に複数の魚雷が命中。艦の傾斜が増し沈没した。

生存者は駆逐艦「野分」に救助されたが、「野分」もその米艦隊の砲撃により撃沈され、全員戦死している。よって「筑摩」の乗員も全員が戦死してしまった。

「利根」「筑摩」は用兵者側の評判も高かった。速度、砲雷能力を落とさずに水偵搭載能力を高めただけでなく、居住性がよく（できるだけハンモックを減らした）、通風力が優れていてこれまでの艦より夏は涼しく、冬は暖かかったという。振動が少なく更に、耐波性・凌波性にも優れていた。日本海軍最後の重巡は極めて高い評価を得て幕を閉じた。

【要目】

基準排水量：1万1213トン、全長：201.6ｍ、全幅：19.4ｍ、乗員：874名、主機：艦本式オールドギヤードタービン4基・4軸、出力：15万2000馬力、速度：35ノット、航続距離：18ノットで8000浬、兵装：20.3㎝砲連装4基・12.7㎝高角砲連装4基・25㎜機銃単装6基・61㎝魚雷発射管3連装4基・水偵6機

カタパルトは火薬を使用した呉式二号五型を搭載。左右両舷に1基設置していた

軽巡洋艦

「名取」（手前）と「名取」（対岸左）、「阿武隈」（対岸右）

●水雷戦隊を率いる旗艦として計画され、強力な雷装をもった日本海軍・軽巡洋艦艦型一覧！

解説　勝目純也
作図　吉原幹也

天龍型軽巡洋艦　「天龍」「龍田」

日本海軍初の近代的軽巡

八四計画で計画された巡洋艦が天龍型2隻、「天龍」と「龍田」である。大正5年から7年度予算で計画され、当時大型化、高速化する駆逐艦の水雷戦隊の旗艦を担う軽巡として建造された。特筆すべき点は、天龍型は日本海軍最初の近代的軽巡といえる点にある。

船体は船首楼型で直線的なシンプルなラインを持ち、3本煙突と小型の艦橋とやや傾斜マストが特長である。船体の防御は薄く、機関の出力からも船体の防御を犠牲にしなければ速度30ノット以上発揮するのは困難だった。

兵装は14cm砲4門が全て艦の中心ラインに配置し、2番砲塔が艦橋と1番煙突の間に設置されているのが、特長的である。7.6cm高角砲は1門で、艦尾4番砲塔の後方に設置されている。しかしながら太平洋戦争開戦までには撤去されている。

魚雷発射管は3連装で、艦橋後方、船首楼後方と3番砲塔前部に配備されていた。レールを使用した左右両舷への移動式だが、実用的ではないと判断され、後に止めている。

主機械はブラウン・カーチス式で1基1万7000馬力のものを3基装備。前部機械室に2基、後部機械室に1基に設置、前部2基が両舷軸を、後部1基が中央軸を駆動し、日本海軍初のオール・ギヤード・タービンとなった。しかしこのタービンは発展段階で、タービン・ブレードの脱落事故を両艦とも起こした。

1番艦「天龍」は横須賀工廠で建造され、大正8年11月に竣工。「龍田」は佐世保工廠で建造され、同じく大正8年の3月に竣工した。第1艦隊および第2艦隊に配備され水雷戦隊の旗艦を務めたが、昭和3年以降はそのポジションを「夕張」や5500トン型にゆずり、第1遣外艦隊や鎮守府警備戦隊におかれた。

本型は小型である故に、大きな改装は行なわれていない。細かい点では振動防止と補強が目的で、前部マストを三段とする工事が昭和5年に「天龍」、昭和10年に「龍田」に実施されている。

開戦後はどの艦にも見られる対空機銃の増備が行なわれている。開戦時は両艦とも第4艦隊第18戦隊に配備され、ウェーク島攻作戦に参加。スルミ攻略作戦、ラエ・サラモア攻略作戦、ブーゲンビル島攻略作戦、アドミラルテイ攻略作戦等の支援で活躍した。

その後「天龍」は第1次ソロモン海戦、ガ島輸送に従事、昭和17年12月18日マダン港外で米潜水艦「アルバコーア」の雷撃を受け沈没した。

「龍田」はガ島輸送に従事した後に内地に戻り、修理整備後、トラックに進出。ポナペ輸送等を実施。昭和19年3月、内地からサイパンに向け輸送任務中に、八丈島西南西40浬で米潜水艦「サンドランス」の雷撃を受け沈没した。

天龍型は開戦後、支援任務、輸送任務の比較的地味な任務を行ない、両艦とも敵潜水艦により戦没したが、軽巡としての水雷戦隊旗艦や5500トン型の嚆矢としての存在は見逃してはならない。

【要目】
基準排水量：3230トン、全長：142.2m、全幅：12.3m、乗員数：327名、主機：ブラウン・カーチス式オール・ギヤード・タービン3基3軸、出力：5万1000馬力、速力：33ノット、航続力：14ノットで5000浬、兵装：14cm砲単装4基、7.6cm高角砲単装1基、53cm魚雷発射管3連装2基、機雷48個

●天龍型（1941年）

球磨型軽巡洋艦 「球磨」「多摩」「北上」「大井」「木曽」

「北上」「大井」は重雷装艦へ

球磨型に要求された性能は、駆逐艦と同等以上の高速力、主力艦に随伴できる航続力、高い偵察能力を期待された。そのため強力な砲雷兵装や水雷戦隊の司令部施設、通信設備も兼ね備えていた。船体は高速力を得るために極めて細長くされ、抵抗の少ない船型とした。

艦首は船首楼を付し、中央部には長い船楼を有し5500トン型の特長ともいうべき3本煙突が林立している。また魚雷発射管を挟み、後部にも長い上部構造物が設置され、主砲3門と後部マストが立つ。兵装は主砲が14cm砲単装7基で、1、2番砲塔は前甲板中心線上に背中あわせで置かれ、3、4番砲は艦橋の両側に、5、6番砲は後楼前方、7番砲は後部マストの後方に配備された。

本型新造時から射撃指揮所を設け、方位盤照準装置で全7門の主砲を統一射撃が可能となった。しかし給弾については人力によって行なわれていた。

魚雷発射管は、53cm魚雷16本と連装発射管を4基搭載した。当初、天龍型同様の移動式で3連装発射管2基を中心線上に配備したが、天龍型の運用実績不良により、連装発射管を片舷2基4門とした。

機関は技本式オール・ギヤード・タービンであるが、「大井」の低圧タービンだけがブラウン・カーチス式（4基4軸艦）である。缶は艦本式ロ号重油専焼缶大型6基、小型4基、混焼缶2基の合計12基で重油と石炭の混焼が課題となった。

球磨型は新造時から航空機搭載設備を持った最初の水上艦艇で、水上機1機を搭載した。竣工時はカタパルトがなく、水偵はデリックで海面に降ろされて発進していた。

1番艦「球磨」は佐世保工廠で大正9年8月、「多摩」は三菱長崎造船所で大正10年1月、「北上」は佐世保工廠で大正10年4月、「大井」は神戸川崎造船所で大正10年3月、「木曽」は三菱長崎造船所で大正10年5月に其々竣工した。

開戦までの改装については以下の通りである。「木曽」に対して大正11年に60mの滑走台を設置し、発艦実験を行なった。昭和7年に「球磨」、昭和9年に「多摩」が近代改装を実施している。主な改装点は航空兵装の強化で、カタパルトを装備、艦橋構造物も司令部設備の改善などが行なわれた。

「木曽」も昭和8年から近代改装が実施されたが、航空兵装の強化はなされなかった。「大井」は兵学校の練習艦であったため大きな変更点はなく、「北上」は昭和10年に復元性向上のため第2、第3煙突を短縮させた結果、第1煙突が他より長くなっている。ちなみに「木曽」「大井」「北上」の航空機搭載は見送られた。

開戦後の「球磨」「多摩」「木曽」は高角砲、対空機銃が増備され、3連装、連装、単装の機銃が各艦に設置されていった。また「北上」と「大井」は昭和16年1月から重雷装艦の改造が行なわれた。これは4連装発射管10基40門を有するもので予備魚雷はなく、他国に類例を見ない強力な魚雷兵装だった。

重雷装に活躍の場がないと考え、「北上」は回天搭載艦に改造された。艦尾から発進できる回天用の軌条を有し、回天8基を搭載する性能をもっていた。

球磨型5隻は水雷戦隊の旗艦や艦隊支援、輸送任務に各艦従事し、「球磨」は昭和19年11月にペナン西方で米潜水艦の雷撃を受け沈没。「多摩」は昭和19年10月のレイテ沖海戦で小沢艦隊に所属。敵機の雷撃を受け、艦隊から離脱。その後、米潜水艦の雷撃を受け沈没。「木曽」は昭和19年11月、マニラ湾で敵機の攻撃を受け沈没。「大井」は昭和19年7月、マニラからシンガポールへ回航の途中、米潜水艦の雷撃を受け沈没。「多摩」は昭和19年4月パラオに向かう途中、ソンソル島付近で米潜水艦の雷撃を受け沈没した。

【要目】
基準排水量：5100トン、全長：162.1m、全幅：14.2m、乗員数：450名、主機：技本式オール・ギヤード・タービン、出力：9万馬力、速力：36ノット、航続力：14ノットで5000浬、兵装：14cm砲単装7基、7.6cm高角砲単装2基、53cm連装魚雷発射管4基、機雷48個（重雷装艦時と回天搭載艦時とは異なる)、航空機：1機

●球磨型（1942年）

長良型軽巡洋艦 「長良」「五十鈴」「名取」「由良」「鬼怒」「阿武隈」

5500t型の中で最も同型艦が多い

球磨型の拡大改良型として建造されたのが長良型で、基準排水量が70トン程増加しているが、船型や主要寸法は球磨型と同じである。

主砲は、14cm砲が7基で、1番砲は前向き、その後ろの2番砲は後ろ向き、3番・4番砲は艦橋横に、5番・6番は後楼前部、7番砲は後楼後部に配置され、全てシェルターデッキ上の設置されていた。

対空兵装は8cm高角砲が2基、第1煙突の横に左右舷に1基ずつ装備された。球磨型に比べ魚雷発射管が53cm魚雷より、61cm魚雷に強化された。発射管数4基と搭載魚雷16本は球磨型と同様だが、魚雷の射距離が長くなっている。

航空兵装は球磨型より強化された。「木曽」で実用試験が実施された滑走台が新造時から1番砲と2番砲の中間で支柱を立て、艦橋前に設置された。

機関は、オール・ギヤード・タービン4基を有し、9万馬力という出力で最高速度36ノットが発揮できた。弱点としては防御が速度の犠牲になっていること。機関部缶室が居住区の近くにあり、夏期や南方では著しく居住性が悪かった。

長良型は5500トン型の中で最も同型艦が多く、6隻である。「長良」は佐世保工廠で大正11年4月竣工。「五十鈴」は浦賀船渠で大正12年8月竣工。「名取」は三菱長崎造船所で大正11年9月に竣工。「由良」は佐世保工廠で大正12年3月竣工。「鬼怒」は神戸川崎造船所で大正11年11月に竣工。「阿武隈」は浦賀船渠で大正14年5月に竣工した。

竣工後は各艦、高速を活かして水雷戦隊の旗艦を務めたが、強化されたとされる航空兵装が実際には実用的ではなく、ほとんど航空機は搭載されることはなかった。しかし昭和8年から9年にかけて5番砲と6番砲のあいだに呉式二号三型射出機1基を装備して水偵1機を搭載した。

開戦後に関しては、他艦と同様対空機銃の増設が進み、戦訓を取り入れた改装がなされた。すなわち、航空兵装の全廃。搭載魚雷の減。5番砲と7番砲を撤去し高角砲を配備。対空機銃の増設などである。

更には「五十鈴」は対空兵装をより充実させ、防空巡洋艦になった。14cm砲と航空兵装の撤去。12cm高角砲の配備、対空機銃や電探を増備するように工事が進められた。

「長良」は昭和19年8月に沖縄輸送に従事した後、鹿児島で引き揚げ邦人を揚陸し佐世保に向かう途中、米潜水艦の雷撃を受けて沈没した。

「五十鈴」は昭和20年4月、スラバヤ、クーパン、スンバワ島ビマなどで作戦中、米潜水艦の雷撃を受けて沈没した。

「名取」は昭和19年8月、パラオに向けてマニラを出発し、途中チクリン水道で仮泊。その後米潜水艦の雷撃を受けて沈没した。その後、生存者195名がカッターで26日間漂流して生還を果たしたことは戦後、書籍で描かれている。

「由良」は昭和17年10月にガ島奪回作戦に参加。ルンガ岬砲撃のために行動中、ツラギ沖で敵機の攻撃を受けて沈没した。

「鬼怒」は昭和19年10月、マニラ付近を作戦行動し、「青葉」の曳航などに従事。マニラ湾で空襲を受けるも船体に損傷なく、ミンダナオ海でも空襲を受けたが被害はなかった。しかしオルモックに陸軍兵士を届け、マニラに向かう途中パネイ島北東で敵機の空襲を受け沈没した。

「阿武隈」は昭和19年10月にレイテ沖海戦に参加。西村艦隊の第2遊撃部隊の1艦としてスリガオ海峡に突入。魚雷艇の攻撃を受け、魚雷を受けるも反転してダピタン港に帰還を果たすが、ダピタン港を出港しタロンに向かう途中、ミンダナオ海峡で大型機の爆撃を受けて沈没した。

【要目】
基準排水量：5170トン、全長：162.1m、全幅：14.17m、乗員数：450名、主機：技本式オール・ギヤードタービン・4基4軸（「那珂」のみブラウン・カーチス式オール・ギヤード・タービン）、出力：9万馬力、速力：36ノット、航続力：14ノットで5000浬、兵装：14cm砲単装7基・8cm高角砲単装2基・魚雷発射管連装4基・機雷48個（「五十鈴」改装後：12.7cm高角砲連装3基・25mm機銃3連装11基・同単装5基・61cm魚雷発射管4連装2基）

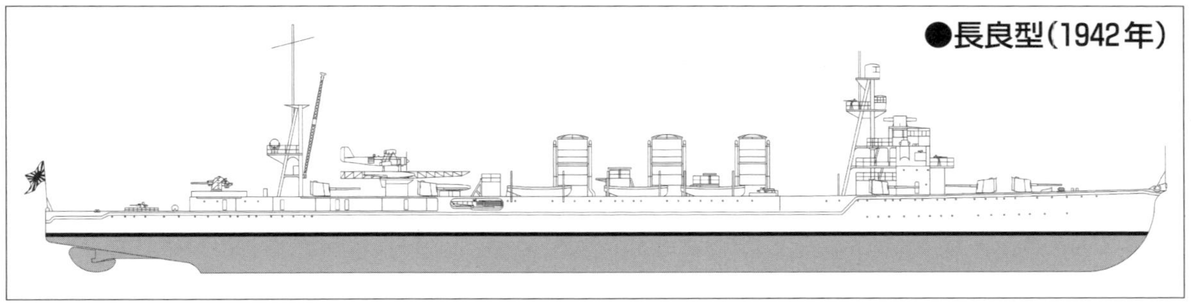
●長良型（1942年）

川内型軽巡洋艦 「川内」「神通」「那珂」

長良型の改良型として建造

川内型は5500トン型軽巡の3グループの中の最後の型式で、長良型の改良型として3隻建造された。主な改良点は、5500トン型のシンボルでもある3本煙突が4本となった。これは八八艦隊の建造により重油の消費を少しでも軽減させるべく、重油と石炭の混焼缶の数を増したことによるものである。

その他、水雷戦隊の旗艦を担うと同時に砲撃力、魚雷攻撃力などの装備はこれまでの5500トン型とは大きくは変わっていない。

船体については、速度を重視することから細長く、凌波性と耐波性を高めるために高い乾舷を有している。艦橋は航空機の格納庫を兼用しているので、これまでより大きな構造物になっている点が特長である。

煙突は4本煙突で、特に第1煙突からの排煙が艦橋に影響しないよう、他の3本より高くなっているのが、更なる特長となる。

主砲の配置において多少の変化が見られる。5番、6番、7番が球磨型、長良型とはことなり、後部マストの前に5番砲塔、マストの後ろに6番と7番が装備された。

魚雷発射管につては性能や数量において変化がないが、配備された場所が1番煙突と2番煙突の間となり、前方4門の砲撃による爆風の影響を軽減するものであると思われる。

機関については球磨型、長良型と違いが見られる。これまでの5500トン型ではロ号重油専焼大型缶6基、同専焼小型缶4基、同混焼缶2基だったものを川内型では前述したように重油消費の軽減を少しでも図るため、ロ号艦本式重油専焼缶8基、同混焼缶4基を搭載した。

1番艦「川内」は三菱長崎造船所で建造され、大正13年4月に竣工。「神通」は神戸川崎造船所で建造され、大正14年7月に竣工。最終番艦「那珂」は横浜船渠で大正14年11月に竣工した。

以上により大正9年から大正14年の5年間に渡り、5500トン型高速軽巡洋艦は14隻の竣工を終えた。竣工後は各艦水雷戦隊の旗艦として活躍していたが、昭和2年に悲劇が起きる。美保関事件である。

8月24日、島根県美保関沖で夜間無灯火演習中に「神通」と駆逐艦「蕨」が衝突事故を起こし、「神通」は艦首を喪失する大破、「蕨」は沈没した。このとき「神通」をよけようとした後続の軽巡洋艦「那珂」も駆逐艦「葦」に衝突し両艦も大破した。殉職者は120名、「神通」艦長は軍法会議にかけられたが判決の前日に自決した。

3艦の開戦前の変更点としては、昭和8年に川内型は近代改装を実施、「那珂」「川内」「神通」の順番にとりかかった。主な内容は7番砲塔の位置を変更してカタパルトを装備。水偵1機を搭載した。その他、旗艦施設の強化、通信施設の拡大が行なわれ、改装途中に友鶴事件が発生したため、復原性能改善工事を同時に進められた。

更に昭和10年の第4艦隊事件により船体補強工事も実施した。開戦直前には対空機銃の強化、九三式酸素魚雷の搭載とそれに伴う発射管の入れ替えなどが行なわれた。

「川内」は緒戦をカムラン湾やシンガポールなどで活躍し、ガ島をめぐるソロモンの戦いではガ島への砲撃や第3次ソロモン海戦などに参加した。その後トラックやラバウルで行動した後、昭和18年11月にブーゲンビル島沖海戦に参加したが米艦隊の集中砲火を受けて沈没した。

「神通」はダバオ攻略作戦やホロ島攻略作戦に参加。その後ミッドウェー海戦攻略部隊、ガ島作戦の支援に従事し、昭和18年7月にコロンバンガラ沖海戦に参加し、敵艦隊の砲撃と雷撃を受け沈没した。

最終番艦の「那珂」は、バリックパパン攻略作戦、スラバヤ沖海戦に参加。昭和18年半ばより輸送任務に従事、クェゼリンなどに物資を輸送した。昭和19年2月、トラックを出港し味方軽巡の救助に向かう途中、トラック北水道で米空母艦載機の攻撃を受け沈没した。

【要目】
基準排水量：5195トン、全長：162.4m、全幅：14.17m、乗員数：452名、主機：パーソンズ式オール・ギヤード・タービン・4基4軸(「神通」はブラウン・カーチス式オール・ギヤードタービン)、出力：9万馬力、速力：35.3ノット、航続力：14ノットで5000浬、兵装：14cm砲単装7基・8cm高角砲単装2基・61cm魚雷発射管3連装4基

●川内型(1942年)

夕張型軽巡洋艦「夕張」

コンパクトな船体に重武装を

試験艦ともいうべき全く新しい設計のもとで生まれたのが「夕張」である。「夕張」は端的にいえば駆逐艦の船体に5500トン型と同等の攻撃力を有したもので、完成時には世界の海軍から関心を集めた。

船体は船首楼タイプで、凌波性を増すために艦首にはシアーとフレアーが付けられている。船体そのものは軽量化を目指したが、防御についても考慮されており、「夕張」は軽巡でも初の試みである防御甲板を設けた。これは上甲板と主に機関部の舷側を防御するものとして、鋼鈑を装着した。

またその他の部分ついても、船殻の構造として厚鋼材を使用する方式で軽量化を実現した。

兵装も主砲・魚雷発射管を艦の中央に配置し、片舷に使用できる攻撃力について5500トン型に劣らぬようにした。具体的には装備数そのものは、5500型より主砲では1門、魚雷発射管では4門少なかった。しかし片舷の場合主砲では6門、魚雷発射管でも4門は全く同じだった。

高角砲の配置も独特で、2基の魚雷発射管の間に構造物を橋のように渡し、その上に8cm高角砲を1基配置した。これにより左右の射撃が可能となったのである。

主機はパーソンズ式オール・ギヤード・タービン3基3軸で、重油専焼の艦本式ロ号缶8基で5万7900馬力を発揮した。速力は35.5ノットの計画であったが、34.8ノットに留まり5500トン型よりやや速度が不足する結果となった。

また艦が小型故に航空兵装は装備されていない。建造は佐世保工廠で大正12年7月に竣工した。同型艦はなく「夕張」1艦のみである。これはやはり小型の船体に多数の兵装など余裕の少ない設計から、居住性の悪さや時代に即した改装が施せないことが主因で、いわば試作艦として建造された。

しかし居住区について、これまでの日本海軍の艦艇では士官居住区が艦の後部に配置されていた。「夕張」では艦橋直下付近の中下甲板に配置した。これにより艦橋と士官室の連絡・移動が便利となり、以後建造される艦艇の士官室の配置は夕張方式となった。竣工後は第1艦隊第1水雷戦隊に配備され、水雷戦隊の旗艦として若竹型や樅型を率いた。

竣工後から開戦に至るまでの大きな近代改装のようなものは実施されていない。外見的に大きな変更は、大正13年に煙突から艦橋への排煙の影響を少しでも軽減するため、煙突の高さを約2m伸ばした。

これにより艦型全体を見た時のバランスが良く、実にスマートになった。

また昭和7年の第1次上海事変に参加した時の修理の機会に魚雷発射管中間の高角砲を撤去、13mm連装機銃を配備した。

開戦後の改装については、他の艦同様対空機銃の増備が「夕張」にも施されている。

昭和19年に、単装の1番砲塔と4番砲塔を撤去、1番砲塔の後には12cm高角砲を、後部4番砲塔後には25mm3連装機銃を配備した。その他にも25mm単装機銃8基を増備している。

開戦後、ウェーク攻略作戦、第2次ウェーク攻略作戦に参加。その後ラバウルを拠点に作戦行動を行ない、第1次ソロモン海戦に参加。ナウル攻略作戦、オーシャン攻略作戦に従事した後に、トラック、パラオ、サイパンなどを行動し主に輸送任務を行なった。昭和19年4月に陸軍部隊の輸送で東松三号船団の旗艦としてパラオからソンソル島に向かい、その帰路に米潜水艦の雷撃を受け沈没した。

「夕張」の経験は後の古鷹型や妙高型の設計に大きな影響を与え、また少ない排水量でも航洋性を十分に備え、かつ高速艦で兵装も遜色なく設計されたことは、軽巡あるいは駆逐艦の一つの基本を示したものと見ることができる。よって夕張型の艦型は長く、日本海軍だけでなく各国の建造計画にも影響を与えたといわれている。

【要目】
基準排水量：2890トン、全長：139.99m、全幅：12.04m、乗員数：328名、主機：パーソン式オール・ギヤードタービン3基3軸、出力：5万7900馬力、速力：35.5ノット、航続力：14ノットで5000浬、兵装：14cm砲連装2基・同単装2基・7.6cm高角砲1基・61cm魚雷発射管連装2基・1号機雷48個

●夕張型（1944年）

阿賀野型軽巡洋艦 「阿賀野」「能代」「矢矧」「酒匂」

水雷戦隊旗艦用として建造される

日本海軍における近代軽巡の発展は、前述しているように龍田型で始まり、球磨型、長良型、川内型である5500トン型と進化を遂げてきた。

その後、ワシントン・ロンドン両軍縮条約により、排水量1万トン、20㎝砲を搭載する重巡には制限が課せられてしまったため、日本海軍は軽巡の戦備により力を注いできた。その結果、軽巡の新造枠については最上型4隻の建造に振り分けてしまった。

最上型は承知の通り、主砲以外は重巡の性能を有していた条約型重巡に次ぐ存在であった。よって最上型は水雷戦隊の旗艦としての能力には欠け、引き続き5500トン型を近代化して使い続けるしかなかった。

しかし駆逐艦が特型、初春型、白露型など続々と新鋭艦が生まれ、5500トン型では、改装による増大化で速力が減退していることなど、新しい駆逐艦を指揮する能力に問題が出てきていた。

また砲撃力や魚雷の攻撃力について、米駆逐艦に対しても劣勢を迎える状況で早期に新たに水雷戦隊の旗艦となる軽巡の建造が望まれた。

そんな中、第4次補充計画としてほぼ20年ぶりに計画された6隻の軽巡が予定された。6隻のうち4隻が巡洋艦乙として水雷戦隊旗艦用軽巡。残り2隻が巡洋艦丙として潜水戦隊旗艦用軽巡として計画された。後に前者が阿賀野型4隻で後者が「大淀」である。

阿賀野型については、5500トン型の後継として、水雷戦隊旗艦が務められるよう、様々な検討がなされた。基本としては艦型を余り大きくせず、最新型の駆逐艦と同等の速度と旗艦としての偵察能力、通信能力が重視された。

当時の要求として排水量は6000トン、主砲は15㎝を連装として前部に2基、後部に1基設置された。5500トン型の主砲が14㎝単装砲であったので、他国に較べ砲撃力が弱いといわれており、後継艦である阿賀野型は15㎝連装砲を装備した。しかし重量を制限されたため、弾丸の装填が人力となり、45キロの弾丸を人の手で装填するのは大変だったという。

高角砲については、装備の必要性を問う意見が出された。それは高角砲より、対空機銃を重視すべきという意見と、水雷戦隊の旗艦として駆逐艦を率いて敵と対峙するのであるから、魚雷発射管を廃して駆逐艦を守るべく高角砲を増備すべきという意見が出た。しかし最終的には8㎝の連装高角砲2基を両舷に1基ずつ装備された。

この高角砲は阿賀野型が初めて搭載した高角砲で、後に未成空母「伊吹」にも設置された。半自動砲で旋回と俯仰が電動式、発射速度は毎分26発と当時の発射速度としては高いが、砲身の寿命が短いのが欠点だった。

魚雷発射管については、中心線配置が検討された。最終的には61㎝4連装魚雷発射管を2基、カタパルト下と飛行甲板下部の中心線に配備された。前後発射管の中間に防弾装置付きの次発装填装置が装備され、予備魚雷8本が搭載されていた。

しかし阿賀野型が実戦配備される段階では、水雷戦隊旗艦として魚雷を発射するという海戦は惹起せず、唯一阿賀野型で魚雷を発射したのは、昭和18年11月に戦われたブーゲンビル島沖海戦で、「阿賀野」のみ1隻が魚雷を発射している。

航空兵装は、新造時から呉式二号五型射出機が装備され、三座水偵2機が配備された。ただし2機搭載の場合は、1機を飛行甲板上に置き、もう1機をカタパルト上に繋止する。

発進については、まずはカタパルト上の水偵を発進させた後に、飛行甲板上の水偵を軌条にてカタパルトに移動させ、発進を待機するという構造になっていた。

また軽巡として初の飛行甲板を有

阿賀野型軽巡洋艦・1番艦「阿賀野」

した構造となっている。飛行甲板上には航空機運搬軌条が設けられていた。主機は艦本式オール・ギヤード・タービン4基4軸で、主缶は同じく艦本式ロ号専焼缶6基で10万馬力を有した。

機械室は3室で前部右舷、前部左舷、後部機械室に分れていた。缶室は5室に分れており、第1缶と第2缶が1室にまとめられた。

その他爆雷軌条、対空機銃が装備されたが、新造時対空機銃は25㎜機銃3連装2基と少なかった。

1番艦「阿賀野」は佐世保工廠で建造され、昭和17年3月に竣工し、続く2番艦「能代」は横須賀工廠で建造され、昭和18年6月に竣工。3番艦「矢矧」は佐世保工廠で建造され、昭和18年12月に竣工、最終番艦の「酒匂」は佐世保工廠で建造され昭和19年11月に竣工した。

竣工後の改装については、新造時から戦訓を取り入れて建造されているので少なかったが、やはり対空機銃の増備がなされた。それでも各艦によって増備が異なり、「阿賀野」は昭和19年2月に沈没しているため、機銃の増備は行なわれておらず、「能代」「矢矧」は最終的に25㎜機銃3連装10基、同単装18基を装備した。

「阿賀野」は出動訓練の後、昭和17年11月にトラックに進出。マダン攻略作戦、ガ島撤退作戦の支援を行ない、トラック島に帰還。

その後一旦は内地に戻るが、再びトラック島に進出。昭和18年11月のブーゲンビル島沖海戦に参加。敵の集中砲火や敵機の大編隊の空襲を受けるも、至近弾による損害で済みラバウルに帰還した。その後もラバウルで空襲を受けるも、やはり至近弾に留まっている。

しかし昭和18年11月12日にラバウルを出港してトラックに向かう途中、米潜水艦の襲撃を受け、魚雷1本が命中して航行不能となる。「能代」「長良」「浦風」などの曳航を受けトラックに帰着する。

実戦配備以来、比較的好運に恵まれていた「阿賀野」であるが昭和19年2月、トラック島付近で行動中、米潜水艦の魚雷攻撃を受け2本命中。再び航行不能となり、駆逐艦「追風」に乗員は救出された。

しかしその後「追風」はトラック北水道で敵艦載機の攻撃を受け沈没。「阿賀野」の救助された乗員のほとんどが「追風」の乗員と共に戦死した。

「能代」は竣工後、内地で訓練整備を終え、昭和18年8月にトラックに進出した。その後ラバウルに向かい、11月にラバウルで敵の大空襲を受けるも、損害極めて軽微でトラックに帰還。

途中「阿賀野」被雷の知らせで救助に向かい、曳航失敗により「長良」に任務を託してトラックに帰還。トラックからカビエンに向かうが、同地で再び敵艦載機の空襲を受け、2番砲塔右舷甲板付近に直撃弾1発命中。その後、艦首に至近弾を受けるも、トラックに帰着。応急修理の後横須賀に帰着。

修理後、ダバオに進出し輸送任務に従事し、マリアナ沖海戦、レイテ沖海戦に参加。昭和19年10月にレイテ沖から帰還中に敵艦載機の雷撃を受け航行不能となり、更に魚雷攻撃を受けて遂に沈没した。

「矢矧」は竣工後、内地で訓練・整備を行ないシンガポールで主に行動し、タウイタウイ、ペンゲラップ付近を行動し、マリアナ沖海戦、レイテ沖海戦に参加。レイテ沖海戦では、サマール沖海戦で駆逐艦7隻を率いて第2水雷戦隊旗艦として参加。発見した敵護衛空母群を攻撃するも、反撃に来た米駆逐艦に対して砲撃を行ない、撃沈する。

しかし自艦も右舷士官室に直撃弾の命中を受け、他に至近弾による損傷を受けるが戦闘行動に支障はなくブルネイ経由で内地に向かうことになった。

昭和20年4月6日、「大和」、駆逐艦8隻とともに沖縄に向かうも翌日、「大和」につぐ大型艦故に、敵艦載機の集中攻撃を受け沈没。戦死は乗員の6割を超える446名であった。

最終番艦の「酒匂」は竣工後、舞鶴に配備され終戦に至るまで、ほとんど無傷に終わった。阿賀野型の唯一残存艦であったが、米海軍に引き渡された。その後昭和21年7月、ビキニ環礁の原爆実験に使われた。目標艦に近い位置にあったため、上部構造物は大破し火災が発生。浸水により艦尾より沈没した。

【要目】
基準排水量：6652トン、全長：174.50ｍ、全幅：15.2ｍ、乗員数：726名、主機：艦本式オール・ギヤード・タービン4基4軸、出力：10万馬力、速力：35ノット、航続力：18ノットで6000浬、兵装：15.2㎝砲連装3基・7.6㎝高角砲連装2基・25㎜機銃3連装2基（「酒匂」3連装10基・単装18基）・61㎝魚雷発射管4連装2基

●阿賀野型（1943年）

大淀型軽巡洋艦 「大淀」「仁淀」(計画のみ)

潜水母艦からGF旗艦へ

「大淀」は巡丙といわれた巡洋艦丙で、潜水戦隊の旗艦として計画・設計された。潜水戦隊の旗艦は潜水母艦の任務も担うもので、旗艦機能である司令部施設や通信能力に加えて潜水艦乗員の居住設備や魚雷、弾薬、潜水艦糧食などの設備や補給能力が必要で、潜水艦を率いる速力や航洋性も必要不可欠であった。

汽船から改造した「豊橋」「駒橋」「韓崎」などが潜水母艦としての能力不足から、専門の母艦を建造するに至る。それが「迅鯨」「長鯨」であるが、更に大型の潜水母艦「大鯨」「剣埼」に発展した。

新しい潜水母艦は主力艦隊と統一行動ができる速力、有効な散開線を展開できる指揮能力、通信設備、索敵能力を満たす艦種として軽巡が最も適切であると考えられた。

しかし航空機の急速な発展により、散開線を指示しながらの作戦行動は困難な状況になった。すなわち敵に近づく段階で、潜水艦は敵に捕捉された場合潜航すればいいが、水上艦は1隻洋上に取り残される。わざわざ潜水母艦の護衛が必要となるのである。よって旗艦設備は潜水艦で有するようになり、母艦機能は陸上の潜水艦基地隊が務めることが多くなった。

潜水母艦としての「大淀」の特長は、優速に加えて、主砲を前甲板に集め、後甲板には航空設備を設けるタイプとし、大型のカタパルトが極めて特長的で軽巡といっても全長は重巡の古鷹型、青葉型より長く、日本海軍の中で最大の軽巡となった。搭載機は開発中の高速水偵「紫雲」を搭載予定だった。

「紫雲」は6機まで搭載が可能で、しかも44mもある長大なカタパルトから1機を射出すると、次の水偵を格納庫内から油圧機能で次々とカタパルトに送り出し、最高で約4分間隔で連続射出が可能となった。

主砲は15.5cm3連装砲で最上型に搭載されていた砲で、大和型の副砲に使用されたものである。

高角砲は、10cm連装砲4基で、初速、最大射高、発射速度に優れ対空射撃に極めて有効な能力を示した。

主機は艦本式高中圧ギヤード・タービン4基4軸で、艦本式ロ号重油専焼缶6基とあわせて11万馬力を保有した。

「大淀」は呉工廠で建造され、昭和18年2月に竣工、ただちに横須賀鎮守府内戦部隊に編入された。しかし肝心の搭載予定の水偵「紫雲」の運用トラブルが多く、「大淀」に搭載される目途が立っていなかった。

また飛行機やレーダーなどの発達により水上艦での潜水母艦任務は困難と判断され、「大淀」に与えられた新たな役割として、連合艦隊の旗艦用に改造されることになった。

これまで連合艦隊の旗艦は「長門」「大和」のように能力に加えて象徴的な役割も担っていたが、戦局極めて不利な状況では、大艦より行動力のある軽巡のような艦艇のほうが作戦指揮しやすいと考えられた。

しかし戦局困難な折から連合艦隊の旗艦として極力改装を行なわず、現状より対空機銃を増備するのみで、約3週間の改装工事で済ませたという。主な連合艦隊旗艦への改装内容はまず航空兵装の改装で、大型のカタパルトから通常の呉式二号射出機に換装。搭載機も「紫雲」を諦め「瑞雲」や「零式水偵」を搭載。対空機銃は25mm3連装機銃12基、単装機銃8基に増やされた。

実際に連合艦隊の旗艦として司令長官を迎えたのは昭和19年5月である。連合艦隊旗艦として東京湾で「あ号作戦」の指揮をとり、その後連合艦隊司令部は日吉に移された。

その後、同年10月のレイテ沖海戦に参加。「大淀」は第1機動部隊の小沢艦隊に属して、エンガノ岬沖海戦に参加した。海戦では第3艦隊旗艦「瑞鶴」が被弾したことにより、将旗を「大淀」に移した。

しかし「大淀」も命中弾2発を受けるも損害軽微で奄美大島に帰還。その後はサンホセ突入作戦に参加し、シンガポールに向かい北号作戦に従事。昭和20年2月に呉に帰還。7月に江田島湾で2度に渡る敵艦載機の空爆を受け大破転覆した。

【要目】
基準排水量：8168トン、全長：192.0m、全幅：16.6m、乗員数：782名、主機：艦本式オール・ギヤードタービン4基4軸、出力：11万馬力、速力：35.5ノット、航続力：18ノットで8700浬、兵装：15.5cm砲3連装2基、10cm高角砲連装4基、25mm機銃3連装6基

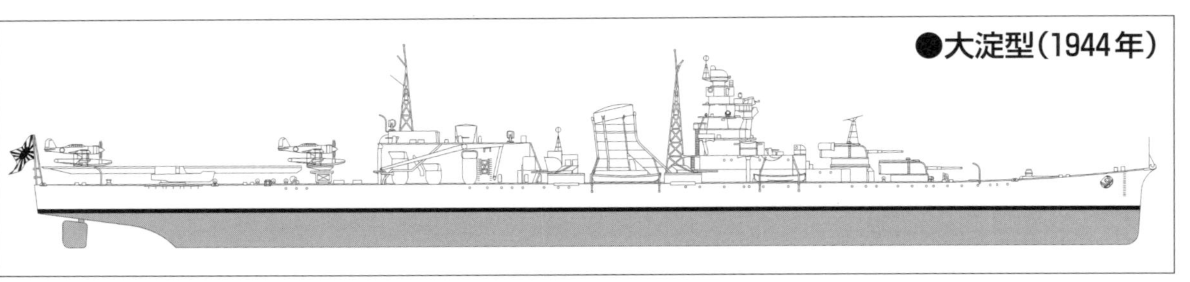
●大淀型(1944年)

駆逐艦

吹雪型駆逐艦の「曙」（手前）と「潮」

●重武装で世界に衝撃をあたえた大型航洋駆逐艦の特型、高速の島風、防空用の秋月型、戦時量産型の松型など日本駆逐艦12タイプ

解説　小高正稔
作図　吉原幹也

睦月型

睦月　如月　弥生　卯月　皐月　水無月
文月　長月　菊月　三日月　望月　夕月

美名をもったワークホース艦

日本海軍の大型駆逐艦は明治44年の「海風」から始まるが、海風型から大正７年の江風型までの駆逐艦は、いずれも試作建造の域をでなかった。これに対して大正９年に１番艦が建造された峯風型は、同型艦15隻を数え、はじめて本格的な水雷戦隊を日本海軍にもたらした。

睦月型駆逐艦は、この峯風型系列の最終発展型として大正15年竣工の「睦月」をネームシップに12隻が建造された。なお睦月型は当初、八八艦隊計画による駆逐艦大量建造により艦名不足が予測された関係で「第一九号駆逐艦」などの番号艦名が与えられていたが八八艦隊計画がワシントン条約によって白紙化したこともあり、改めて艦名が命名された。日本海軍の命名基準からはずれながらも、旧暦や月齢にちなんだ美しい艦名が睦月型に与えられたのは偶然の産物であったのだ。

睦月型は艦橋前にウェルデッキとよばれる甲板が一段下がった部分をもうけ、この部分に波浪を落とし込むことで荒天時の航洋性を確保するなど、峯風型以降の特徴を受け継ぐ艦型で、兵装レイアウトも峯風型の改良型である神風型を踏襲しており、外見上の大きな変化は、艦首形状がスプーンバウからダブルカーブドバウに変更された程度である。

しかし、一見、神風型と変わらなく見える睦月型は、日本海軍の駆逐艦として初めて直径61cmの大型魚雷を搭載した点に特長を持つ。従来の駆逐艦が搭載した直径53cmの８年式魚雷にくらべ、睦月型の搭載した8年式魚雷は大型化により威力の増大を達成しており、睦月型の雷撃力は神風型以前の駆逐艦とは一線を画するものであった。

日華事変では中国沿岸での作戦に従事し、太平洋戦争開戦時はすでに旧式化しつつあったが、ウェーク、フィリピン、ジャワなど各地の上陸作戦を支援している。

しかし、「如月」は、開戦からわずか３日後のウェーク島攻略作戦で、米軍機の機銃掃射によって爆沈しており、「菊月」もララギ攻略作戦の昭和17年５月４日、米空母機の空襲をうけ損傷擱座している。

南方攻略作戦の終了後、睦月型各艦はソロモン・ニューギニア方面で輸送等に従事しているが、昭和17年８月22日には「睦月」「弥生」「望月」の３隻がガダルカナル島砲撃を行なうなどの活躍も見せた。

その一方で、苛酷な前線への輸送任務の中で戦没艦も相次ぎ、昭和17年から18年にかけて「睦月」「弥生」「長月」「三日月」「望月」が戦没、昭和19年中に「文月」がトラック空襲で、「水無月」が米潜水艦によりタウイタウイ泊地で、「皐月」がマニラ空襲で戦没し、昭和19年12月12日、オルモックへの輸送中に米軍機の攻撃で「卯月」「夕月」が失われたことで、睦月型は全艦が戦没した。

睦月型は旧式ではあったが、峯風型系列駆逐艦の最終型として完成度の高い駆逐艦であり、それがために開戦以来第一線にあって敢闘した。12隻全艦が昭和19年内に失われたことは、睦月型が太平洋戦争下でも一定の戦闘力を保ち続け、前線にあり続けたことの証しである。

「長月」が参加した「クラ湾夜戦」を除けば有名な海戦への参加も少ない睦月型ではあるが、地味だが重要な任務を地道にこなした生涯は、睦月型が駆逐艦の王道をゆく、よき「ワークホース」であった証左でもあった。

【要目】竣工時
基準排水量：1315トン、公試排水量：1415トン、全長：102.72m、全幅：9.16m、吃水：2.96m、速力：37.25ノット、兵装：３年式45口径12cm砲4門、61cm連装発射管3基、7.7mm単装機銃2基、機関：ロ号艦本缶4基、艦本式タービン2基2軸、出力：3万8500馬力、燃料搭載量：重油450トン、航続距離：14ノットで4000浬、乗員：145名

●睦月型（長月1927年）

吹雪型(特型Ⅰ型)

吹雪　白雪　初雪　深雪　叢雲
東雲　薄雲　白雲　磯波　浦波

日本海軍史上における傑作駆逐艦

特型駆逐艦とも称される吹雪型駆逐艦は、日本駆逐艦史上における傑作であり、日本海軍における駆逐艦の歴史そのものを画期したといってもよい存在である。

いわゆる特型駆逐艦は、「吹雪」から「電」までの24隻が建造され、広義にはこれを特型あるいは吹雪型と称するが、計画年度の違いと細部の相違から吹雪型＝Ⅰ型、綾波型＝Ⅱ型、暁型＝Ⅲ型の３グループに区分されることもある。なお「浦波」は綾波型と同様の船体に吹雪型の兵装を搭載している関係でⅠ型改と分類される場合もあり、同様に細部の相違から綾波型の後期４隻はⅡ型改あるいはⅡA型とも称されることもある。

吹雪型の原点となるのは、第一次世界大戦後にフランスやイタリアが建造した超駆逐艦と呼ばれる大型駆逐艦である。

これらの超駆逐艦は公試排水量で2000トンを大きく超え相応に強力な兵装を備えていた。大正後期の日本海軍は、こうした大型駆逐艦建造の流れが各国に波及する可能性を危惧したのである。

加えて当時の日本海軍は、関東大震災の影響による艦艇建艦ペースの落ち込みに直面していたが、その一方でアメリカ海軍は第一次大戦中の建造された平甲板型駆逐艦多数を保有しており、質をもってこれに対抗する必要もあった。

こうしたことを背景に軍令部は大型強武装駆逐艦の建造を要求、これに対して艦政本部は「特型駆逐艦対策委員会」を設立し、公試排水量2000トン弱の大型駆逐艦として吹雪型の設計を完成させることになる。

この委員会名が後に吹雪型を特型と通称させることになるが、吹雪型に先行する軽巡洋艦「夕張」が計画初期に「特型駆逐艦」と呼ばれているなど、特型とは常に吹雪型を意味するものではない。

ともあれ、吹雪型10隻は大正12年度計画で予算化され、昭和３年竣工の「吹雪」（竣工時の艦名は「第三五号駆逐艦」）を皮切りに翌年までの間に全艦が竣工している。

吹雪型の設計では、溶接の多用や上部構造物への軽金属の使用などの新機軸により軽量化が図られたことが注目されるが、これは後に技術的未熟による船体強度不足や腐食などの問題を生じることになった。

またウェルデッキで航洋性を確保した睦月型に対して、吹雪型は長船首楼船型を採用、艦首に十分な高さと浮力を与えることで良好な航洋性を確保していたが、このデザインは以降の日本駆逐艦に踏襲された。

兵装面では従来の12cm砲より威力の大きい12.7cm砲をシールドされた連装砲架に搭載することで火力を増強しつつ艦上スペースを節約、睦月型と同じ３連装発射管を１基多い３基９射線搭載しており、竣工時は間違いなく世界最強、太平洋戦争当時であってもなお強力な駆逐艦だった。

このため戦前に衝突事故で沈没した「深雪」と日華事変で触雷損傷し修理中であった「薄雲」をのぞく吹雪型各艦は、開戦直後から各地への上陸作戦の支援や水雷戦隊主力として積極的に活動し、開戦直後の昭和16年12月17日にボルネオで機雷によって失われた「東雲」以外の各艦は、その後、ミッドウェー海戦などに参加、ソロモン、ニューギニア方面でも活躍している。だがその一方で激化する戦局の中で戦没も相次ぎ、米艦隊のレーダー射撃に敗北したことで知られる昭和17年10月11日の「サボ島沖海戦」ではネームシップの「吹雪」が失われるなど、昭和19年までに吹雪型の残存艦は「薄雲」「白雲」「浦波」の３隻となっていた。

そしてこの３隻も昭和19年３月に「白雲」が北海道釧路沖で、「薄雲」が７月に択捉島付近で相次いで米潜水艦に撃沈され、最後に残った「浦波」も昭和19年10月26日、オルモックへの輸送作戦に従事中に空襲で失われ、吹雪型全艦は戦没している。

【要目】竣工時
基準排水量：1680トン、公試排水量：1980トン、全長：118m、全幅：10.36m、吃水：3.2m、速力38ノット、兵装：３年式50口径12.7cm砲６門（A型連装砲塔3基）、61cm３連装発射管3基、7.7mm単装機銃2基、爆雷投射機もしくは掃海具、機関：ロ号艦本缶4基、艦本式タービン2基2軸、出力：5万馬力、燃料搭載量：重油475トン、航続距離：14ノットで5000浬、乗員：219名

●吹雪型（吹雪1928年）

綾波型（特型Ⅱ型）

綾波　敷波　朝霧　夕霧　天霧
狭霧　朧　曙　漣　潮

対空能力を向上させた第2グループ

大正12年度計画で10隻が建造された吹雪型駆逐艦は、引き続き昭和２年度計画でも若干の改良を施しつつ10隻の建造が計画された。この特型駆逐艦第２グループが綾波型あるいは特型Ⅱ型と称されるもので、後期に建造された「朧」「漣」「潮」「曙」は細部の相違からⅡ型改あるいはⅡＡ型と呼ばれることもある。

綾波型は基本的に吹雪型と同型だが、細部が改良され外観上も若干の相違があった。その一つに、缶室への吸気口がダクト状から煙突基部付近を取り巻くお椀型となったことがあげられる。これは荒天時の波浪侵入を防ぐためのものであったが、煙突外周に吸気路を配することで空気を加熱して缶に取り込み、燃費を向上させる効果もあった。

また兵装面では綾波型は吹雪型のＡ型砲塔にかえ新設計のＢ型砲塔を搭載したことが大きな相違点である。Ｂ型砲塔は砲架を再設計し、右砲と左砲を独立俯仰できるように改めるとともに、最大仰角を40度から75度に引き上げ対空射撃を可能とした点が特長である。もっとも高角射撃時の発射速度は毎分４発程度で高角砲の半分以下と低く、両用砲というよりも平射砲に限定的な対空射撃能力を与えたものであった。

雷装に関しては吹雪型と同一であるが、綾波型２番艦「敷波」の公試において発射管に乗員保護用のシールドが試験され、その後、各艦に追加されている。このシールドは厚さ３ミリ強の鋼板で風浪から乗員保護を主とし、防御力としては弾片防御程度を期待されていた。なおこれは、砲塔のシールドも同様である。

綾波型駆逐艦は昭和４年から６年にかけて全艦が竣工し、良好な運用実績を収めたが、船体軽量化のために技術的に未熟な溶接を多用したことなどから、昭和10年、演習中の第四艦隊が三陸沖で大型台風に遭遇したさいに吹雪型の「初雪」とともに「夕霧」が波浪により艦首を切断、多数の殉職者を出す惨事となった。この結果、事件後に特型全艦が性能改善工事をうけ、綾波型はマスト、煙突の短縮、船体強度の改善などを実施している。

性能改善工事後の綾波型は特に事故もなく、日華事変では中国沿岸での作戦に従事し、太平洋戦争でも各地での上陸作戦支援などに従事し、中でも「潮」「漣」はハワイ空襲部隊の帰投を支援するためにミッドウェー島砲撃を実施している。その後も綾波型各艦は、エンドウ沖海戦、インド洋作戦、珊瑚海海戦、ミッドウェー作戦など諸海戦に参加するなど第一線で活躍している。

一方で昭和16年12月24日には「狭霧」がオランダ潜水艦の雷撃で撃沈され、ソロモン方面でも昭和17年11月15日の第三次ソロモン海戦第２夜戦では「綾波」が単艦で米警戒隊と相撃ちとなる活躍と引き換えに失われている。これに同方面で失われた「朝霧」「夕霧」、北方のキスカ島近海で失われた「朧」を加えると、昭和18年までに同型艦の半数にあたる５隻が失われたことになり、綾波型の奮戦と消耗がうかがわれる。

昭和19年に入ると潜水艦によって１月に「漣」が、９月に「敷波」が失われ、ソロモン海で後に大統領となるＪ・Ｆ・ケネディが艇長を務めた魚雷艇PT-109と衝突、これを撃沈した戦歴をもつ「天霧」も触雷によって４月にマカッサル海峡で戦没している。

なお昭和19年半ば以降に残存していた特型駆逐艦に対しては、訓令により２番砲塔を撤去し25㎜３連装機銃２基に換装するなどの対空兵装強化が実施されており、綾波型でも「曙」などで実施が確認できる。だが、その「曙」も11月13日にマニラ湾で米艦載機の空襲により失われている。この時の空襲では「潮」も損傷したが応急修理をうけ内地に帰投、綾波型唯一の残存艦として、行動不能ではあるものの終戦時も横須賀にあった。「潮」の解体は昭和23年に終了し、これによって綾波型全艦は姿を消すことになった。

【要目】竣工時
基準排水量：1680トン、公試排水量：1980トン、全長：118ｍ、全幅：10.36ｍ、吃水：3.2ｍ、速力：38ノット、３年式50口径12.7㎝砲６門（Ｂ型連装砲塔３基）、61㎝３連装発射管３基、13㎜単装機銃２基、爆雷投射機もしくは掃海具、機関：ロ号艦本缶４基、艦本式タービン２基２軸、出力：５万馬力、燃料搭載量：重油475トン、航続距離：14ノットで5000浬、乗員：220名

●綾波型（綾波1930年）
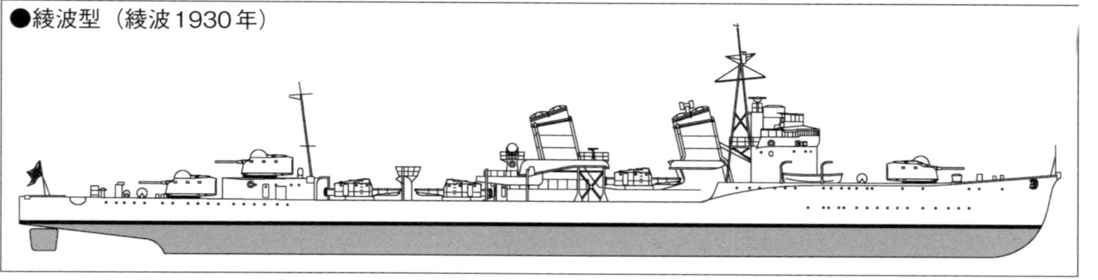

暁型(特型Ⅲ型)　暁　響　雷　電

機関換装で能力アップ

吹雪型に始まる、いわゆる特型駆逐艦の第３グループが、特型Ⅲ型とも呼ばれる暁型駆逐艦である。暁型は綾波型と同様、吹雪型の改良型であるが、綾波型以上に吹雪型との相違点は多く、別艦型として扱っている資料も少なくない。

艦隊に就役した吹雪型駆逐艦は、巡洋艦と同等以上とも評価された高い航洋能力と強力な兵装によって高い評価を受けたが、唯一問題視されたのは航続力であった。吹雪型の航続力は14ノットで5000浬と睦月型の14ノットで4000浬より大きく向上していたが、なお不足しているとの声が出たのである。

この問題を改善するため昭和２年度計画艦の最後の４隻は、綾波型９番艦の「漣」でテストされ好成績を収めた空気余熱機を利用する高燃費高出力な新型缶を搭載して完成した。これが暁型である。

新型缶によって暁型では、それまで前部缶室と後部缶室に２基ずつ４基の缶を必要とした機関を、前部１缶、後部２缶の３缶で同等出力を得ることが可能となり機関重量を軽減している。またこれにともなって前部煙突が細くなり、吹雪型、綾波型と外観上顕著な相違を見せることになった。

また艦橋装置の充実も暁型の特長である。特型駆逐艦は第２グループである綾波型の時点で方位盤射撃装置を搭載し、従来の駆逐艦よりも格段に高い遠距離射撃能力を得ていたが、暁型では魚雷発射指揮所を独立させるなど、巡洋艦に近い艦橋機能を備えており、このために暁型の艦橋は吹雪型と比べて著しく大型化している。

こうした諸装備は暁型に高い戦闘力を与えるものだったが、一方で重心上昇や風圧面積の増加という悪影響も与えていた。

これらは当時の新鋭艦に共通する問題だったが、昭和９年、佐世保郊外で演習中の水雷艇「友鶴」が復原性不足から転覆したことで、最悪の形で露呈した。このため特型駆逐艦も復原性改善工事が実施されたが、暁型の工事規模はとりわけ大きく、マストや煙突の短縮に止まらず、艦橋構造物の縮小が実施され、艦容を一変している。

さらに昭和10年の第四艦隊事件によって暁型は、吹雪型、綾波型と同じく船体強度改善工事を余儀なくされた。

これらの性能改善工事によって綾波型と暁型の搭載したＢ型砲塔の仰角は55度に引き下げられ、速力も低下したが、運用上の不安は払拭され、以降も有力な艦隊型駆逐艦として第一線で運用された。

太平洋戦争では暁型４隻は第６駆逐隊を編成し、香港攻略戦を皮切りに南方各地の攻略戦を支援、昭和17年２月27日から３月１日にかけて戦われたスラバヤ沖海戦などに参加する活躍を見せた。なお「雷」「電」が危険を顧みず、沈没した英艦の乗員多数を救出したのは、この時のことである。

第６駆逐隊はその後、北方に転戦、空襲で損傷した「響」を除く３隻は、ソロモン方面に転じたが、ネームシップの「暁」は、激戦になった昭和17年11月13日の第三次ソロモン海戦で戦没。

その後「雷」と「電」は昭和18年３月27日のアッツ沖海戦に参加するなどしたが、「雷」は昭和19年４月14日にグアム島近海で、「電」も昭和19年５月14日にセレベス海で、米潜水艦の雷撃によって失われている。

一方、損傷復旧後の「響」は護衛任務等に従事した後にキスカ島撤退作戦等に参加、その後、再び船団護衛等に従事しつつ、昭和20年春まで残存しており、「大和」の沖縄特攻に同行する予定であった。だが直前に機雷により損傷し内地に残留となり、船団護衛にあたりつつ終戦を迎えている。

武装を除かれた「響」は復員輸送に従事し、その後、賠償艦としてソ連に引き渡され「ヴェールヌイ」ついで「デカブリスト」と改称され使用されたが、1953年に除籍、その後、標的艦として海没処分され、その波乱に満ちた生涯を終えている。

【要目】竣工時

基準排水量：1680トン、公試排水量：1980トン、全長：118ｍ、全幅：10.36ｍ、吃水：3.2ｍ、速力：38ノット、３年式50口径12.7㎝砲６門（Ｂ型連装砲塔３基）、61㎝３連装発射管３基、13㎜単装機銃２基、爆雷投射機、機関：ロ号艦本缶３基、艦本式タービン２基２軸、出力：５万馬力、燃料搭載量：重油475トン（異説あり）、航続距離：14ノットで5000浬、乗員：233名

●暁型（暁1932年）

初春型　初春　子日　若葉　初霜　有明　夕暮

重武装のトップヘビー艦

特型駆逐艦は非常な成功作として昭和初期の日本海軍に一大戦力を加えたが、仮想敵である米海軍が大型駆逐艦建造に消極的であったことや建造コストが高く多数整備が難しいこともあり、その建造は24隻で取り止めることとなり、特型に続く駆逐艦は一回り小さい1500トン級の一等駆逐艦と1000トン級の二等駆逐艦の建造によって隻数を確保することが計画された。

しかし、昭和5年に締結されたロンドン海軍軍縮条約では、巡洋艦以下の艦艇も排水量制限の対象となった。この結果、当初計画の1500トン型駆逐艦は一回り小さい1400トンの船体の重兵装駆逐艦として設計が進められ、もう一方の1000トン型駆逐艦は中止され、改めて条約の制限をうけない600トン以下で「水雷艇」として整備することが決定された。前者の1400トン型駆逐艦が後の初春型であり、後者が後に転覆事故を起こす「友鶴」をふくむ千鳥型水雷艇である。

昭和5年度の第一次艦艇補充計画で12隻が予定された初春型は、こうした建造経緯から、特型より200トン以上も小さい船体で特型なみの性能を実現しようとする無理のある設計を余儀なくされた。

初春型は、特型より小さい船体に3連装発射管3基を搭載するために後部の砲塔を1基とし、艦橋前方に連装砲塔と単装砲塔を背負い式に配置したが、このために艦橋はアンバランスに大型化し、優美な名称に反して獰猛な印象を与える艦容となっている。なお特型や初春型の一部は、歌人佐々木信綱に依頼した候補艦名の中から命名されており、初春型2番艦「子日」などは、陰暦正月の異称という雅な名が選ばれている。

昭和8年にネームシップとして竣工した「初春」は、コンパクトな船体に強力な兵装を搭載しつつ、37ノット弱の快速を発揮した一方で、重武装によるトップヘビーのため旋回時に30度を超える大傾斜を生じるなど当初から復原性不足が疑われ、「初春」と「子日」は竣工後にバルジを追加して水線幅を増し復原性回復を余儀なくされた。3番艦「若葉」、4番艦「初霜」は建造中にバルジを追加しており、続く「有明」「夕暮」にいたっては設計を改め船体幅を拡張するなどの設計変更が行なわれた。なお「有明」は、発射管を4連装発射管2基として兵装を艦首連装砲塔1基、後部連装砲塔2基とする設計図が現存しており、場合によっては後の朝潮型に近い有明型が実現した可能性もあった。

しかし、昭和9年に発生した「友鶴事件」の結果、初春型の設計は全面的に改正されこととなり、建造中の「有明」「夕暮」もまた、船体を再建して「初春」以下の既成艦と同様に兵装削減やレイアウトの変更が実施された。その内容は、発射管1基の削減、砲塔配置の変更、主砲仰角の引き下げ、艦橋の小型化など多岐におよび、改造前の面影を止めないものであった。また「夕暮」以降の同型艦は中止され、残り6隻は白露型として建造された。

性能改善工事をへて艦隊に復帰した初春型であるが、復原性改善により運用上の不安は払拭されたが性能面では平凡なものとなり、特に魚雷6射線は他の艦隊型駆逐艦に比較して貧弱で、これが初春型の多くが太平洋戦争のかなりの期間を護衛や対潜掃討任務に従事することになった理由と思われる。

とはいえ「有明」「夕暮」は、数次にわたってガダルカナルへの輸送作戦に従事、第三次ソロモン海戦でも奮戦したことは事実であり、初春型で最後まで残存していた「初霜」は「大和」の沖縄特攻にも参加して生還、昭和20年7月30日、宮津湾で対空戦闘中に触雷、大破着底状態で終戦を迎えている。

復原性不足とその改修といった混乱もあり、日本海軍における初春型の評価は必ずしも高いものではない。しかし、太平洋戦争における初春型の戦いは決してほかの駆逐艦に見劣りするものではなく、十分にその任を果たしたといえるだろう。

【要目】竣工時
基準排水量：1400トン、公試排水量：1680トン、全長：109.5m、全幅：10m、吃水：3.03m、速力：36.5ノット、兵装：3年式50口径12.7cm砲5門（連装砲塔2基、単装砲塔1基）、61cm3連装発射管3基、40mm単装機銃2基、爆雷投射機、機関：ロ号艦本缶3基、艦本式タービン2基2軸、出力：4万2000馬力、燃料搭載量：重油458トン、航続距離：14ノットで4000浬、乗員：205名

●初春型（初霜1934年）

白露型

白露　時雨　村雨　夕立　春雨
五月雨　海風　山風　江風　涼風

初春型の欠点を大幅に改善

第一次艦艇補充計画（㊀計画）で12隻が予定された初春型駆逐艦は、用兵側の過剰な要求と技術過信により実質的に失敗作となり、6隻で建造が打ち切られた。このため㊀計画の残り6隻の駆逐艦は、設計を改めた新艦型として建造された。これが白露型である。

白露型は初春型の基本計画番号F45に対してF45Dが与えられたことからも明らかなように初春型の設計を基本としており、外観上も性能改善工事後の初春型とよく似たものとなっている。

そうしたなかで白露型と初春型との大きな相違点は、4連装発射管の採用である。性能改善工事後の初春型は復原性を回復するために3連装発射管1基を撤去し、2基6射線とされたが、この点については艦隊側から不満が持たれていた。これに対して白露型では新開発の4連装発射管を採用し、発射管2基8射線と特型なみの雷撃力を確保している。もっとも4連装発射管の採用は初春型5番艦の「有明」から予定されていたフシがあり、白露型は改初春型としての「有明」を元に、「友鶴事件」後の復原性改善工事の内容などを反映させたものと見ることもできるだろう。

砲熕兵装は12.7センチ砲5門と初春型と同じだが、砲塔は新型のC型砲塔が搭載されている。C型砲塔は綾波型以降のB型砲塔が復原性改善工事によって仰角を引き下げたことに対応したもので、最大仰角を当初から55度として砲架を再設計することで重量増を押さえつつ最低限の対空射撃能力をねらったものだが、やや中途半端であったことも否めない。

1番艦の「白露」は、昭和8年に起工されているが、建造中の昭和10年に第四艦隊事件が発生したために船体強度改善を建造中に実施し、昭和11年に竣工している。「時雨」以降6番艦「五月雨」までも建造中に船体強度改善を実施しているが、第二次艦艇補充計画（㊁計画）において追加された「海風」「山風」「江風」「涼風」は、建造前に船体補強のための設計変更をおこなっている。このため海風型とされることもあるが、「海風」と「白露」の主な相違は艦内構造にあり、外観的には「白露」の艦橋が性能改善後の初春型に似たものだったのに対し、「海風」の艦橋は後の朝潮型に似たものであった点が目立つ程度である。これ以外では、㊁計画建造艦の「海風」以降4隻では、対空機銃を40㎜単装機銃から13㎜連装機銃に変更している点が相違点としてあげられる。

白露型は昭和11年竣工の「白露」以降、昭和12年中に全艦が就役しており、おりからの日華事変では中国沿岸や揚子江域で活動、太平洋戦争開戦時、戦艦戦隊である第一艦隊隷下の第一水雷戦隊に所属していた「白露」「時雨」は戦艦群と共に内地で待機していたが、第二艦隊第四水雷戦隊に所属していた8隻はフィリピン攻略作戦に参加している。

その後、白露型各艦は、珊瑚海海戦、ミッドウェー海戦などの諸作戦に参加、ガダルカナル島をめぐる一連の戦いに参加したが、第三次ソロモン海戦において多大な戦果と引き換えに沈没した「夕立」をはじめ活躍と犠牲も多く、昭和17年から18年のソロモン、ニューギニア方面で同型艦10隻中4隻を失っており、潜水艦の攻撃で艦前部を失った「春雨」のように、沈没に至らなかったものの大きな損傷を受けた艦もある。

昭和19年初旬には「涼風」「海風」が相次いで潜水艦の攻撃で沈没、さらに6月のビアク島作戦では「白露」「春雨」が失われ、マリアナ沖海戦後には「五月雨」が失われた。レイテ沖海戦に参加、西村艦隊唯一の残存艦として生還した「時雨」も昭和20年1月に米潜水艦の雷撃で失われたことで白露型全艦が終戦を待たずに失われた。

苛酷な戦歴ではあるが、これは白露型駆逐艦が開戦から戦争末期まで、日本水雷戦隊の一翼を担ってよく戦い大いに活躍したことの証左でもある。

【要目】竣工時
基準排水量：1685トン、公試排水量：1980トン、全長：110m、全幅：9.9m、吃水：3.5m、速力：34ノット、兵装：3年式50口径12.7cm砲5門（連装砲塔2基、単装砲塔1基）、61cm4連装発射管2基、40㎜単装機銃2基、爆雷投射機、機関：ロ号艦本缶3基、艦本式タービン2基2軸、出力：4万2000馬力、燃料搭載量：重油540トン、航続距離：18ノットで4000浬、乗員：226名

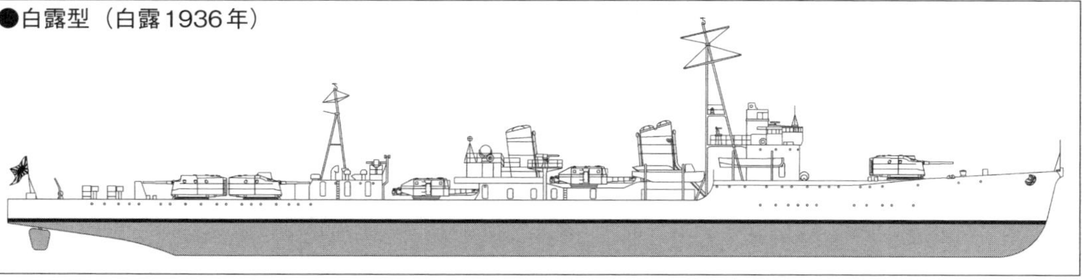
●白露型（白露1936年）

朝潮型

朝潮　大潮　満潮　荒潮　朝雲
山雲　夏雲　峯雲　霞　霰

強武装と高い航洋能力の大型ＤＤ

白露型駆逐艦は、軍縮条約下で日本海軍が建造した中型駆逐艦の決定版というべきものであったが、それは同時に中型駆逐艦の限界を明らかにするものであった。白露型は、基準排水量1600トン超と条約の定める駆逐艦の排水量上限1500トンを超えながら特型より砲力でやや劣り、速力も34ノットと駆逐艦としては低く、凌波性や航続力も日本海軍が艦隊型駆逐艦に期待した水準に足りなかったのである。

このため、昭和９年度からの第二次艦艇補充計画（㊁計画）で当初予定された中型駆逐艦の整備は、白露型４隻で終え、残り10隻は軍縮条約脱退を見越して計画を改め、大型駆逐艦として計画された。基本計画番号F48を与えられた新型駆逐艦は、特型なみの船体にC型連装砲塔３基６門、４連装発射管２基８射線という有明型の兵装とレイアウトを踏襲しつつも艦型拡大により復原性を維持した設計であり、速力は白露型より１ノット早い35ノットが目指された。これが朝潮型である。

また朝潮型は18ノットで4000浬の航続距離を満たすため、特型より燃料搭載量を約100トン増している。この燃料搭載量を巡っては、基本計画立案と船体設計を担当する艦政本部四部と機関設計を担当する艦政本部五部との間で激論が交わされている。これは航続距離を満たすために燃料搭載量にマージンを取りがちな五部に対して、重量軽減のために燃料搭載量をギリギリとしたい四部の立場の違いによるものだった。朝潮型の燃料搭載量は五部の要求に近いものとなったが、竣工後の航続距離は5000浬を超えるほどの余裕があり、この点について不満を隠さない四部系の資料も残されている。

昭和10年に１番艦「朝潮」が起工された朝潮型であるが、「朝潮」「大潮」の起工直後に「第四艦隊事件」が発生したため工事を中断、船体強度を再設計した上で建造を再開し、昭和12年から14年にかけて10隻全艦が竣工している。

竣工後の朝潮型は、強力な兵装と高い航洋能力という点では海軍の要求を満たすものであったが、一部の艦で要求された35ノットの速力を発揮できないこと、旋回性能の不良が指摘されており、竣工後に艦尾形状の改正や舵の変更が実施され所定の性能を発揮した。

このほか朝潮型のトラブルとしては「臨機調事件」が有名である。これは就役後の朝潮型でタービン翼の破損が相次ぎ、艦艇機関の信頼性が疑われた事件である。なお「臨機調事件」とは調査のために設立された「臨時機関調査会」に由来する。調査の結果、事故は共鳴振動による「朝潮」固有の問題であることが明らかとなり、対策が施され解決となったが、「友鶴事件」「第四艦隊事件」の記憶が新しい日本海軍を震撼させる出来事ではあった。

太平洋戦争では朝潮型は水雷戦隊の主力を担い南方攻略作戦や南雲機動部隊の直衛に活躍、ソロモンから北方海域まで各地で行動しており、真珠湾攻撃、スラバヤ沖海戦、インド洋作戦、ミッドウェー海戦など、多くの海戦に朝潮型の姿があった。

ソロモン・ニューギニア方面でも朝潮型各艦はガダルカナル等への輸送に活躍したが、その中で「大潮」「夏雲」「峯雲」を喪失、さらにビスマルク沖海戦で「朝潮」「荒潮」が失われ、北方海域で喪失した「霰」もあわせ昭和18年末までに６隻が戦没している。

さらに昭和19年のレイテ沖海戦では「満潮」「山雲」「朝雲」がスリガオ海峡夜戦で失われ、朝潮型は志摩艦隊の一艦としてスリガオ海峡に突入しながら生還した「霞」のみとなってしまった。

レイテ沖海戦後も「霞」は日本海軍最後の泊地殴り込み作戦である「礼号作戦」に参加、「北号作戦」では米制空権下、物資の本土送還に成功するなど武運に恵まれたが、昭和20年４月の「大和」の水上特攻に同行、被弾大破し「冬月」によって処分され、その生涯を終えている。

【要目】新造時

基準排水量：2000トン、公試排水量：2400トン、全長：118ｍ、全幅：10.4ｍ、吃水：3.7ｍ、速力：35ノット、兵装：３年式50口径12.7㎝砲６門（連装砲塔３基）、61㎝４連装発射管２基、13㎜連装機銃２基、爆雷投射機、機関：ロ号艦本缶３基、艦本式タービン２基２軸、出力：５万馬力、燃料搭載量：重油580トン、航続距離：18ノットで4000浬（計画）、乗員：229名

●朝潮型（朝潮1942年）

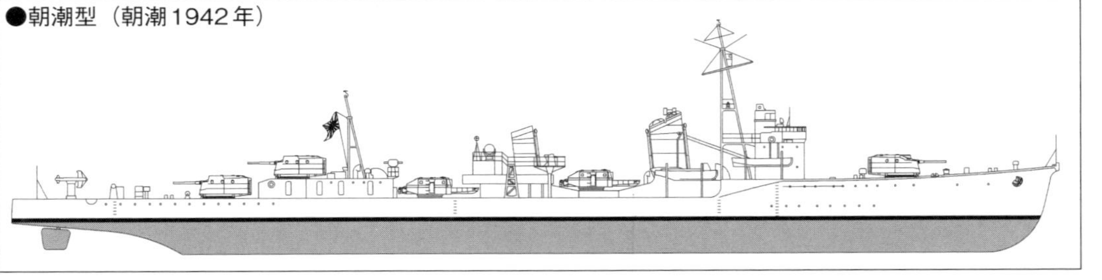

陽炎型(甲型)

陽炎　不知火　黒潮　親潮　早潮　夏潮　初風　雪風　天津風
時津風　浦風　磯風　浜風　谷風　野分　嵐　萩風　舞風　秋雲

水雷戦隊の主力として活躍

㊁計画で建造された朝潮型駆逐艦の性能は日本海軍の要求をほぼ満たすものであったが、艦隊側からはなお速力、航続力の向上が要求された。このため第三次艦艇補充計画(㊂計画)における新駆逐艦に対しては、12.7センチC型連装砲塔3基6門、61センチ四連装発射管2基8射線という朝潮型の兵装を維持しつつ、速力36ノット以上、航続距離18ノットで5000浬が要望された。

これに対する艦政本部四部の試算では、要求を全て満たした場合、新型駆逐艦は全長120メートル以上、排水量2750トンで6万馬力を要するとされた。

この試案に対して軍令部は、建艦費用の増加に加え、船体大型化によって夜間襲撃時の奇襲性が損なわれるなどの問題点があるとし、新型駆逐艦は速力を35ノット、航続力も18ノットで5000浬に妥協された。

これによって新型駆逐艦の艦型は朝潮型なみに抑制されたが、朝潮型なみの船体規模で航続力を増大させるために船体設計の合理化と軽量化が図られることになった。もともと朝潮型は「第四艦隊事件」の反省から溶接の適用範囲を縮小し、重量面での不利を承知で溶接から鋲接に戻すなどの事故対策が実施されていたが、新型駆逐艦では溶接範囲を慎重に拡大するなどして船殻重量の軽減に努め、船体規模と強度、兵装、速力、航続力のバランスをとることに成功した。基本計画番号F49を与えられたこの設計が、後の陽炎型駆逐艦である。

昭和12年に起工、昭和14年に竣工した「陽炎」以下、㊂計画艦15隻は昭和16年までに竣工し、開戦時の水雷戦隊主力をなしていた。なお㊂計画における陽炎型の建造隻数は18隻であったが、このうちの3隻は「大和」「武蔵」の建造予算を秘匿するためのダミーであった。陽炎型駆逐艦は、続く第四次海軍軍備充実計画でも建造され、昭和16年に竣工した「秋雲」まで、㊂、㊃計画合計で19隻が建造されている。なお「秋雲」は、長い間、夕雲型とされていたが、近年、陽炎型最終艦であったことが明らかにされた。

このように陽炎型の整備は順調であるかに見えたが、竣工後の一部の艦で速力が要求された35ノットに満たないという問題が発生し、船体形状の不適切などが疑われたが、最終的には推進器の改良によって解決されている。

新鋭駆逐艦である陽炎型は水雷戦隊主力として、真珠湾攻撃をはじめ南方攻略作戦に参加、昭和17年から18年にかけてのソロモン、ニューギニア方面でも多くの海戦に参加し活躍した。昭和17年11月の「ルンガ沖夜戦」では、「陽炎」「親潮」「黒潮」が他艦と共同で、米巡洋艦部隊を壊滅させるなどの活躍を見せた。

その一方で、砲雷撃能力に注力した反面、対空火力、対潜能力では傑出したところのない陽炎型の中には、開戦から半年をへずして潜水艦によって撃沈された「夏潮」のように本来の力を発揮することなく失われた艦もあり、有力な駆逐艦でありながらも計画時の想定と太平洋戦争の現実との乖離に苦しめられた、と評することもできるだろう。

このため昭和19年まで生き残っていた艦に対しては、後部の第2砲塔を撤去して25㎜3連装機銃2基を搭載するなどの対空兵装強化が実施され、電探の追加や、爆雷搭載数の増加も実施された。

レイテ沖海戦以降のフィリピン方面での作戦を生き残った「雪風」「磯風」「浜風」は、この姿で昭和20年4月の沖縄への「大和」特攻に同行、「浜風」「磯風」を失い、「雪風」のみが生還した。

健在のまま終戦を迎えた「雪風」は、復員輸送に従事後、中華民国に引き渡され「丹陽」と改名、1966年に解体されるまで台湾海軍の重要な戦力として国共内戦期を戦い抜いた。「雪風」の舵輪はその後、中華民国から日本に返還され、現在は江田島の旧海軍兵学校に保存され、往時の武勲を現在に伝えている。

【要目】新造時
基準排水量：2000トン、公試排水量：2500トン、全長：118.5m、全幅：10.8m、吃水：3.76m、速力：35ノット、兵装：3年式50口径12.7cm砲6門(連装砲塔3基)、61cm4連装発射管2基、25㎜連装機銃2基、爆雷投射機、機関：ロ号艦本缶3基、艦本式タービン2基2軸、出力：5万2000馬力、燃料搭載量：重油622トン、航続距離：18ノットで5000浬(実測約6000浬)、乗員：239名

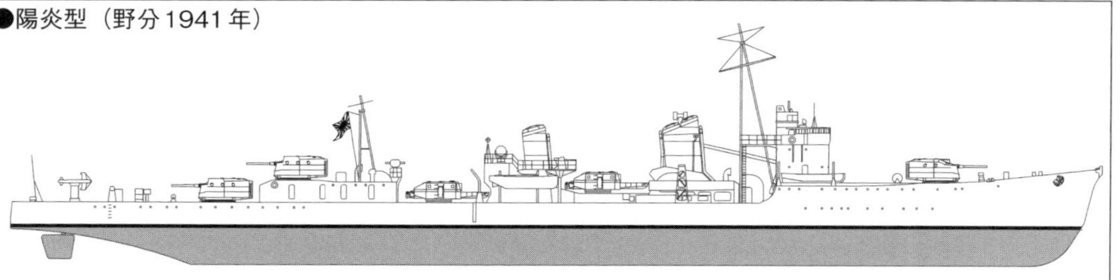
●陽炎型(野分1941年)

夕雲型(甲型)

夕雲　巻雲　風雲　長波　巻波　高波　大波　清波　玉波　涼波
藤波　早波　浜波　沖波　岸波　朝霜　早霜　秋霜　清霜

最後の艦隊型駆逐艦

㊂計画で建造された陽炎型駆逐艦は朝潮型駆逐艦の設計を合理化し、機関の高性能化、推進器の改善などを実現し、艦隊型駆逐艦の決定版となるはずのものであった。

だが、陽炎型初期建造艦は速力面で不足があり、その対策として㊃計画における駆逐艦18隻（ただし２隻は予算上のダミー）のうち陽炎型の建造を４隻に止め、のこりは船型を改善して速力35ノットを確実に実現することが目指された。基本計画番号F50を与えられたこの陽炎型の改良型が、後の夕雲型である。

夕雲型はほぼ陽炎型の設計を踏襲していたが、陽炎型で問題となった速度不足の解決のために、艦尾を50センチ延長し水線部形状を改正するなどの変更をおこなうことで、35.5ノットの速力を達成している。

もっとも速度向上には船型改善だけではなく推進器の改良も影響しており、推進器改良後の陽炎型が35ノットを超えていることから、夕雲型の速度向上には推進器改良の影響が大きいとする意見もある。とはいえ艦尾の延長は対潜兵装、掃海具の搭載、操作を容易にする副次的な効果もあり、決して意味のないものではなかった。

そのほかの陽炎型からの改正点としては、艦橋形状が末広がりの塔型となり、従来の駆逐艦の艦橋とイメージを一変したことがあげられる。これは秋月型や島風型でも採用されており、日本駆逐艦の新しいトレンドとなるものであった。

また主砲の変更も見逃せない変化である。夕雲型の主砲は、仰角を75度まで引き上げた新設計のＤ型砲塔が採用されている。これは航空機への脅威に対抗するためであり、弾薬庫からの揚弾速度の向上もはかられていたが、砲弾と薬嚢が分離した３年式50口径12.7センチ砲による高仰角射撃時の発射速度は高角砲ほど速くはなく、その対空戦闘能力は限定的なものでしかなかった。

とはいえ、高仰角可能な主砲と簡易ながらも対空射撃に対応する方位盤を搭載したことは夕雲型駆逐艦の優れた点であり、陽炎型のように主砲１基を撤去して対空機銃を増備する戦時改装を必要としなかったことは、日本海軍が夕雲型駆逐艦の対空戦闘能力を一定程度評価していたことを物語っている。

雷装については陽炎型と変更はなく４連装発射管２基８射線であり、陽炎型同様に夕雲型も新造時から酸素魚雷を搭載し、世界的にみてもきわめて強力な雷撃能力をもっていたといえるだろう。

ネームシップである「夕雲」は昭和15年に起工され、翌16年に竣工しており、２番艦「巻雲」以降、最終艦「清霜」まで19隻が昭和16年から19年にかけて竣工している。なお㊃計画で建造が予定された夕雲型の１隻、艦造番号125号艦は途中で計画を変更し、新艦型の高速駆逐艦「島風」として竣工している。

また出師準備として消耗艦艇の補充を図った昭和16年度の戦時艦船急速建造計画（㊟）計画と、ミッドウェー海戦後の改㊄計画でも夕雲型の建造は計画されており、それぞれ８隻ずつの建造が予定されたが、実現にはいたっていない。

艦隊に就役した夕雲型は、新鋭駆逐艦として機動部隊や水雷戦隊に配属され、ミッドウェー海戦や南太平洋海戦など参加し、ガダルカナルへの輸送作戦などでも活躍しているが、ルンガ沖夜戦で米艦隊の攻撃を一身に受けるかたちとなって戦没した「高波」など喪失艦も相次いた。

戦時中に竣工した艦は電探や機銃の増備などを実施しているが、「秋霜」のように竣工から半年程度で戦没した艦もあり、装備の変遷などについては不明点も多い。

昭和20年４月、「大和」の沖縄特攻に同行した「朝霜」の戦没を最後に、夕雲型は全艦が失われている。

夕雲型もまた、陽炎型など他の日本駆逐艦と同様に、想定された任務と現実の戦争のギャップに苦闘した悲運の名艦といえるだろう。

【要目】新造時
基準排水量：2077トン、公試排水量：2520トン、全長：119.3ｍ、全幅:10.8ｍ、吃水：3.76ｍ、速力：35ノット、兵装：３年式50口径12.7㎝砲６門（連装砲塔３基）、61㎝４連装発射管２基、25㎜連装機銃２基、爆雷投射機、機関：ロ号艦本缶３基、艦本式タービン２基２軸、出力：５万2000馬力、燃料搭載量：重油622トン、航続距離：18ノットで5000浬（実測約6000浬）、乗員：225名

●夕雲型（夕雲1941年）
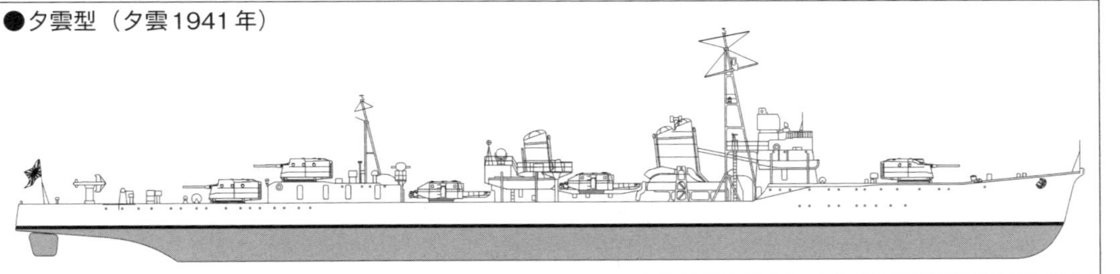

秋月型(乙型)

秋月　照月　涼月　初月　新月　若月
霜月　冬月　春月　宵月　夏月　花月

機動部隊を守る防空艦の登場

航空機の発達にともない英国海軍では1930年代初頭から旧式化したC級巡洋艦を防空巡洋艦に改装していたが、日本海軍もこうした動きに刺激され、旧式の天龍型や5500トン型巡洋艦の一部を主力艦や空母に随伴する防空艦に改装することが検討された。

こうした防空艦構想はそのままには実現しなかったものの、昭和14年の㊃計画に盛り込まれた「直衛艦」の祖型となった。

㊃計画の直衛艦は、空母と行動するために速力35ノット、航続力18ノット1万浬が要求されたが、排水量が4000トンを超えると試算されたことから速力33ノット、18ノット8000浬で妥協され、基準排水量は2700トンとなった。なお、計画途中で雷装が追加された結果、直衛艦は駆逐艦（乙型）に変更となり、基本計画番号はF51が与えられた。これが秋月型駆逐艦である。

主兵装として採用された九八式10センチ高角砲は、65口径の砲身長から「長10センチ高角砲」とも通称され、それまでの八九式12.7センチ高角砲とくらべ、口径では劣ったが初速、発射速度共に大幅に向上した有力な高角砲であった。秋月型はこの高角砲を連装砲塔におさめ、4基8門を艦の前後に2基ずつ搭載し、艦橋トップと後部に1基ずつ装備が予定された九四式高射装置によって指揮され同時2目標への射撃が可能とされた。

もっとも実際には九四式高射装置の生産が間に合わず、「秋月」は後部の高射装置を後日装備として就役しており、後期の艦では当初から高射装置2基の搭載は諦められ、その装備スペースには25㎜3連装機銃座が設けられている。

当初は搭載予定がなかった魚雷発射管は、艦中央に4連装発射管1基が搭載された。日本海軍の駆逐艦としては貧弱な雷装だが、空母や主力艦の直衛という運用構想からすれば問題はないと判断されたのだろう。

機関は同時期に計画されている島風型のような高温高圧缶の採用は検討されていないが、左右の機械室を前後に分離しており、不完全ながらもシフト配置を実現している点は注目される。この機関配置に採用にともない距離が離れた前後の煙突を中央で結合したため、従来の日本駆逐艦とは著しく印象が異なる外観となった。

㊃計画で予算化された1番艦「秋月」は昭和15年に起工され、昭和17年に竣工しているが、戦局を反映し後期の建造艦は電探の追加、対空機銃の増備が行なわれており、さらに「満月」以降は各部の設計を直線的に改めた簡易型として計画されている。なお秋月型は㊃計画、㊣計画、改㊄計画などで合計39隻の建造が予定されたが、終戦までに竣工したものは12隻にすぎなかった。

就役後の秋月型は、「秋月」がソロモン方面に進出直後にB-17を撃墜するなどの活躍を見せているが、一方で駆逐艦、巡洋艦の消耗を穴埋めするために不得手な夜間水上戦闘に投入され「照月」や「新月」が失われるなど損失も相次いでいる。

その後も秋月型各艦は、太平洋戦争後半の主要海戦に参加して活躍したが、損傷、戦没艦も多く、終戦時に稼働状態を維持していたのは、竣工が遅く本格的な戦闘を経験しなかった「春月」「宵月」「夏月」のみであり、この他に沖縄への水上特攻作戦からかろうじて帰還した「涼月」と「冬月」が損傷状態で防空砲台として残存していた。

残存艦のうち「春月」「夏月」「宵月」は、それぞれ英国、ソ連、中華民国に賠償として引き渡され、「夏月」は引き渡し直後に解体されたが、「春月」はソ連海軍で60年代まで残されており、「宵月」は「汾陽」と改名され繋留練習艦として運用されている。また「涼月」「冬月」は、「柳」とともに北九州若松港の防波堤に船体を利用され、戦後復興に貢献した。

「秋月」は日本海軍の駆逐艦としては異色の存在であるが、時機を得て活躍し、力尽きるまでよく戦ったと評してもよいだろう。

【要目】新造時
基準排水量：2700トン、公試排水量：3470トン、全長：134.2ｍ、全幅：11.6ｍ、吃水：4.15ｍ、速力：33ノット、兵装：九八式65口径10㎝高角砲8門（連装砲塔4基）、61㎝4連装発射管1基、25㎜連装機銃2基、爆雷投射機2基、機関：ロ号艦本缶3基、艦本式タービン2基2軸、出力：5万2000馬力、燃料搭載量：重油635トン、航続距離：18ノットで8000浬、乗員：315名（計画）

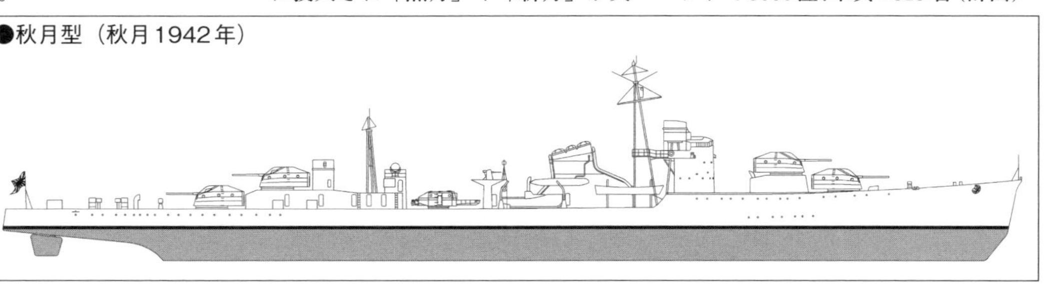
●秋月型（秋月1942年）

島風型(丙型)　島風

日本駆逐艦の最高傑作

特型駆逐艦から始まる日本海軍の大型駆逐艦整備は、強力な戦闘力と18ノットで5000浬を超える航続力をもつ夕雲型の誕生によって完成をみた。しかし1930年代以降に各国海軍の計画した新戦艦は30ノット前後の速力を公称しており、夕雲型の35ノットという速力は、やや物足りないものであった。

こうした状況を考えれば、昭和14年の㊃計画において、高速駆逐艦の試作が計画されたのは自然なことだった。この高速駆逐艦は、夕雲型の一艦として予定されていた125号艦の計画を変更して建造が決定され、艦隊型駆逐艦の甲型、防空駆逐艦の乙型に対して丙型と区分され建造線表に組み込まれることになったのである。

こうした経緯もあり125号艦は夕雲型を基礎として設計されたが、速力39ノットの要求を実現するために陽炎型の一艦である「秋津風」に試験搭載された400度、40キロ/平方センチの蒸気条件をもつ高温高圧缶3基が搭載され、合計7万馬力を超える出力に対応する新型タービンが採用された結果、機関区画長は夕雲型の機関区画よりも約5メートル長くなった。さらに艦種形状を夕雲型までのダブルカーブドバウから鋭角なクリッパーバウに変更したこともあり、全長120.5m、基準排水量2567トンとなり、秋月型を除く日本駆逐艦中で最大となっている。

主砲は12.7cm連装砲3基6門とされたが、当初は主砲を高角砲とすることも検討されている。これは航空機の脅威が増大しつつある状況に対応するためであるが、最終的には夕雲型と同じD型砲塔が採用された。雷装も当初は61cm 7連装発射管2基の搭載が予定されていたが、人力旋回が困難との理由から、最終的には5連装発射管3基を搭載した。片舷魚雷15射線は、駆逐艦としては破格のものである。なお「島風」は次発装填装置と予備魚雷は携行せず、全魚雷を発射管に装填している。このため携行魚雷の数は既存の駆逐艦と大差ないものの、運用の自由度は高まり、実質的な雷撃力は大きく向上していた。究極の艦隊型駆逐艦といってもよいだろう。

こうしてまとめられた設計は、最終的に基本計画番号F52として承認され、建造に移されることになる。昭和16年に舞鶴海軍工廠で起工された125号艦は、昭和15年に駆逐艦籍から除かれた峯風型駆逐艦「島風」の名を受け継ぎ、昭和18年に竣工した。

なお125号艦に二代目「島風」の名が与えられたのは偶然ではない。初代「島風」は大正9年に約40.7ノット記録しており、次世代高速駆逐艦の試作である125号艦は、先代の記録にあやかって命名され、その期待を違えることなく、二代目「島風」は40.9ノットという日本海軍艦艇最速のレコードを打ち立てた。

もっともこの記録は、従来の燃料搭載量2/3状態での公試とは異なり、燃料搭載量1/2状態で記録されたことも事実である。これは軍令部の要望で、将来的には公試時の燃料搭載量を1/2に変更する意図があったとも言われるが、この点については詳細不明である。

艦隊に就役した「島風」は、新造時から搭載していた22号水上見張り電探の威力を期待され、濃霧の発生するキスカ島からの撤退作戦に従事し、その成功に寄与している。その後南方に転じた「島風」はマリアナ沖海戦、レイテ沖海戦などの大海戦に参加しているが、敵艦に雷撃するチャンスのないままフィリピン決戦のさなか、昭和19年11月、オルモックへの輸送作戦で米艦載機の空襲により戦没した。

この「島風」の姿は米軍機によって撮影されており、現在の我々も目にすることができるが、機銃掃射による浸水と機関の損傷によって衰えた速力で必死の対空戦闘を行なう悲壮な姿は、艦首波を高くたて40ノットの快速を見せつける公試写真と対になり「島風」の栄光と悲劇を鮮烈に物語っている。

【要目】新造時
基準排水量：2567トン、公試排水量：3048トン、全長：120.5m、全幅：11.2m、喫水：4.14m、速力：40.9ノット、3年式50口径12.7cm砲6門(連装砲塔3基)、61cm 5連装発射管3基、25mm連装機銃2基、13mm連装機銃1基、爆雷投射機、機関：ロ号艦本缶3基、艦本式タービン2基2軸、出力：7万5000馬力、燃料搭載量：重油635トン、航続距離：18ノットで6000浬、乗員：267名

●島風型（島風1943年）

松型／橘型

松 竹 梅 桃 桑 桐 杉 槇 樅 樫 榧 楢 桜 柳 椿 檜 楓 欅 ／ 橘 蔦 萩 柿 菫 楠 初桜 楡 梨 椎 榎 雄竹 樺 初梅

戦局から生まれた戦時急造型

太平洋戦争前に計画された艦隊型駆逐艦は、艦隊決戦における水雷戦を主目的して整備されていた。しかし、戦前の想定に反して、太平洋戦争における駆逐艦の任務は、船団護衛や、兵員・物資の高速輸送などが多く、その真価を発揮できる機会は限定されてしまった。

このため、艦隊型駆逐艦の消耗を補うと同時に、輸送などの補助任務に充当するための戦時急造型駆逐艦が、太平洋戦争開戦後、早い時期から構想された。これが後の松型駆逐艦であり、艦隊型駆逐艦である甲型、防空駆逐艦である乙型に対して丁型と呼ばれた。

松型駆逐艦の具体的な検討は昭和17年末には始まっている。この段階では機関や兵装には複数の案が検討され、速力は32ノットから27ノット、魚雷発射管も新設計の6連装発射管の採用なども議論されたが、最終的には供給に余裕のある水雷艇用機関と、既存の高角砲、4連装魚雷発射管の組み合わせが採用された。

このため速力は従来の駆逐艦と比べて低い27.8ノットに止まり、主砲として搭載された12.7㎝高角砲3門の火力は、対艦戦闘では既存の駆逐艦に見劣りしたが、対空戦闘では優るとも劣らず、61㎝酸素魚雷の搭載もあって最低限の戦闘力は保持していた。

極端な高性能を狙わない設計は生産性重視の反映でもあり、松型の船体形状は既存の駆逐艦より大幅に簡略化されていたが、その一方で、工数増加をいとわず機関のシフト配置を導入し、生存性を考慮していることは注目すべきだろう。

ネームシップの「松」は昭和18年8月に起工され昭和19年4月に竣工しているが、後期の建造艦では最短5ヵ月竣工にいたっている例もあり、昭和20年初旬までに同型艦18隻が竣工している。

松型は成功した設計と見なされたが、逼迫した戦局はさらなる簡易化による工期短縮を求めていた。こうして誕生したのが、橘型駆逐艦である。船形の簡易化はさらに推し進められ、松型では従来艦同様に円弧状であった艦尾平面も橘型では直線で構成されたトランサム・スターンが採用されているほか、艦首の断面も直線で構成され、甲板のキャンバー（甲板上に海水が滞留しないように船体中心から舷側に向けてもうけられる円弧状の傾斜）も直線で処理されるなど、一層大胆な船形簡略化が図られた。また船材も松型で使用されていた高張力鋼を普通鋼に置き換えるなど、代用材料の使用もすすめられている。その一方で、兵装については松型以上の妥協はなく、むしろ橘型の多くが、艦首艦底部の形状の変更を実施して四式聴音機を装備したことみられるように、戦闘能力向上の努力は続けられていた。

橘型は「橘」が昭和20年1月に竣工したのを皮切りに14隻が竣工しているが、昭和20年春以降、戦局の悪化から「八重櫻」など9隻が起工後に工事中止となっており、このほかに未起工のまま終わったものが33隻存在した。

丁型駆逐艦は主として戦争後半に輸送、護衛任務に投入されたため華々しい活躍は少ない一方で、9隻が戦没、行動不能状態で終戦を迎えた艦も多かった。

しかし、フィリピン決戦の最中、昭和19年11月の「第七次多号作戦」では、「桑」と「竹」が駆逐艦3隻からなる米艦隊と夜間砲雷撃戦を戦い、「桑」を失ったものの「竹」は雷撃により米駆逐艦「クーパー」を撃沈して帰還しており、丁型駆逐艦が一定の戦闘力を持つことを証明している。

終戦時に残存した丁型駆逐艦は賠償艦として各国に引き渡され、ソ連や中華民国では戦後も運用されている。日本でも「梨」を浮揚整備の上で護衛艦「わかば（DE-261）」の名で当初は非武装で練習艦として、その後は艦載兵器の実験艦として昭和46年3月に除籍されるまで海上自衛隊で運用されており、戦後も人知れず活躍したクラスであった。

【要目】「松」新造時
基準排水量：1262トン、公試排水量：1530トン、全長：100m、全幅：9.35m、吃水：3.30m、速力：27.8ノット、兵装：八九式45口径12.7㎝高角砲3門（単装1基、連装1基）、61㎝4連装発射管1基、25㎜3連装機銃4基、25㎜単装8基、爆雷投射機2基、機関：ロ号艦本缶2基、艦本式タービン2基2軸、出力：1万9000馬力、燃料搭載量：重油370トン、航続距離：18ノットで3500浬、乗員：211名

●松型（檜1944年）

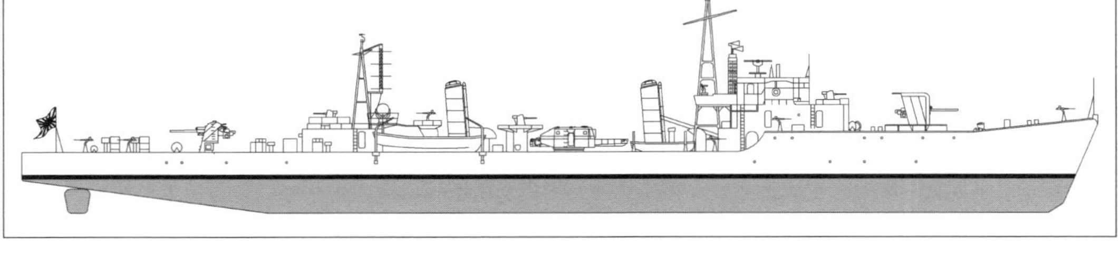

潜水艦

●第一次大戦の戦利品ドイツUボートをお手本に建造が始まった日本潜水艦は広大な太平後を舞台に独自の発展をとげ、潜水空母など多くのタイプが誕生した！

解説　勝目純也

作図　胃袋豊彦

〈写真〉伊402潜の飛行機格納筒と艦橋

機雷潜型（伊121　伊122　伊123　伊124）＊昭和13年100番台へ改名

大正8年に到着した第一次世界大戦のドイツ戦利潜水艦で最も日本海軍が注目したのが、01と命名した大型機雷敷設潜水艦のU125だった。機雷潜型はこのU125型を若干の改良を加えてコピーした形で建造された。

改良された部分としては、魚雷発射管と備砲を日本海軍式に改め、南洋作戦を考慮して船体を3.2m長くし冷却機を搭載した。本型は艦尾に2基ある機雷敷設筒から最大で機雷42個を敷設する能力を有するが、機雷敷設に応じて常に重量差を調整しなくてはならず、加えて船体延長により船型が変更されたにもかかわらず潜舵と横舵の位置は原型のままとしたため、操艦が困難で、当時乗員から扱いにくい潜水艦ということで「きらい潜」と揶揄されていた。

太平洋戦争では老朽化に悩まされながら、開戦時に機雷を敷設し、その後主に航空機の燃料補給などの地味な作戦に活躍した。

昭和18年8月には残存した2隻が訓練艦になった。偶然にも同型艦4隻は、艦番号の古い順に戦没し、最後に1番艦伊121は終戦後、海没処分を受けている。

【要目】
排水量：水上1142トン／水中1768トン、全長：85.20m、全幅：7.52m、吃水：4.42m、機関：ラウンシェンバッハ式1号ディーゼル2基2軸、水上2400馬力／水中1100馬力、速力：水上14.9ノット／水中6.5ノット、航続距離：水上8ノットで1万500浬／水中4.5ノットで40浬、燃料：重油225トン、乗員：51名、兵装：40口径14cm砲単装1基、53cm魚雷発射管艦首4門、魚雷12本、機雷敷設筒2本、八八式機雷42個、安全潜航深度：75m

●機雷潜型（伊121）

巡潜1型（伊1　伊2　伊3　伊4　伊5）

第一次世界大戦でドイツの潜水艦の活躍が注目され、日本海軍がかねてより検討を進めていた長大な航続力を有する巡潜型の潜水艦整備が必要と考えた。さっそく日本海軍は、ドイツからの技術習得を目的として、元ゲルマニア造船所の潜水艦開発の第一人者テッヘル博士と技術者を破格の待遇で日本に招聘し、その指導の下に設計。建造されたのが巡潜型である。

大正7年に起工されたドイツUボートU142の図面を民間人である川崎造船所の松方幸次郎が購入し、兵装を日本式にあらためた以外は、独潜のコピーといってよく、さらに燃料搭載量を増加して航続距離の伸延を図った。

4番艦の伊4では、司令塔を装甲鈑で覆うのではなく、司令塔そのものを装甲鈑で製造し、電池を増載するなど若干の改良が生まれている。最終番艦の伊5は水偵搭載型として別年度（昭和2年）で建造を計画されている。

実戦では期待に即した航続距離、大型潜水艦としては潜没時間も短く、機関の性能も安定していた。太平洋戦争時やや旧式を免れず潜航深度に制限が加わるなどしたが、ガ島輸送作戦などで活躍した。

【要目】
排水量：水上1970トン／水中2791トン、全長：97.50m、全幅：9.22m、吃水：4.94m、機関：ラウシェンバッハ式2号ディーゼル2基2軸、水上6000馬力／水中2600馬力、速力：水上18.8ノット／水中8.1ノット（伊5は水上18ノット）、航続距離：水上10ノットで2万4400浬／水中3ノットで60浬、燃料：重油545トン（伊5は580トン）、乗員：60名（伊5は68名）、兵装：（伊1～伊4）40口径14cm砲単装2基、7.7㎜機銃1梃、53cm魚雷発射管艦首4門、艦尾2門、魚雷22本、兵装：（伊5）40口径12.7cm高角砲単装2門、7.7㎜機銃1梃、53cm魚雷発射管艦首4門、艦尾2門魚雷20本、航空機：水偵1機（伊5のみ）、最大潜航深度：75m

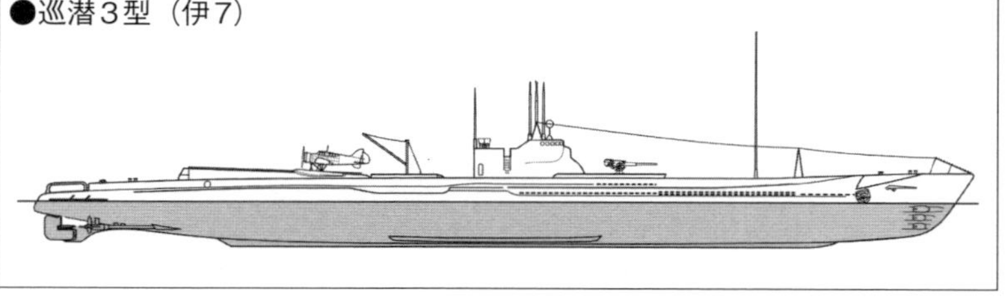
●巡潜1型（伊1）

巡潜2型 （伊6）

巡潜2型は機関をラウンシェンバッハ式から艦本式ディーゼルを搭載した点が大きく異なる。さらに船体を水中造波抵抗が少なくなる形状に改良し、計画速力を上回る21ノットを記録した。また安全潜航深度を増大し、巡潜1型で問題になった航空機格納筒の水中抵抗軽減のため、引き込み式の格納筒を採用するなど水中での運動性能の向上も図られている。その他、備砲を1型の最終番艦、伊5同様の高角砲とし、南方での作戦を考慮して居住設備の改良、真水タンクを増やす等の違いはあるものの、基本的な性能については1型と同様で、その1型の同一編成を組むため同型艦は追加されず1隻に留まっている。

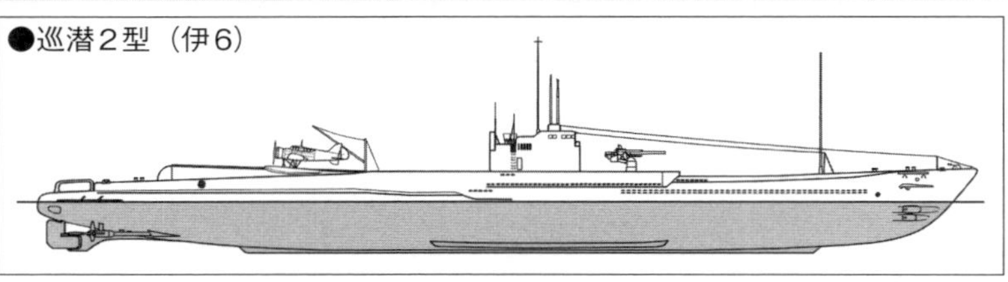
●巡潜2型（伊6）

【要目】
排水量：水上1900トン／水中3061トン、全長：98.50m、全幅：9.06m、吃水：5.31m、機関：艦本式1号甲7型ディーゼル2基2軸、水上8000馬力／水中2600馬力、速力：水上21.0ノット／水中7.5ノット、航続距離：水上10ノットで2万浬／水中3ノットで65浬、燃料：重油580トン、乗員：68名、兵装：12.7cm高角砲1門、13㎜機銃1梃、53cm魚雷発射管艦首4門、艦尾2門、魚雷17本、航空機：水偵1機（呉式1号3型射出機1基）、安全潜航深度：80m

巡潜3型 （伊7　伊8）

巡潜3型はこれまでの巡潜型のドイツ、ゲルマニアの影響から脱却した日本独自の巡潜型となった。潜水戦隊の旗艦潜水艦として使用するため、司令部の作戦室や居住区、通信設備を増強、水上速力もこれまでの8000馬力の艦本式1号甲7型（7気筒）から1万馬力を誇る10型（10気筒）を搭載して海大型と同等の23ノットに達することが可能となった。また兵装において、魚雷発射管は対主力艦襲撃に重きをおく艦首6門とし、これまでの艦尾魚雷発射管を廃止している。備砲は高角砲を潜水艦には珍しい連装砲を搭載したが本型のみの装備となっている。本型は攻撃力、速度の増大、旗艦能力、索敵能力に優れた大型潜水艦であったがそのぶん急速潜没の時間が遅いなどの欠点も指摘されていた。

【要目】
排水量：水上2231トン／水中3583トン、全長：109.30m、全幅：9.10m、吃水：5.26m、機関：艦本式1号甲10型ディーゼル2基2軸、水上1万1200馬力／水中2800馬力、速力：水上23.0ノット／水中8.0ノット、航続距離：水上16ノットで1万4000浬／水中3ノットで60浬、燃料：重油800トン、乗員：80名、兵装：40口径14cm砲連装1基

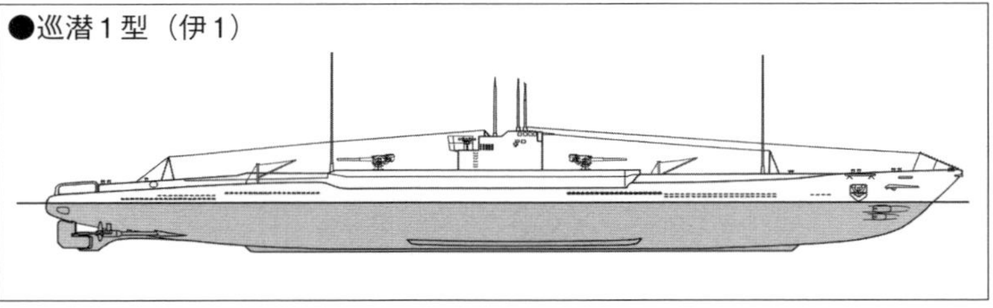
●巡潜3型（伊7）

2門、13㎜機銃連装1基2梃、53cm魚雷発射管艦首6門　魚雷20本、航空機：水上機1機、呉式1号3型改射出機1基（伊7）、呉式1号4型射出機1基（伊8）、安全潜航深度：100m

甲型（伊9　伊10）

軍縮条約脱退により排水量の制限を受ける事がなくなった日本海軍は新たに新型巡潜型の開発に着手して、旗艦設備と航空機搭載型の大型潜水艦を建造した。これが甲型といわれるもので2隻が㊂計画で建造された。甲型は航空機の射出機を艦首に向けて設置し、格納筒も艦橋と一体型となってより迅速な発艦が可能となった。機関もさらに馬力の高い艦本式2号10型ディーゼルを搭載、製造や整備に手間のかかる機関であったが2基2400馬力、23.5ノットの速力が発揮できた。さらに燃料搭載量を増大し、巡潜3型より航続距離を伸ばし、これまで海大型と巡潜型に分けて特長を活かしてきた日本海軍の潜水艦は、本型で一体化したと言える。当時の世界水準に比べても劣ることのない、大航続力、高速大型潜水艦である。

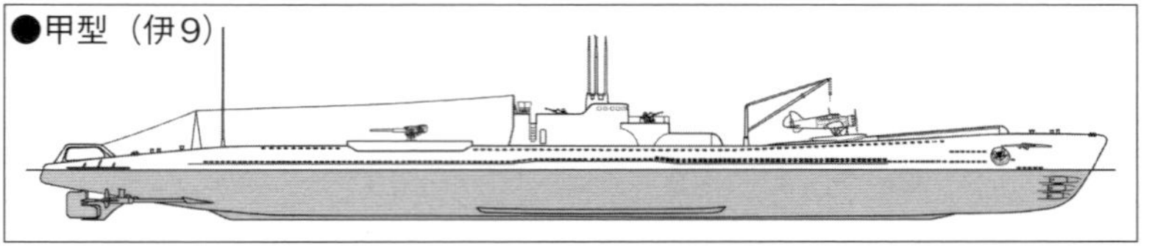
●甲型（伊9）

【要目】
排水量：水上2434トン／水中4150トン、全長：113.7m、全幅：9.55m、吃水：5.36m、機関：艦本式2号10型ディーゼル2基2軸、水上1万2400馬力／水中2400馬力、速力：水上23.5ノット／水中8.0ノット、航続距離：水上16ノットで1万6000浬／水中3ノットで90浬、燃料：重油878トン、乗員：104名、兵装：40口径14cm砲単装1門、25mm機銃連装2基4梃、魚雷発射管艦首6門、53cm九五式魚雷18本、九三式探信儀1基　九三式聴音機1基、航空機：零式小型水上偵察機1機（呉式1号4型射出機1基）、安全潜航深度：100m

甲型改1（伊12）

甲型の大出力機関である艦本式2号10型ディーゼルが生産に時間を要するため、戦時急造として、比較的生産の容易な22号10型ディーゼルに変更したのが甲型改1である。22号ディーゼルは、2号に比べ出力が40％ダウンし、その結果として水上速力が23.5ノットから、17.7ノットに低下した。その代わり機関スペースの縮小により燃料積載量を増大させることにより、航続距離が1万6000浬から2万2000浬に増大した。しかし、22号ディーゼルに過給機を加えるなど出力向上を図ったため、そのぶん振動や音が大きく、潜水艦にとっての隠密性については疑問が残る。

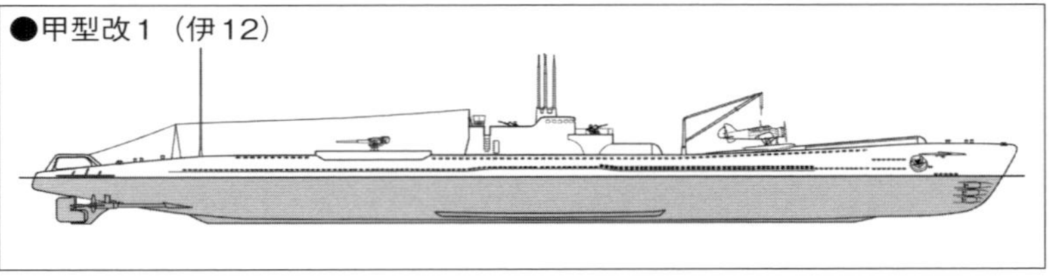
●甲型改1（伊12）

それが直接の原因かは不明だが、伊12は初陣で消息不明となり、2番艦以降は別設計により甲型改2として建造が計画されたため、同型艦はなく建造は1隻のみで終わっている。よって伊12に関する図面や写真が現存しておらず外観等、詳細は不明である。

【要目】
排水量：水上2390トン／水中4172トン、全長：113.7m、全幅：9.55m、吃水：5.36m、機関：艦本式22号10型ディーゼル2基2軸、水上4700馬力／水中1200馬力、速力：水上17.7ノット／水中6.2ノット、航続距離：水上16ノットで2万2000浬／水中3ノットで75浬、燃料：重油917トン、乗員：112名、兵装：40口径14cm砲単装1門、25mm機銃連装2基4梃、魚雷発射管艦首6門、53cm九五式魚雷18本、航空機：零式小型水上偵察機1機、安全潜航深度：100m

甲型改2（伊13　伊14）

甲型改1の伊12に続く建造予定であった伊13、14、15の3隻は、同様に戦時急造として、低出力機関を搭載する予定であったが昭和18年後半になり潜特（伊400型）の建造隻数が減じられたため、その代艦として水上攻撃機「晴嵐」を2機搭載できるように改良されたのが、甲型改2である。よって艦橋付近の格納筒や射出機などは潜特型に準じて装備としているため、排水量が改1より増大し、復原力を保つためにバルジを装着するなどこれまでの甲型から艦容が一変した。しかし、伊13は竣工が19年末となり、一度も航空攻撃や魚雷攻撃を実施することなく、偵察機の輸送任務を実施する初陣で戦没している。

【要目】
排水量：水上2620トン／水中4762トン、全長：113.70m、全幅：11.70m、吃水：5.89m、機関：艦本式22号10型ディーゼル2基2軸、水上4400馬力／水中600馬力、速力：水上16.7ノット／水中5.5ノット、航続距離：水上16ノットで2万1000浬／水中3ノットで60浬、乗員：108名、兵装：40口径14cm砲単装1門、25mm機銃3連装2基6挺、同単装1挺、53cm魚雷発射管艦首6門、魚雷12本、航空機：特殊攻撃機『晴嵐』2機、安全潜航深度：100m

●甲型改2（伊14）

乙型（伊15 伊17 伊19 伊21 伊23 伊25 伊26 伊27 伊28 伊29 伊30 伊31 伊32 伊33 伊34 伊35 伊36 伊37 伊38 伊39）

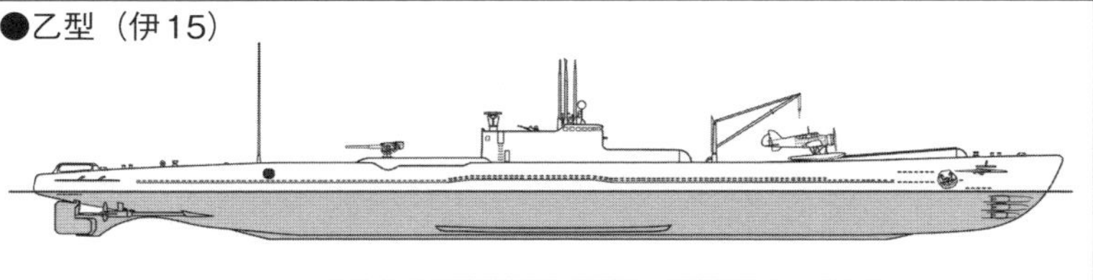
●乙型（伊15）

乙型は甲型の旗艦設備を除いた潜水艦で、排水量と乗員が甲型より減少し、航続距離が若干少なくなった以外の基本性能に変わりはない。

乙型は12年度で6隻、14年度計画で14隻、合計20隻と日本海軍潜水艦の同型艦の中では最大隻数を誇り、航空機搭載型の潜水艦がこのように大量に建造された例はない。よって太平洋戦争前半では航空偵察作戦に多用されるなど、様々な作戦に従事したが後半は航空偵察が困難となり、かわりに回天の母艦として活動している。潜水艦にとってより苛酷な戦局を開戦から終戦まで戦い抜いた本型20隻のうち終戦まで残存できたのは伊36、1隻のみであった。

【要目】
排水量：水上2198トン／水中3654トン、全長：108.7m、全幅：9.30m、吃水：5.14m、機関：艦本式2号10型ディーゼル2基2軸、水上1万2400馬力／水中2000馬力、速力：水上23.6ノット／水中8.0ノット、航続距離：水上16ノットで1万4000浬／水中3ノットで96浬、燃料：重油774トン、乗員：94名、兵装：40口径14cm砲単装1門、25mm機銃連装1基2挺、53cm魚雷発射管艦首6門、九五式魚雷17本、航空機：零式小型水上偵察機1機、安全潜航深度：100m

乙型改1（伊40 伊41 伊42 伊43 伊44 伊45）

乙型改1は乙型の戦時急造艦と言ってよい。乙型の艦本式2号10型ディーゼルから、機構が比較的簡易で建造や整備が容易な巡潜3型に搭載していた1号甲10型ディーゼルに変更した点が異なる。機関出力は若干減少したが、水上速力は23.5ノットと乙型とほぼ同じ速力を維持している。しかし、この時期での航空兵装を装備した潜水艦の建造は疑問で、短期間のうちに戦没し、唯一残った伊44は回天搭載用に改良されたが、やはり米海軍の対潜戦に対抗できず、全艦戦没した。

●乙型改1（伊44、回天搭載）

【要目】
排水量：水上2230トン／水中3700トン、全長：108.7m、全幅：9.30m、吃水：5.20m、機関：艦本式1号甲10型ディーゼル2基2軸
水上1万1000力／水中2000馬力、速力：水上23.5ノット／水中8.0ノット、航続距離：水上16ノットで1万4000浬／水中3ノットで96浬、乗員：94名、兵装：40口径14cm砲単装1基、25mm機銃連装1基2挺、53cm魚雷発射管艦首6門、95式魚雷17本、航空機：零式小型水上偵察機1機、安全潜航深度：100m

乙型改2（伊54 伊56 伊58）

甲型改同様、戦時急造用としてさらに機関の製造が比較的容易な、艦本式22号ディーゼルに変更したの

●乙型改2（伊58、回天搭載）

が乙型改2である。そのため速力が17.7ノットに低下している。また甲型改への改良と同様に機関空きスペースに燃料を増載し、航続距離の伸延を図っている。乙型改2は3隻建造されたが、艦隊への配備がレイテ海戦以降となったため、航空作戦は行なうことができず、回天作戦に従事した。

最終番艦の伊58にいたっては航空機格納筒を撤去して、前甲板にも回天を搭載するように改良されている。

【要目】

排水量：水上2140トン／水中3688トン、全長：108.7m、全幅：9.30m、吃水：5.19m、機関：艦本式22号10型ディーゼル2基2軸、水上4700馬力／水中1200馬力、速力：水上17.7ノット／水中6.5ノット、航続距離：水上16ノットで2万1000浬／水中3ノットで105浬、乗員：94名、兵装：40口径14cm砲単装1基、25mm機銃連装1基2梃、53cm魚雷発射管艦首6門　95式魚雷19本、22号電探1基、航空機：零式小型水上偵察機1機

丙型（伊16　伊18　伊20　伊22　伊24　伊46　伊47　伊48）

●丙型（伊16、甲標的搭載）

丙型は乙型の航空兵装を廃止し、魚雷発射管を甲乙型の6門から8門に雷装を強化した艦である。これは日本海軍の潜水艦が交通破壊戦用ではなく、艦隊攻撃用高速潜水艦として構想されていたことをより示している。しかし、基本設計は早期完成を目指すため、巡潜3型の設計を流用しており、巡潜3型で指摘されていた潜航性能の改善が施されている他、機関はさらに出力が向上した艦本式2号10型ディーゼルが搭載されている。丙型の実戦での活躍は、敵艦隊への魚雷攻撃というよりガ島戦までは航空兵装のない平甲板を使用しての甲標的母艦としての活躍が目立ち、後半は回天の母艦としても苛酷な作戦に従事し、本来の攻撃力を活かしての魚雷襲撃の機会はあまり恵まれなかった。

【要目】

排水量：水上2184トン／水中3561トン、全長：109.3m、全幅：9.10m、吃水：5.34m、機関：艦本式2号10型ディーゼル2基2軸、水上：1万4000馬力／水中2000馬力、速力：水上23.6ノット／水中8.0ノット、航続距離：水上16ノットで1万4000浬／水中3ノットで60浬、乗員：95名、兵装：40口径14cm砲単装1基、25mm機銃連装1基2梃、53cm魚雷発射管艦首8門、95式魚雷20本、22号電探1基、安全潜航深度：100m

丙型改（伊52　伊53　伊55）

丙型改は丙型と異なり、乙型改2の航空兵装を除き、14cm砲を前後2門装備した戦時急造艦で、従って魚雷発射管は丙型の8門から乙型の6門に減じている。また機関も同様に22号ディーゼルを搭載し、速力が低下しているが航続距離は伸びている。その航続距離を活かし、最後のドイツ派遣任務についた1番艦は目的地到着目前で米空母機に撃沈されている。

【要目】

●丙型改（伊52）

排水量：水上2095トン／水中3644トン、全長：108.7m、全幅：9.30m、吃水；5.12m、機関：艦本式22号10型ディーゼル2基2軸、水上4700馬力／水中：1200馬力、速力：水上17.7ノット／水中6.5ノット、航続距離：水上16ノットで2万1000浬／水中3ノットで105浬、乗員：94名、兵装：40口径14cm砲単装2基、25mm機銃連装1基2梃、53cm魚雷発射管艦首6門、九五式魚雷17本、安全潜航深度：100m

丁型（伊361 伊362 伊363 伊364 伊365 伊366 伊367 伊368 伊369 伊370 伊371 伊372）

丁型は当初、陸戦隊と特殊上陸用舟艇を搭載して奇襲上陸を敢行する輸送用潜水艦として計画された。潜水艦をこのような特殊部隊の上陸作戦に利用することは今日でも展開されており先見の明を感じる。しかし、実際には戦局悪化に伴い、離島への輸送用潜水艦として建造が図られ、雷装も必要最小限に留めて物資搭載能力を増した。これまで雷装は2番艦以降、装備されていなかったとの解説が多いが、元乗員や元設計者の証言から2番艦以降にも魚雷発射管が艦首に2門装備されており、完全に廃止されていたのは最終番艦の伊372のみである。

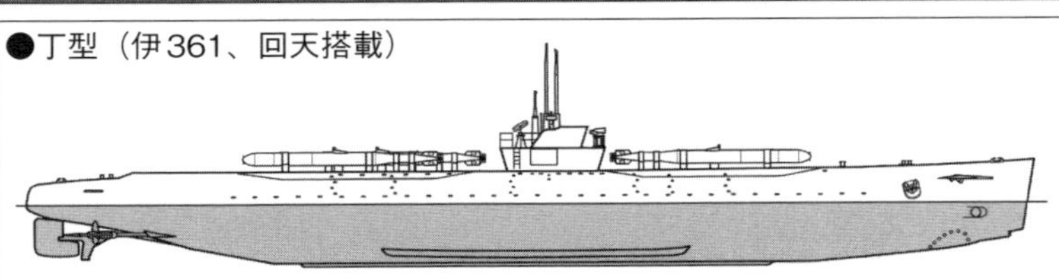
●丁型（伊361、回天搭載）

実戦では離島への輸送任務の他に幅の広い甲板を活用して回天の母潜としても活躍しており、戦時中に計画・建造され実戦で多用された数少ない潜水艦となった。

【要目】
排水量：水上1440トン／水中2215トン、全長：73.50m、全幅：8.90m、吃水：4.76m、機関：艦本式23号乙8型ディーゼル2基2軸、水上1850馬力／水中1200馬力、速力：水上13.0ノット／水中6.5ノット、航続距離：水上10ノットで5000浬／水中3ノットで120浬、乗員：55名、兵装：40口径14cm砲単装1基、25mm単装機銃2梃、53cm魚雷発射管艦首2門、魚雷2本（伊372は未装備）、安全潜航深度：75m、物資搭載量：85トン

丁型改（伊373）

丁型、伊373以降については航空揮発油輸送潜水艦として設計変更されたのが、丁型改である。離島に孤立した航空部隊への燃料補給が主任務となり、航空揮発油150トン、輸送物件を艦内に100トン、艦外に10トン搭載可能であった。丁型改は当初6隻建造予定だったが、実際に起工されたのは2隻で、伊373は初陣で沈没、太平洋戦争実戦で最後に沈没した潜水艦となった。2番艦の伊374は工程40％で工事中止、未成に終わっている。丁型改は甲型改1同様、図面、写真が発見されておらず詳細は不明である。

【要目】
排水量：水上1660トン／水中2240トン、全長：74.00m、全幅：8.90m、吃水：5.05m、機関：艦本式23号乙8型ディーゼル2基2軸、水上1750馬力／水中1200馬力、速力：水上13.0ノット／水中6.5ノット、航続距離：水上13ノットで5000浬／水中3ノットで100浬、乗員：55名、兵装：8cm連装迫撃砲2基4門、25mm機銃連装3基、同単装1梃、魚雷兵装なし、安全潜航深度：100m、物資搭載量：艦内100トン／艦外10トン／補給用ガソリン150トン

●丁型改（伊373）

海大1型（伊51）

大正5年以降、日本海軍は艦隊随伴用大型潜水艦の開発研究を進めてきたが、大正7年度の計画で2隻の大型潜水艦の建造が決定された。それが後の海大1型伊51、海大2型伊52である。海大1型である伊51潜は、艦隊随伴高速潜水艦必要性能として、水上速力20ノットが要望されたが、そのためには3000馬力の機関を2基、6000馬力が必要だった。しかし、当時は単機3000馬力の機関は存在しておらず、スイスのズルツァー社の2号ディーゼル機関が単機1300馬力だったため、機関4基を搭載するという他国の潜水艦でも類例を見ない4軸艦となった。従って船体も内筒を眼鏡のように並べた多殻式船体を採用したため設計は

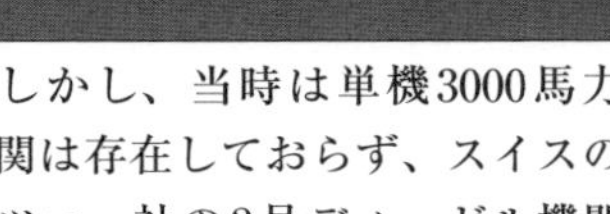

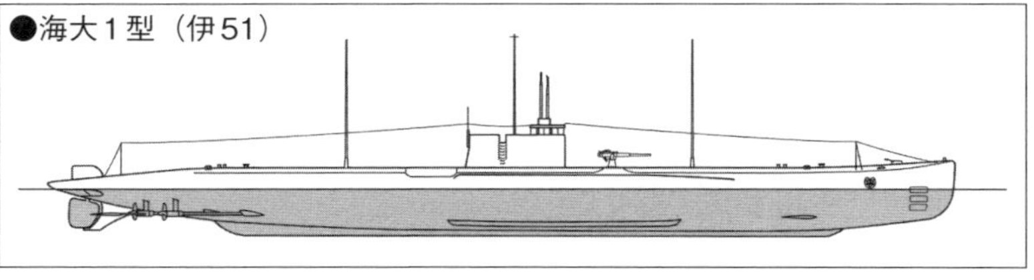
●海大1型（伊51）

困難を極めた。しかし、機関が全力運転できないなど使用実績が思わしくなく、早くも竣工5年後には艦隊から除かれている。

伊51は決して成功とは言えなかったが、実験艦として様々な技術的課題を残した、日本海軍大型潜水艦の嚆矢と言えよう。

【要目】

排水量：水上1390トン／水中2430トン、全長：91.44m、全幅：8.81m、吃水：4.60m、機関：ズルツァー式2号ディーゼル4基4軸、水上5200馬力／水中2,000馬力、速力：水上18.4ノット／水中8.4ノット、航続距離：水上10ノットで2万浬／水中4ノットで100浬、燃料：重油508トン、乗員70名、兵装：45口径12cm砲単装1基、53cm魚雷発射管艦首6門、艦尾2門、魚雷24本、安全潜航深度：45.7m

海大2型 （伊152） ＊昭和17年100番台へ改名

●海大2型（伊52）

海大2型は、1型で搭載を断念したスイスで製造されたズルツァー式3号ディーゼルを搭載し、6000馬力水上速力20ノットを図った最初の大型潜水艦である。海大1型を踏まえて設計されたため、いくつかの改良点がある。ひとつは船体を水上航行時の凌波性を高める形状とし、潜没時間を短縮するためキングストン弁の大型化、操舵動力を油圧式から電動式に改めるなど、より実戦に即した性能が考慮されている。その他、電池の改良、充電効率を高める補助発電機の増設など、あわせて実戦対応への改良が施されている。

しかし、肝心の機関が試作段階で採用したため、故障が続発し、軽荷状態で21.5ノットと当時世界最速記録をマークしたが、実用最大速度は20ノットを下回り19.5ノットに留まった。

以上のことから海大2型においても実験艦の域を出ず、様々な技術的課題を残し早くも昭和3年には呉防備戦隊に編入、第一線を退いている。以後機関学校や潜水学校の練習潜水艦として終戦時まで残存していた。

【要目】

排水量：水上1390トン／水中2500トン、全長：100.85m、全幅：7.64m、吃水：5.14m、機関：ズルツァー式3号ディーゼル2基2軸、水上6800馬力／水中1800馬力、速力：水上21.5ノット／水中7.7ノット、航続距離：水上10ノットで 1万浬／水中4ノットで100浬、燃料：重油284.5トン、乗員：58名、兵装：45口径12cm砲単装1基、8cm高角砲単装1基、53cm魚雷発射管艦首6門、艦尾2門、魚雷16本、安全潜航深度：45.7m

海大3型a （伊153 伊154 伊155 伊158） ＊昭和17年100番台へ改名

海大2型をベースにドイツ潜水艦技術を取り入れた、さらなる高性能の大型潜水艦を建造することになった。

本型は艦首形状においてドイツ潜水艦を参考にさらに凌波性の高い形状とし、機関を海大2型で不安定だったズルツァー式にラウンシェンバッハ式ディーゼルの特長を取り入れ改良された機関が搭載された。それにより水上速力が22ノットから20ノットに減じていても、機関の不調はその後の改良までなかなか解消されなかった。

また内殻の強化により安全潜航深度の増大、乗員脱出用のダイバーズロックの採用など海大2型より多くの改良点が見られ、機関以外は概ね全般的に良好な潜水艦として、艦齢延長工事を受けて全艦太平洋戦争に従事した。

しかしながら後半さすがに第一線潜水艦として老朽化が目立ち、防備戦隊や練習潜水艦として使われ、全艦終戦時まで残存した。

●海大3型a（伊55）

【要目】

排水量：水上1635トン／水中2300トン、全長：100.58m、全幅：7.98m、吃水：4.83m、機関：ズルツァー式3号ディーゼル2基2軸、水上6800馬力／水中1800馬力、速力：水上20.0ノット／水中8.0ノット、航続距離：水上10ノットで1万浬／水中3ノットで90浬、燃料：重油241.8トン、乗員：63名、兵装：40口径11年式12cm砲単装1基、留式7.7mm機銃1梃、53cm魚雷発射管艦首6門、艦尾2門、6年式魚雷16本、安全潜航深度：60m

海大3型b （伊156　伊157　伊159　伊60　伊63）　＊昭和17年100番台へ改名

海大3型ｂはさらに凌波性の向上を図るため、艦首の形状を改め、補助発電機室や倉庫の区画配置を変更しただけで、基本性能はほとんど変化をしていないが、設計の寸法規格が英国式のフィート・インチ法からメートル法に変更されたことにより、型式を異なって扱うことになり従来の海大3型をａとし、本型をｂとして区別した。しかしながら国産化に成功したズルツァー式機関の不調は変わらず、昭和9年以降、機関の改良や航続距離の伸延などが図られたが、伊63潜が不幸な事故により失われ、4隻で太平洋戦争を迎えた。

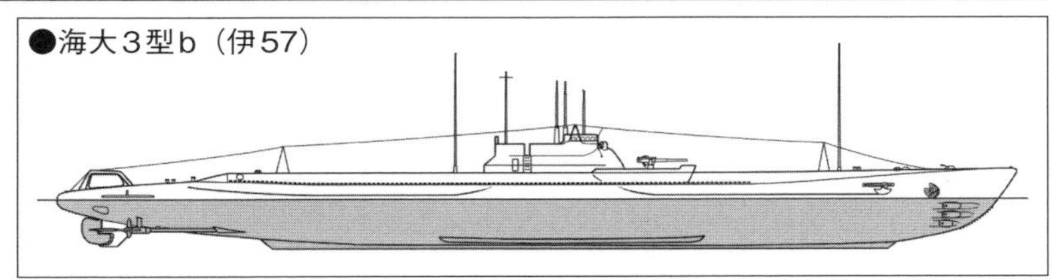
●海大３型b（伊57）

太平洋戦争では伊60が失われたが他の3隻は昭和17年7月以降、第一線を離れ、潜水学校の練習艦として余生を送っていた。しかし、戦争末期、回天の輸送や攻撃の母潜として再度活躍の場が与えられた。

【要目】
排水量：水上1635トン／水中2300トン、全長：101.00m：全幅：7.90m、吃水：4.90m、機関：ズルツァー式3号ディーゼル2基2軸、水上6800馬力／水中1800馬力、速力：水上20.0ノット／水中8.0ノット、航続距離：水上10ノットで1万浬／水中3ノットで60浬、燃料：重油230トン、乗員：63名、兵装：40口径11年式12cm砲単装1基、留式7.7mm機銃1梃、53cm魚雷発射管艦首6門、艦尾2門、6年式魚雷16本、安全潜航深度：60m

海大4型 （伊61　伊162　伊164）　＊昭和17年100番台へ改名

海大3型と同年計画であるが機関をドイツ、マン社ラウンシェンバッハ式2号ディーゼルに変更した点が異なる。これは海大3型に搭載されていたスイス、ズルツァー式3号ディーゼルが不安定のため、巡潜型で比較的安定した実績を残しているラ式に変更したものと考えられる。その他の相違点としては、艦首発射管を円形に改良することにより発射管数が6門から4門に減じたがより耐圧強度が増大することに成功した。海大型は本型の就役によりようやく機関共に安定した性能を発揮できるようになり、長年の目標であった大型高速艦隊随伴型潜水艦の装備に一定の確信を得られたのであった。

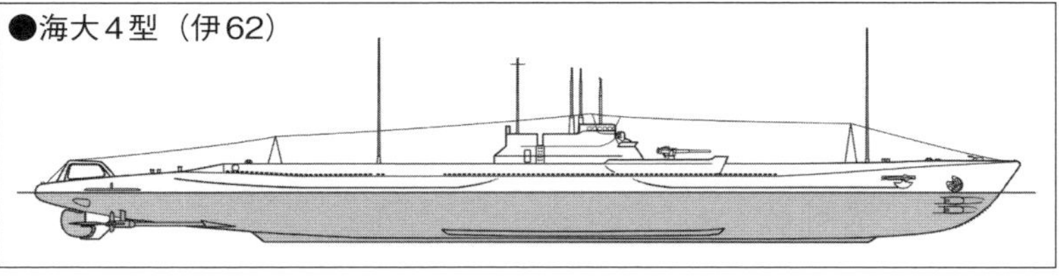
●海大４型（伊62）

【要目】
排水量：水上1635トン／水中2300トン、全長：97.70m、全幅：7.80m、吃水　4.83m、機関：ラ式2号ディーゼル2基2軸、水上6000馬力／水中1800馬力、速力：水上20.0ノット／水中8.5ノット、航続距離：水上10ノットで1万800浬　／水中3ノットで60浬、乗員：58名、兵装：40口径11年式12cm砲単装1基、留式7.7mm機銃1梃、53cm魚雷発射管艦首4門、艦尾2門、八九式魚雷14本、安全潜航深度：60m

海大5型 （伊165　伊166　伊67）　＊昭和17年100番台へ改名

海大5型は4型で搭載したラウンシェンバッハ式ディーゼルから、再びズルツァー式を搭載した点が異なっている。元々ズルツァー式機関の不安からラ式が選択されたが、ズ式の機関は原型を留めていないと言われるほど、改良を加えて機関の信頼を得ることに成功した。しかし、外国の機関を搭載する最後の型式となり、今後は機関も国産となる。その他には発射管が無気泡式となり、備砲に初めて高角砲を装備し、安全深度の増大、冷却機の装備などより実戦に即した改良が加えられた。

艦隊や実戦では機関が安定していることもあり、概ね信頼が厚く、開戦前に事故で沈没した伊67以外の2隻の潜水艦は回天戦に使用されるな

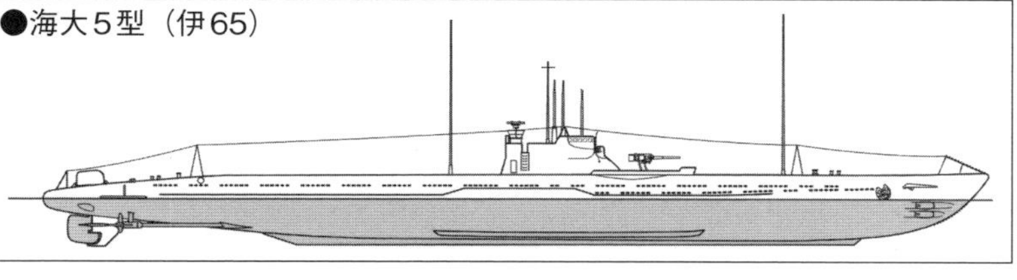
●海大５型（伊65）

ど戦争末期まで使用されたが、全隻（2隻）戦没した。

【要目】

排水量：水上1575トン／水中2330トン、全長：97.70m、全幅：8.20m、吃水：4.70m、機関：ズルツァー式3号ディーゼル2基2軸、水上6000馬力／水中1800馬力、速力：水上20.5ノット／水中8.2ノット、航続距離：水上10ノットで1万浬／水中3ノットで60浬、乗員62名、兵装：50口径八八式10cm高角砲単装1基、毘式12mm機銃1梃、53cm魚雷発射管艦首4門、艦尾2門、魚雷14本、安全潜航深度：75m

海大6型a （伊168　伊169　伊70　伊171　伊172　伊73）　＊昭和17年100番台へ改名

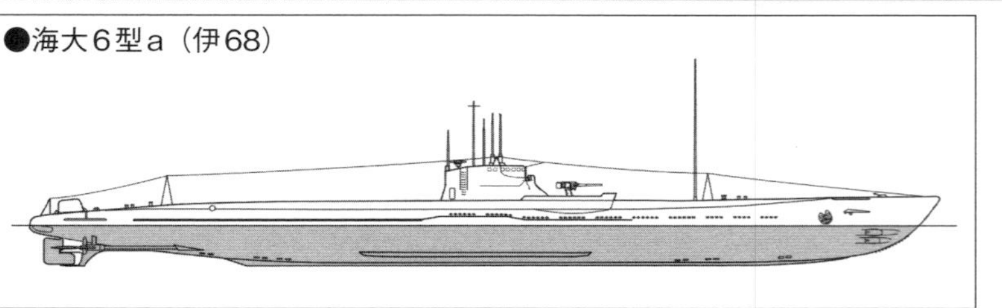

●海大6型a（伊68）

機関に日本海軍が独自に開発した艦本式1号甲型ディーゼルを装備した点が大きく異なる。本機関は軽量で大出力の国産エンジンで、最大水上速力23ノットを達成した。日露戦争時から諸外国の潜水艦を購入もしくは、ライセンス生産で発展してきた日本海軍潜水部隊にとって、ついに船体に加え機関も国産に成功、長年に渡る目標だった潜水艦技術の自立をとげた歴史的潜水艦と言ってよい。さらにこれまでの海大型の航続距離が約1万浬前後なのに対し、本型は1万4000浬と伸延し巡潜型との特長の差が少なくなった。

艦隊配備当初は機関の故障が多かったが、種々の改良を加えることにより全力運転が可能となった。しかし、整備がとても大変で、潜航して機関が停止するたびに機関科の負担は大きかった。

【要目】

排水量：水上1400トン／水中2440トン、全長：104.70m、全幅：8.20m、吃水：4.58m、機関：艦本式1号甲8型ディーゼル2基2軸、水上9000馬力／水中1800馬力、速力：水上23.0ノット／水中8.2ノット、航続距離：水上10ノットで1万4000浬／水中3ノットで65浬、燃料：重油341トン、乗員　68名、兵装：50口径八八式10cm高角砲単装1基（伊171、172、173は12cm砲1門）、13mm機銃1梃、7.7mm機銃1梃、53cm魚雷発射管艦首4門、艦尾2門、魚雷14本、安全潜航深度：75m（伊168、169のみ70m）

海大6型b （伊174　伊175）　＊昭和17年100番台へ改名

●海大6型b（伊175）

海大6型bは、6型aに対して航続力と潜航深度向上型である。主要性能にa、b両型に違いはないが、燃料搭載量を増大することにより航続距離の伸延を図り、内殻の強度を増して潜航深度の増大を図った。これにより海大型は航続距離が増し、巡潜型は3型に見られるように速度が増したことにより両者の違いは少なくなり、軍縮条約破棄に伴い排水量の制限がなくなることから、巡潜型に移行し太平洋戦争前に建造された最後の海大型となった。

【要目】

排水量：水上1420トン／水中2564トン、全長：105.00m、全幅：8.20m、吃水：4.60m、機関：艦本式1号甲8型ディーゼル2基2軸、水上9000馬力／水中1800馬力、速力：水上23.0ノット／水中8.2ノット、航続距離：水上16ノットで1万浬／水中3ノットで90浬、燃料：重油442トン、乗員　68名、兵装：12cm砲単装1基、13mm機銃1梃、7.7mm機銃1梃、53cm魚雷発射管艦首4門、艦尾2門、魚雷14本、安全潜航深度：85m

海大7型 （伊176　伊177　伊178　伊179　伊180　伊181　伊182　伊183　伊184　伊185）

海大7型は、昭和13年竣工を最後にしばらく途絶えていた海大型で、新海大型といわれた。しかし、新巡潜型である甲乙丙型が順調に建造されている中、この時期に性能的にむしろ後退した海大型をなぜ大量に建造したのかは判然としない。それでも実戦では水上および水中運動性能は良好で、これまでの海大型で指摘されていた急速潜没の性能も改善されており、無気泡発射管を最初に装備した潜水艦で、全体的に艦隊での評価は高かった。

しかし、戦局は潜水艦にとって厳しい状況での就役ということもあり、比較的短期間に事故沈没の伊179をふくめ全艦が失われた。

【要目】

排水量：水上1630トン／水中2602トン、全長：105.50m、全幅：8.25m、吃水：4.60m、機関：艦本式1号乙8型ディーゼル2基2軸、水上8000馬力／水中1800馬力、速力：水上23.1ノット／水中8.0ノット、航続距離：水上16ノットで8000浬／水中5ノットで50浬、燃料：重油354.7トン、乗員：86名、兵装：45口径11年式12cm砲単装1基、25mm機銃連装1基、53cm魚雷発射管艦首6門、九五式魚雷12本、安全潜航深度：80m

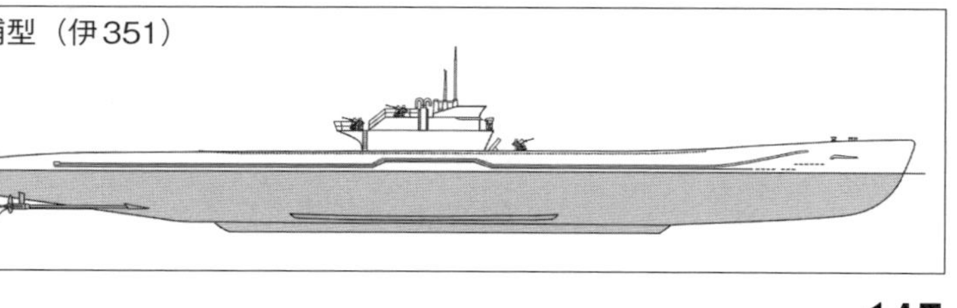
●海大7型／新海大型（伊176）

潜特型（伊400　伊401　伊402）

日本海軍は大戦末期に他国に類例の見ない、潜水空母と言うべき水上攻撃機を搭載する大型潜水艦の建造に成功した。本型は排水量3530トンに達し、眼鏡型断面の船体に水上攻撃機「晴嵐」を3機搭載し航続距離が3万7500浬と長大で、当初パナマ運河を攻撃する目的で計画されたとされる。当初18隻の建造が予定されたが、戦局の悪化から5隻に留まり、甲型改2の改良にもつながっている。

伊400潜は軽巡なみの大型潜水艦であるが水上、水中運動性能が優れており、他の大型潜水艦に劣ることがなかったという。

搭載機「晴嵐」の実用化が遅れたため、パナマ運河への攻撃は断念され、ウルシー環礁への攻撃が企図され伊400、401潜が出撃したが途中終戦となり引き返している。終戦後米海軍にとり大変関心の高い潜水艦であり、ハワイに回航調査され、ソ連の手に渡る前に海没処分を実施したとも言われている。

【要目】

排水量：水上3530トン／水中6560トン、全長：122m、全幅：12.0m、吃水：7.02m、機関：艦本式22号10型ディーゼル4基2軸、水上7700馬力／水中2400馬力、速力：水上18.7ノット／水中6.5ノット、航続距離：水上14ノットで3万7500浬／水中3ノットで60浬、乗員：157名、兵装：40口径14cm砲単装1基、25mm機銃3連装3基9梃、同単装1梃、53cm魚雷発射管艦首8門、魚雷20本、航空機：特殊攻撃機『晴嵐』3機、安全潜航深度：100m

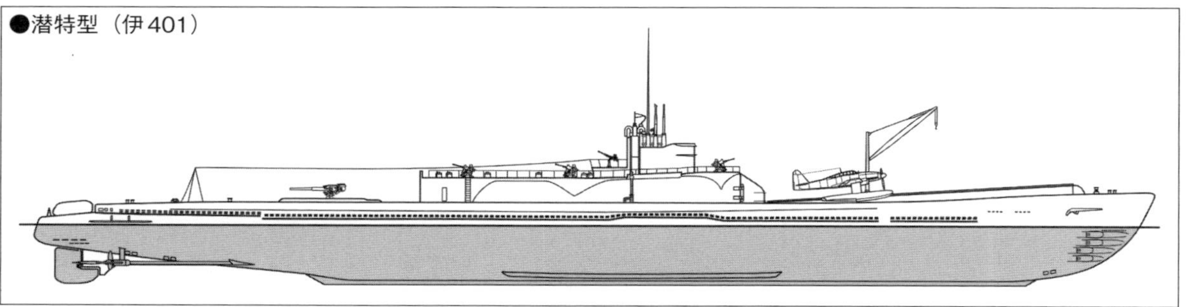
●潜特型（伊401）

潜補型（伊351）

潜補型は輸送用の潜水艦といっても元々、飛行艇に燃料や弾薬などを補給する母潜として計画された。よって排水量は2600トンと潜特型が建造されるまで日本海軍最大であった。当初の計画では航空燃料500キロリットル、250キロ爆弾20発などが搭載できる中継補給艦であったが、戦局が大きく異なり建造はしばらく見直される形となり、あらためて離島への輸送潜水艦として2隻の起工が決まった。

1番艦の伊351は昭和20年の1月に竣工、さっそくシンガポール〜本土間の航空燃料輸送任務に従事し、初陣は成功したものの、2度目の輸送任務では成功することができず戦没している。2番艦の伊352は進水後、工程90％の段階で空襲に遭い被爆沈没している。

【要目】

排水量：水上2650トン／水中4290トン、全長：111.00m、全幅：10.15m、吃水：6.14m、機関：艦本

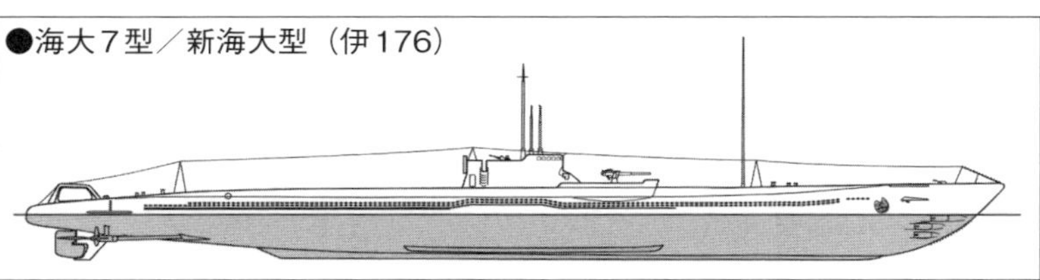
●潜補型（伊351）

式22号10型ディーゼル2基2軸水上：3700馬力／水中1200馬力、速力：水上15.8ノット／水中6.3ノット、航続距離：水上14ノットで1万3000浬／水中3ノットで100浬、乗員：77名、兵装：8cm迫撃砲連装2基4門、25mm機銃連装3基6梃、単装1梃、53cm魚雷発射管艦首4門、魚雷4本、安全潜航深度：90m、補給用ガソリン：500キロリットル

潜高型（伊201　伊202　伊203）

●潜高型（伊201）

昭和18年に入り米軍対潜兵器の発達により潜水艦の被害が続出し、レーダー、ソーナーの発達は顕著で、一度探知された場合、離脱はきわめて困難で、あらためて水中速力の向上が必要不可欠となった。艦本は71号艦、甲標的を参考に直ちに基本設計をまとめ、水中速力25ノットを目指して開発されたのが潜高型である。

船体は水中での造波抵抗を軽減するため艦橋の形状を流線型セイルにあらため、できるだけ船体もこれまでと異なり突起物を避け、滑らかな形状となった。しかし、減速ギアのノイズが大きいため電動機と推進器を直結とせざるを得ず、そのため水中速力は20ノットに低下し、大量の蓄電池の整備は困難をきわめ、機関の不調と相いまって中々実戦に参加できる水準に達しなかった。また実戦投入が遅れた理由として、本来の水中高速艦として、致命的ともいえる急速潜没速度が遅く、その対策に苦慮したことも主因となり、竣工後の訓練中における続出する故障を解決し、ついに出撃迫るという段階で終戦を迎えた。

【要目】

排水量：水上1070トン／水中1450トン、全長：79.00m、全幅：5.80m、吃水：5.46m、機関：マ式1号ディーゼル2基2軸、水上2750馬力／水中5000馬力、速力：水上15.8ノット／水中19.0ノット、航続距離：水上14ノットで5800浬／水中3ノットで135浬、乗員：31名、兵装：53cm魚雷発射管艦首4門、25mm機銃単装2基、安全潜航深度：110m

海中5型（呂33　呂34）

●海中5型（呂33）

長らく建造が途絶えていた海中型であるが、昭和6年度計画で2隻の建造が盛り込まれた。海中5型はどちらかというと、これまでの海中型やL型の延長というより海大型の補助、あるいは隻数で補う海大型の小型版として建造が進められた。よって装備等についても海大型に準ずる形となり、水上速度や潜航速度が海大型に比べて遅い点を除けば、中型潜水艦として成功を収めたと言ってよい。この実績から中型18隻建造のベースとなるものであった。

【要目】

排水量：水上700トン／水中1200トン、全長：73.00m、全幅：6.70m、吃水：3.25m、機関：艦本式21号8型ディーゼル2基、水上3000馬力／水中1200馬力、速力：水上18.9ノット／水中8.2ノット、航続距離：水上12ノットで8000浬／水中3.5ノットで90浬、乗員：61名、兵装：40口径88式8cm高角砲1門、13mm機銃1梃、53cm魚雷発射管艦首4門、魚雷10本、安全潜航深度：75m

中型（呂35　呂36　呂37　呂38　呂39　呂40　呂41　呂42　呂43　呂44　呂45　呂46　呂47　呂48　呂49　呂55　呂56）

中型は昭和6年度計画で建造された海中5型の改良型といえる海大型の補助的意味合いをもつ中型の潜水艦で、㊧計画で9隻、㊟計画で8隻、㊢計画で1隻の計18隻が建造された。要求性能としては海大型に劣らぬ速度を要求され、艦本式22号ディーゼルをさらに出力を向上させ水上速力19.8ノットを記録した。

実戦において、中型は水上、水中共運動性能が良好で、急速潜没時間も短く、艦隊側からきわめて高い評

価を得た。当初中型は一説には100隻越える大量の生産を計画されていたが、前述のように18隻に留まった。これはあわせて計画・開発中の水中高速艦である潜高型にシフトしたためであると言われ、結果論ではあるが潜高型は技術的課題が克服できずに実戦に間に合わなかったことから、中型の量産に踏み切れなかったことを惜しむ声が多い。

【要目】

排水量：水上960トン／水中1447トン、全長：80.50m、全幅：7.05m、吃水：4.07m、機関：艦本式22号10型ディーゼル2基、水上4200馬力／水中1200馬力、速力：水上19.8ノット／水中8.0ノット、航続距離：水上16ノットで5000浬／水中5ノットで45浬、乗員：61名、兵装：40口径8cm高角砲1門、25mm連装機銃1基2梃、53cm魚雷発射管艦首4門、魚雷10本、安全潜航深度：80m

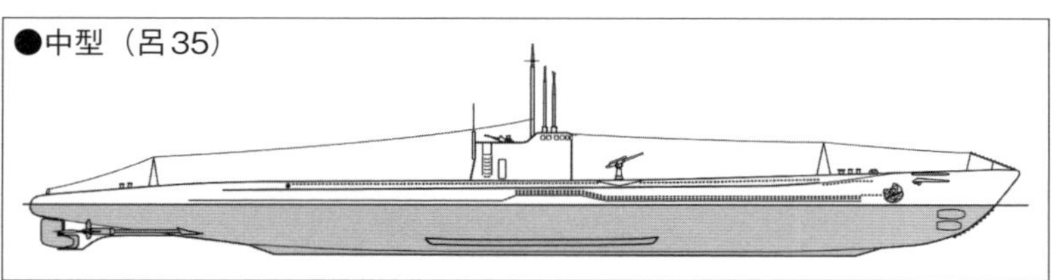
●中型（呂35）

小型（呂100　呂101　呂102　呂103　呂104　呂105　呂106　呂107　呂108　呂109　呂110　呂111　呂112　呂113　呂114　呂115　呂116　呂117）

小型は離島防衛用潜水艦として計画され、㋾計画で9隻、㋹計画で9隻、あわせて18隻建造された。しかし、戦局悪化から潜水艦の数隻が不足し、長期間の交通破壊戦や哨戒任務を従事させるため、航続距離伸延のため燃料タンクを増大させ、小型本来二直38名の乗員に対し、三直55名の乗員を乗り組ませることにより任務拡大を図った。しかし、水上速力が低く哨戒任務には不向きで、500トンと小型で燃料を増載したことで航洋性が悪く、さらに狭い艦内で乗員が増え、居住性が悪化するなど用兵側の評判が良くなかった。それでも水中性能や急速潜没速度が早く、実戦では評価される部分もあったが潜水艦兵力不足から性能を越える要求を課したことが影響してか、18隻全艦が終戦まで沈没。小型は全滅するに至った。

【要目】

排水量：水上525トン／水中782トン、全長：60.90m、全幅：6.00m、吃水：3.51m、機関：艦本式24号6型ディーゼル2基2軸、水上1000馬力／水中760馬力、速力：水上14.2ノット／水中8.0ノット、航続距離：水上12ノットで3500浬／水中3ノットで60浬、乗員：38名、兵装：25mm機銃連装1基2梃、魚雷発射管艦首4門、53cm魚雷8本、安全潜航深度：75m

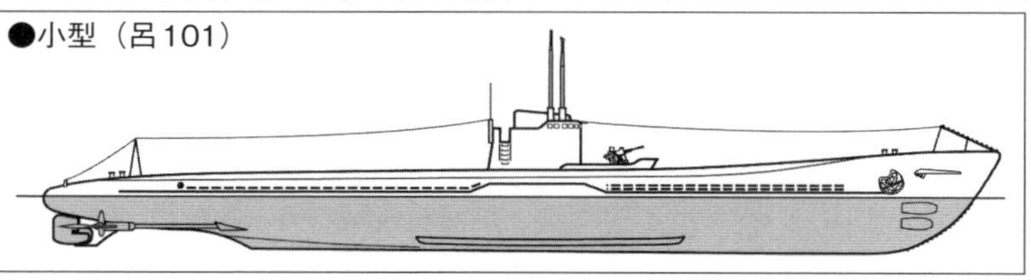
●小型（呂101）

L4型（呂61　呂62　呂63　呂64　呂65　呂66　呂67　呂68）

L4型タイプシップである呂60だけが大正7年度計画で建造され、2番艦以降は大正12年度計画で建造された。同型艦は9隻で全て三菱神戸造船所にて建造された。本級はこれまでL型の舵のききの悪い、艦尾が短く軽いため推進器が浮き上がるなどの操縦において欠点があったものに対し改良を加えた。英国海軍のL 50型も同様の改良が施されていることから日英とも認識されている欠点と思われる。

これらの改良により運動性が格段に向上し、また魚雷発射管も艦首6門、搭載数も12本と攻撃力が増大し、総合的にきわめて優秀な潜水艦として艦隊の信頼が厚かった。よって海大型や巡潜型の大型潜水艦が続々竣工する中、使われ続け太平洋戦争前半においても第一線で活躍した。しかし、機関出力の低さは否めず、太平洋戦争後半には鎮守府の所属や練習潜水艦として活躍した。

【要目】

排水量：水上988トン／水中1301トン、全長：76.20m、全幅：7.38m、吃水：3.96m、機関：ヴィッカース式ディーゼル2基2軸、水上2400馬力／水中1600馬力、速力：水上15.7ノット／水中8.6ノット、航続距離：水上10ノットで5500浬／水中4ノットで80浬、乗員：48名、兵装：40口径8cm砲単装1基、53cm魚雷発射管艦首6門　魚雷12本、安全潜航深度：60m

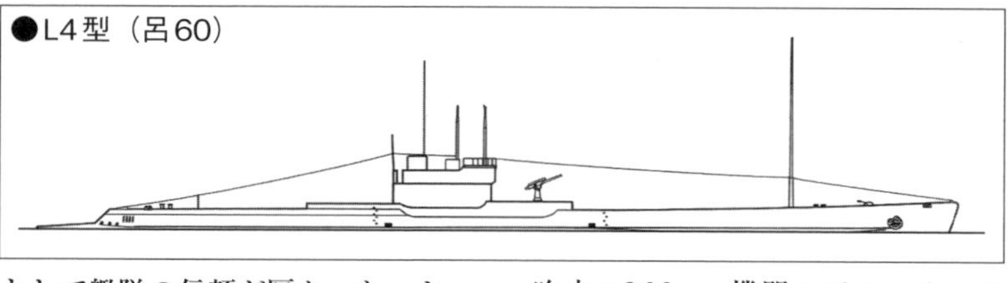
●L4型（呂60）

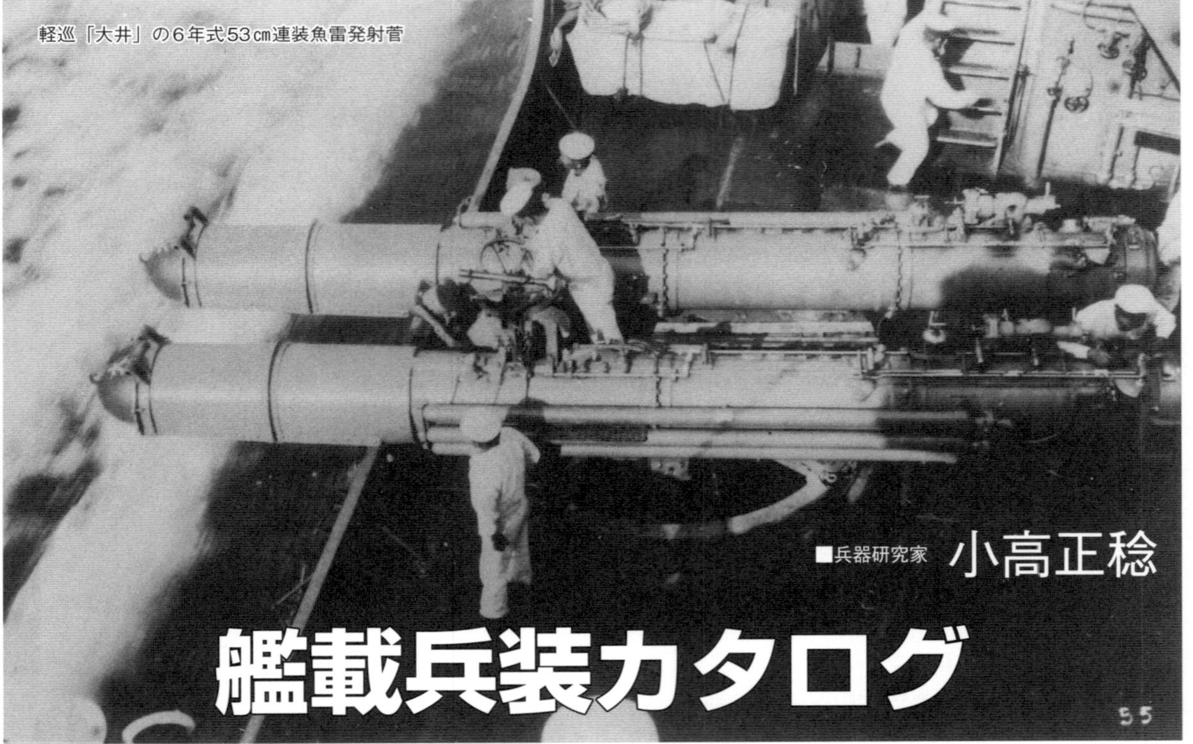

軽巡「大井」の6年式53㎝連装魚雷発射管

■兵器研究家 小高正稔

艦載兵装カタログ

軍艦とは、究極的には搭載兵器のプラットフォームである。船体と機関は砲や魚雷を必要な地点に運ぶためのものであり、装甲はプラットフォームとしての船体を被弾から護り、可能な限り長く戦闘力を発揮するための鎧である。

戦闘艦艇が成立するためには、刀であり弓であり槍である、艦載兵器の存在がなくてはならない。以下では、日本海軍艦艇の活躍を支えた代表的な艦載兵器を紹介しよう。

大口径砲

●毘式36㎝砲

日本海軍が最初に導入した45口径36㎝（正確には35.6㎝＝14インチ）砲である。英国ビッカース社による設計である。金剛型巡洋戦艦は当初の計画では50口径12インチ砲を搭載する計画であったが、12インチ砲の運用実績が芳しくなく、ビッカース側の提案を受けて急遽仕様を変更、この新型砲が採用され、「金剛」と「比叡」に搭載されている。「金剛」の場合、大改装後の最大仰角43度で最大射程は3万5450mとなっている。砲弾重量（九一式徹甲弾）は673.5kg、砲口初速は800m／秒であり、太平洋戦争時でも2万m前後の主砲戦距離で、戦艦をふくむほとんどの軍艦に対して有効打を与える可能性があり、12インチ砲からの変更は大成功であったというべきだろう。

●41年式36㎝砲

毘式36㎝砲を日本で改良した艦砲である国産化にともなって毘式の尾栓形式を若干変更している。

実質的には毘式36㎝砲と大きな変化はなく諸元も大差ない。金剛型の国内建造艦である「榛名」「霧島」のほか「扶桑」「山城」、続いて「伊勢」「日向」に搭載された。

●3年式40㎝砲

長門型に搭載された、いわゆる40㎝砲。設計、試作段階では正40㎝であったが、制式化された砲の実口径は16インチ＝約41㎝に変更された。

40㎝砲は3年式36㎝砲の影響下にあるとはいえ、日本海軍が独自に設計した最初の大口径砲である。本砲にはⅠ型とⅡ型があり、Ⅰ型は初速850m／秒の高初速砲であったが開発に失敗し、実際に長門型に搭載されたのは初速780m／秒と常識的な初速のⅡ型であった。

大改装後の長門型では最大仰角43度では射程3万8300mに達し、砲弾重量1024.2kgの九一式徹甲弾の威力も相まって、世界的に見て最有力な艦砲の一つであった。

●九四式40㎝砲（46㎝砲）

大和型戦艦の主砲に採用された最強の戦艦主砲。サイズを秘匿するために、正式名称は「九四式40㎝砲」と名付けられている。

開発時点では50口径と45口径の二つの設計が比較され50口径砲が有力視されたが、重量面での問題や遠距離砲戦での打撃力などに勝る45口径砲が最終的には採用された。なお18インチ砲そのものは、英国海軍が開発した18インチMk.1が存在するが、これは短砲身で命中精度も威力もわが46cm砲に大きく劣るものであった。

ちなみに大和型戦艦の46cm3連装砲塔の重量は、長門型の40cm砲連装砲塔の3倍近い3000トン弱に達し、秋月型駆逐艦の排水量とほぼ同等だった。大和型戦艦の巨躯は、この巨砲の射撃プラットフォームとしての安定性を確保するためのものでもあったと言ってよい。

ちなみに砲弾重量は約1500kg（九一式徹甲弾）であり、初速は780m／秒、仰角45度での射程は4万2000mに達し、主砲戦距離である20～30km付近で46cm砲弾に耐えることのできる防御力を持つ艦は、大和型以外に存在しなかったことが、この砲の絶対的な威力を物語っている。

●試製甲砲と試製乙砲

試製甲砲とは超大和型戦艦に予定された51cm砲の秘匿名称であり、試製乙砲とは超甲巡に予定された30cm砲の秘匿名称である。

設計、試作は試製甲砲の方が進捗しており、太平洋戦争開戦時には砲身の試作に取りかかっていた。開戦により超大和型戦艦建造の目途が立たなくなり開発は中断されたが、予定された砲弾重量は2057.4kgであり、実現していれば、一発の威力では文句なしに世界最強の艦砲となるはずであった。

試製乙砲は甲砲より開発は進捗しておらず、諸元等も不明点が多い幻の艦砲である。試算されたデータでは、3連装砲塔の重量は長門型砲塔と同等の1000トン近くに達するとされている。超甲巡が排水量3万トン前後の戦艦並の艦となったのは、この30cm3連装砲塔搭載も一因と思われる。

中口径砲

●3年式20cm砲

新造時の古鷹型、青葉型、妙高型巡洋艦のほか空母「赤城」「加賀」

戦艦「榛名」の41年式36cm砲

に搭載された20cm砲が本砲である。

この砲は正20cmであったが、後に米英海軍の8インチ＝20.3cm艦砲との威力差が問題視され高雄型以降の搭載砲は20.3cmの3年式2号20cm砲となっており、古鷹型、青葉型、妙高型の砲も正8インチの2号砲に拡大されているが、「赤城」「加賀」の搭載砲は製造済みの砲弾を無駄にしないため、正20cmのままで運用されている。

砲弾重量は100kg、初速は870m／秒であるが、本砲に対応した九一式徹甲弾は開発されておらず、当然のことながら搭載艦の揚弾機等も九一式徹甲弾に対応するような改良は行なわれていない。

●3年式2号20cm砲

高雄型以降は新造時から、それ以外の重巡は改装時に本砲を搭載した。口径が正8インチ＝20.3cmとなっており、それにともなって初速は835m／秒となったが砲弾重量は110kg（八八式）から125.85kg（九一式）に増加している。

●3年式15.5cm砲

新造時の最上型に採用された高性能6インチ＝15.5cm砲が本砲である。60口径の長砲身砲であり、初速920m／秒の高初速砲である。最上型に搭載された3連装砲塔では、当初計画では高角射撃用の揚弾筒を備え、対空射撃に使用することも計画されていた。また戦争末期には余剰となった砲身を利用して単装の高角砲架が製造され要地防空用の大口径高角砲として配置されている。

総合的な威力では重巡に搭載された20.3cm砲に劣るものの、本砲の評価は高く、最上型の改装で降ろされた砲塔は、改良の上で大和型戦艦の副砲や大淀型軽巡の主砲として使用され、実戦でも「大和」の副砲は対空射撃やサマール沖海戦における米駆逐艦撃沈に活躍している。

●四一式15cm砲

金剛型、扶桑型の副砲として搭載された砲が本砲である。毘式50口径15cm砲を国産化したものである。四一式15cm砲の性能は問題なかったが、砲弾重量が45kgを超え、欧米人より体格に劣る日本人砲員では戦闘時間が長引くと装填速度が落ちるなどの不利があるとされ、伊勢型以降では14cm砲に変更されている。

なお阿賀野型軽巡洋艦の主砲は本砲を新設計の連装砲架に収めたものであり、米6インチ砲巡洋艦への対抗のために採用されている。

●3年式14cm砲

毘式15cm砲および四一式15cm砲の砲弾重量が日本人には重すぎるという批判に対して開発された砲である。軽快艦艇への威力を大きく減少することなく、砲員の負担を少なくするために口径は14cmに縮小され、砲弾重量は38kg程度にまで軽

駆逐艦「潮」の3年式50口径12.7cm砲

量化される一方で、初速は15cm砲の800m／秒から850m／秒となり、威力を担保している。

本砲は伊勢型、長門型戦艦の副砲として搭載されたほか、空母「鳳翔」や天龍型、5500トン型軽巡洋艦、各種特務艦などに搭載され広く使用された。

小口径砲

●3年式12.7cm砲

特型駆逐艦の主砲に採用された砲であり、以降「島風」にいたるまで、秋月型を除く全ての大型駆逐艦駆逐艦の主砲に採用され、実質的に日本駆逐艦の標準火砲となった。また、㊄計画で建造が予定された大型潜水母艦の主砲にも本砲の搭載が予定されていた。

駆逐艦主砲として見た本砲は、50口径という比較的大きな口径長による910m／秒の高初速砲であり、4インチ＝10cm砲を搭載した米平甲板型駆逐艦はもとより、主砲を高角砲化した新世代の米駆逐艦と比べ水上砲戦における威力面では優っていた。

一方で本砲の対空射撃における発射速度は十分なものではなく、夕雲型駆逐艦では本砲を75度の高仰角可能な連装砲架（D型砲塔）に搭載し、揚薬速度を向上することで対空砲化することを試みているが、その成果は限定的なものに止まっている。

●3年式12cm砲

江風型から睦月型まで搭載された本砲は、四一式四吋七砲を原形としている。この四一式四吋七砲は英海軍のQF 4.7インチ砲MkIVの国産化であり、12cmは「四吋七」をメートル表記で丸めたものである。なお、鴻型水雷艇に搭載された11年式12cm砲は本砲を改良したものである。

性能的には3年式12.7cm砲に劣るものの、10cmクラスの砲を主砲とした各国の旧式駆逐艦に対してははるかに大威力でありながら45口径であることもあり砲身重量は3年式12.7cm砲より1トン以上軽いため、復原性改善工事の千鳥型水雷艇の主砲や掃海艇などの小艦艇多数に搭載され、日華事変の揚子江作戦では対地砲撃にも活躍した。

高角砲

●10年式12cm高角砲

3年式12cm砲を高角砲架に搭載した高角砲であり、連装型が「赤城」「加賀」に、単装型が高雄型までの重巡洋艦に搭載されている。平射砲の改造であったため、初速は825m／秒とまずまずであったが、発射速度は毎分11発程度とさほど高くはなく、高射装置との高度な連携ももたなかった。このため、新型の八九式12.7cm高角砲の出現後は随時換装されてゆき、太平洋戦争開戦時には旧式化しつつあった。

しかし、軽量で生産が容易な本砲は、太平洋戦争中に陸上基地の防空用に、さらに海防艦の主砲として2000門以上が量産されて、終戦時まで多数が運用されており、隠れた日本海軍の主力高角砲と言ってもよいだろう。

●八九式12.7cm高角砲

戦艦や空母、巡洋艦に広く搭載された日本海軍の代表的高角砲がこの八九式12.7cm高角砲である。本砲は、高射装置との連動が設計当初から盛り込まれており、装填段階で自動的に信管が切られるなど、高度な機構が組みこまれていたことは注目されるべきだろう。

本砲は連装型と単装型があったが、連装型も各種の形式があり、俯仰、旋回速度には形式によりかなり差があった。旋回俯仰速度を維持するためもあって口径長は40口径と比較的短く、初速も720m／秒である。発射速度は毎分14発とされるが、この発射速度は理想的な仰角でのものであり、仰角によっては発射速度が落ちることもあり、カタログ性能より多少割り引いた評価が必要かもしれない。

●九八式10cm高角砲

八九式にかわる新型高角砲として開発された本砲は、65口径の長砲身から「長10cm高角砲」とも通称される。出現が遅かったため、搭載艦は秋月型をのぞけば「大鳳」「大淀」といった戦争中期以降に竣工した少数の艦に限定されたが、実戦において南方進出直後に「秋月」がB-17を撃墜するなど、活躍を見せていることも事実である。

初速1000m／秒、毎分19発（秋月型では揚弾機の性能から毎分15発）の発射速度は確かに高性能ではあったが、一方で製造コストか高く砲身命数が短いという問題もあり、八九式を置き換えることができなかったのは残念な点である。

本砲をスケールダウンするかたち

で開発された60口径8cm高角砲もあり、阿賀野型軽巡洋艦に搭載されている。

機銃と噴進砲

●九三式13㎜機銃

九三式13㎜機銃は、ホチキス社の13㎜対空機銃の国産化版であり、当初は「保式13㎜機銃」と呼ばれていた。輸入された原形は連装であったが、日本海軍は後に4連装型も開発し、九六式13㎜4連装機銃として制式化している。

13㎜機銃は各種艦艇に対空機銃として広く搭載されたが、より威力の大きな25㎜の出現後も大和型戦艦に艦橋防御用として搭載されるなど、軽量であることや軽快な動作が買われ、小型軍艦などで最後まで使用され、25㎜機銃と共に太平洋戦争期の日本海軍を代表する機銃でありつづけた。

●九六式25㎜機銃

九三式同様、ガス圧式の動作機構をもつ対空機銃である。その祖型となった機銃、自動砲については意見が分かれるが、動作機構的にホチキス系機銃、自動火器を参考に13㎜機銃をスケールアップしたと思われる。

当初は連装型のみであったが、3連装型が次いで開発され、戦争中には単装銃架も開発され駆逐艦から戦艦、空母まであらゆる艦種に搭載された。なお4連装型も試作されているが、重量過多のために採用は見送られている。

九六式25㎜3連装機銃

25㎜機銃は主力対空機銃として、豊川海軍工廠などで大量生産がおこなわれたが、その一方で太平洋戦争中の日本海軍における評価は、射程が短く威力も十分でないため米軍機に命中しても確実に撃墜できるとはかぎらないとの批判もある。だが米軍側の記録では「日本陸海軍の保有する対空機銃の中でもっとも注意を要する」と一定の評価を与えている。

空母「赤城」の10年式12cm高角砲

戦時中の大量生産に成功したこと、搭載艦艇のニーズにあわせて様々なバリエーションが開発され、十分な供給がおこなわれたことと米軍の評価を考えれば、主力対空機銃としての25㎜機銃は、日本海軍にとってベストとは言わないまでもベター以上のものではあったろう。

●噴進砲

日本海軍はもともと、地上部隊用の対空焼散弾としてロサ砲を開発しており、これを円筒型のランチャーに搭載する多連装型も開発していた。

こうした研究を下敷きに、艦載対空ロケットとして開発されたものが噴進砲である。ロケット弾子は直径12.7cm、開発期間を短縮するために25㎜3連装機銃の銃架を流用しているため、初期型では俯仰機構がロケット弾架に食い込むかたちとなっており、28連装という変則的な装弾数となっていたが、後に改良され30連装になっている。

こうした開発経緯もあってマリアナ沖海戦後に開発が本格化したにもかかわらず、噴進砲はレイテ沖海戦に間に合い、「瑞鶴」を始めとする空母、「伊勢」「日向」に搭載され活躍した。

実戦における噴進砲は、装填に時間がかかることや、発射にともなう白煙が他の対空火器の射撃を妨げる点が問題視され、発射モードに半数ずつを発射するモードが追加されるなどの改良が実施された。

砲　弾

●九一式徹甲弾

戦艦と重巡洋艦主砲に用意された徹甲弾であり、水中弾道を重視した平頭弾という形状が常に注目を集める砲弾である。その開発経緯はワシントン条約で廃棄することとなった戦艦「土佐」を標的とした射撃実験において、目標の手前に着弾した砲弾が水中を直進して水線下に命中する事例が見られたことである。

この水中弾道を安定的に発生させ、目標への命中界を増大させることを意図して開発されたものが九一式の前身である八八式徹甲弾である。そしてこの八八式を改良し、弾長をのばし、重量増と射程延長を実現したものが九一式徹甲弾である。

九一式徹甲弾は戦艦用と巡洋艦用に用意されたが、巡洋艦用の九一式徹甲弾が平頭被帽をもつ、単純に水

戦艦「武蔵」の九一式46cm徹甲弾

中弾道の安定に特化したものであったのに対して、戦艦用の九一式徹甲弾は平頭被帽の上に硬質の被帽頭をもつ二重被帽構造となっていた。

この被帽頭は、砲弾が甲鈑に浅い角度で弾着した場合に、装甲表面に砲弾が食い込めず跳飛することを防ぐものである。硬質の被帽頭は甲鈑表面に命中すると自らも砕けながら甲鈑装甲表面を破砕し、その破砕部に平頭被帽のエッジが食いつき徹甲弾の侵徹を助けるのである。

傾斜装甲への食い付きを期待した平頭弾の採用は、第二次大戦期のソ連戦車などにも見られるが理屈は同一である。戦艦用の九一式徹甲弾は、水中弾効果の発揮とともに甲鈑装甲への貫通力強化を突き詰めた構造だったのである。

●三式弾

対空射撃用砲弾として知られる三式弾は、正式には「三式通常弾」とよばれる。その構造は、焼夷剤が充填された小さな弾子を時限信管により炸裂させるものである。

もっとも三式弾の弾子は燃焼時間が短く、防弾化された航空機の燃料タンクへの着火は困難であるという認識は運用当初からあり、弾子に充填する着火剤については相模海軍工廠において終戦まで改良が続けられていた。

三式弾は主砲火力を限定的ながら対空戦闘に投入できるため、各種サイズの砲弾で試作されたが、有効な火網を形成するためには一定程度の弾子を収容できる大きさが必要であり、駆逐艦用の三式弾などは試作に終わり、実際に採用され生産されたのは20cm砲以上のものだけであった。

実戦における三式弾の戦果は判然としないが、米軍のレポートには三式弾について言及しているものが多く見られ、米パイロットにとって脅威を感じさせるものではあったと思われる。

魚雷発射管

太平洋戦争時、第一線で運用された日本海軍艦艇で使用された魚雷発射管は、睦月型と特型で使用された一二式3連装発射管、初春型と最上型などで使用された九〇式3連装発射管、それ以降の駆逐艦や巡洋艦で使用された九二式4連装発射管、島風が採用した零式5連装発射管があげられるが、技術的にはいずれも大きな差はなく、根本的には大型にともなう旋回盤の大型化が機械加工の難易度を上げていった点が大きな違いといえるだろう。

なお、当時の日本に魚雷発射管用の大きな旋回盤を加工できる民間メーカーは九州兵器と愛知時計電機の2社しかなく、年間製造数は上限70基前後であったという。戦時の艦艇量産の隘路は様々なところに存在していたのである。

魚　雷

●九〇式魚雷

九〇式魚雷は8年式魚雷の後継として採用された61cm魚雷である。この当時の諸外国の魚雷と同様、空気魚雷であるが他国が53cm級の魚雷を使用したのに対して、大型化と高出力化によって威力と射程延長を実現している、炸薬量は400kg、雷速46ノットで7000mの射程を実現している世界的に見ても優秀な魚雷である。

特に実質的な速度性能は後の九三式酸素魚雷と大差なく、近距離雷撃を本分とする駆逐艦用魚雷としては優れたものであり、太平洋戦争でも、それなりの数の駆逐艦は九〇式魚雷を運用して戦果をあげており、知名度以上に活躍した兵器である。

●九三式酸素魚雷

「ロングランス」などの通称で米海軍から恐れられた長射程魚雷が九三式酸素魚雷である。燃料に純酸素を使用することで、炸薬量490kg（1型)、速力36ノットの場合、戦艦主砲の最大射程に匹敵する4万mもの射程を実現し、副次的に航跡が目視できないという利点ももつ九三式酸素魚雷は、日本海軍の秘密兵器として名高いものがある。

遠距離雷撃における重巡部隊の雷撃能力不足を補填するために改造された重雷装艦「大井」「北上」など、酸素魚雷の存在なくては誕生しなかった艦さえあることは、この高性能魚雷が日本海軍の軽快艦艇部隊に与えた衝撃と期待を物語っている。

もっとも九三式酸素魚雷は駆逐艦用の最大速度60ノット超の短射程高速型の開発に事実上失敗し、必ずしも水雷戦隊のドクトリンに合致したものを供給できなかった恨みはある。しかし、日本海軍がこの魚雷を頼みに太平洋戦争を戦ったことも事実であり、その技術的な独創と実戦における活躍は高く評価されるべきだろう。

●九五式魚雷

九三式酸素魚雷の成功によって開発された潜水艦用酸素魚雷であり、潜水艦の発射管にあわせて直径を53cmに小型化している。

九五式酸素魚雷は、九三式同様に長大な射程を誇り、雷速45ノットで1万2000mの性能をもっていた。このため「伊19」が空母「ワスプ」を撃沈したさいに外れた魚雷が、戦艦「ノースカロライナ」と駆逐艦「オブライエン」に命中する椿事を生じている。

しかし、九五式酸素魚雷は取扱いが複雑なこともあり、旧式の八九式を完全に置き換えることはできず、戦争を通じて八九式魚雷と併用されている。また太平洋戦争中に純酸素使用に見切りをつけたⅡ型が登場していることからもわかるように、潜水艦部隊における酸素魚雷の評価は絶賛ばかりではなかったことも記憶しておきたい。

電探

●21号電探

メートル波を利用した対空見張り電探である21号電探は、実用化が早く、主に空母や戦艦、巡洋艦に搭載され戦争中期に実績をあげた電探である。21号電探の原形はミッドウェー海戦以前に戦艦「伊勢」に搭載されて試験をうけ一定の成績をあげ採用が決定されていた。実用型は編隊で100㎞、単機で70㎞前後での探知が可能であり、ミッドウェー海戦直後から急速に整備が進み、南太平洋海戦では「翔鶴」が電探により敵編隊の接近を発見するなど、実戦において有効に活用されている。

昭和19年後半に、軽量小型で性能の安定した13号電探が登場すると21号電探の需要は低下し、新規の製造は停止されたが、現存写真から「信濃」や雲龍型など最末期に建造された大型軍艦にも21号電探が搭載されていることが確認でき、資材の用意された分の製造は終戦間際

空母「隼鷹」の21号電探

22号電探アンテナ（送信用）
22号電探アンテナ（受信用）
駆逐艦「雪風」のマストに装備された22号電探

まで継続されたものと推測される。

21号電探は飛び抜けて高性能なものではなかったが、比較的早期に実用化され、実戦で活躍を示したという点では十分に評価できるものであった。

●22号電探

21号電探と同時に開発の始まった水上見張電探である22号電探は、当初性能が安定せず不採用となったものの試作電探を搭載したままミッドウェー海戦に出撃した戦艦「日向」が霧中航行で活用、効果を発揮したため開発が継続された。

22号の実用化は21号よりかなり遅れて昭和18年半ばとなったが、当初から波長10㎝のマイクロ波電探として開発されていたこともあり、性能的には終戦時まで陳腐化することなく活用可能であった。これは開発当初に掲げて目標設定が適切であったと見ることもできるだろう。

なお22号電探の探知能力は、戦艦など大型艦で35㎞、小型艦で17㎞であったが、実用化後も、出力の強化、回路構成の変更など随時改修が実施され、昭和19年10月にレイテ沖海戦前には、ある程度の水上射撃能力を持つにいたっており、「大和」「金剛」のサマール沖海戦の戦闘詳報では、電探による測距を有効と評価しており、その活用に自信を見せている。

こうした評価が例外でないことは、戦後、復員輸送に使用された各種艦艇が22号電探を夜間あるいは悪天候時の見張り用機材として残していること等からもうかがえる。初期の不調ばかりが強調される22号電探だが、最終的には将兵の信頼を得て、なくてはならない機材と認識されたのである。

●13号電探

陸上設置用として開発された13号電探は、メートル波使用の対空見張り電探であり、昭和19年半ば頃という登場時期を考えれば、日本軍の基準で見ても決して高性能な電探ではない。しかし、分解すれば人力で運搬可能という小型軽量な特長は、艦載電探として使用した場合、設置する場所をえらばず、小型艦艇にも搭載が容易であったため戦艦から駆逐艦、果ては哨戒特務艇のような小艇にまで搭載され、有効に活用された。

探知距離はカタログ上では単機50㎞、編隊100㎞と、21号電探と比べても優るものではなかったが、実際には編隊で150㎞程度の探知距離を持つ上に信頼性が高く、戦争末期の日本海軍の主力対空電探として活躍した。

究極の戦艦「超大和」型考察

●架空戦記やゲームなどに登場するスーパーヒーロー兵器の代表格である「超大和」型戦艦――51センチ砲を搭載する日本海軍最後の戦艦計画の実像にせまる

■兵器研究家
小高正稔

イラスト●
湧井和隆

クレーンで吊り下げられた「大和」の主砲塔旋回盤

いくつもの「超大和」型戦艦像

㊄計画として知られる第五次海軍軍備充実計画において建造が予定された51センチ砲戦艦は、「超大和」型戦艦として比較的よく知られた存在である。だが知名度の割に、「超大和」型戦艦＝「七九八号艦」型戦艦の実態は不明点が多く、全長や全幅、排水量、機関出力などの基本的な諸元さえ、明らかではない。明らかなことはただ一つ、51センチ砲の搭載が計画されたという一点のみ、と言っても過言ではないのだ。

そのため戦後になって書籍等に発表された想像図も、イラストレーターや作図者によって様々である。また「超大和」型は、仮想戦記などの小説でもメジャーな存在であるが、やはり、その姿や評価は様々である。

本稿では、様々なイメージで語られる日本海軍最後の戦艦の実態を、残された史料をもとに検討してゆきたい。

建艦競争敗北への回答

「超大和」型戦艦の整備をふくむ㊄計画が立案されたのは、昭和16年のことである。昭和12年に着手された第三次艦艇補充計画（㊂計画）さえ完了しておらず、次期計画である第四次海軍軍備充実計画（㊃計画）が、ようやく着手されようかという状況で、日本海軍が51センチ砲戦艦の建造を企図したのは、有り体にいって米海軍との建艦競争における敗北が原因だった。

ワシントン条約の期限切れで自主軍備に移行した日本海軍は、当初、対米8割程度の海軍力を保持できると考えていた。この海軍力を背景とした抑止力こそが、日本海軍が無条約状態にあたって「自主軍備」は「経済軍備」であると主張した理由だが、その判断は、米議会が軍事費の増大を許さず、日米の海軍戦力は条約時代より日本に有利な状況で均衡するであろうという、一方的な期待によっていた。

だが満州事変以降の日本の膨張主義的行動に対する警戒と、ヨーロッパ情勢の緊迫化のもとで、米海軍は日本海軍の予想をこえた艦隊増強を計画する。1934年以降、米海軍はカール・ヴィンソン下院議員らに主導された一連の「ヴィンソン案」により空母5隻、戦艦5隻をふくむ艦隊増強を予算化し、さらに第二次大戦勃発後の1940年には太平洋、大西洋の両洋に十分な規模の艦隊を整備する「スターク案（両洋艦隊案）」を成立させていた。

米海軍が両洋艦隊案で予定した新造艦艇は、連合艦隊所属艦艇に匹敵する135万トンにおよび、先のヴィンソン案とあわせて日本海軍の建艦計画を圧倒した。この結果、昭和20年頃には日本海軍の対米戦力比は、当初のもくろみとは裏腹に大きく落ち込むことが予想されることになった。

こうした米海軍の大拡張に対して日本海軍にできたのは、量的均衡を諦め質的優位を目指すことだけだった。日本海軍は「大和」型において46センチ砲の搭載を実現したことで、戦艦に関しては当面、質的な優位を確保していた。パナマ運河によって船幅が制約される米戦艦は、18インチ砲の搭載と現実的な性能を両立できないからだ。

しかし、両洋艦隊案の実現によって米海軍がパナマ運河による制約から解放された以上、「大和」型の優位性は失われる。それゆえに日本海軍が建造する新型戦艦は、少なくとも20インチ（約51センチ）砲の搭載が必要だった。昭和15年10月頃に軍令部第三課課長柳本柳作大佐が艦政本部第一部設計主任清水文雄造兵少将に面談し、「大和」型の主砲口径が米海軍に察知された可能性をつたえ、次期戦艦の主砲として20インチ砲の研究を依頼しているのは、このためである。米海軍が「大和」型の主砲口径を察知した事実はなかったが、漏れ伝わってくる「モンタナ」級戦艦の性能は、こうした恐れをいだかせるものであったのだろう。

かくして㊄計画における戦艦建造には51センチ砲戦艦の建造が盛り込まれることになる。「超大和」型戦艦の誕生である。

初期構想の変遷

こうして始まった51センチ砲戦艦の計画だが、それが具体的な設計としてまとまるまでには紆余曲折があった。この経緯を説明する史料は少ないが、玉井廉人技術中佐（最終）による回想『海軍砲熕兵器回想』や、旧海軍造船官によって編纂された『海軍造船技術概要』から、その設計の変遷の大枠を理解することができる。

昭和15年秋の時点で軍令部が期待した51センチ砲戦艦は、「大和」型のシルエットをそのまま拡大したような、45口径51センチ3連装砲塔3基搭載の9門艦であったようだ。速力は30ノットが要求されたという。

確かに3連装砲塔3基に9門の砲を収める設計は、被弾によって砲塔1基が破壊された場合の戦闘力低下の度合いと砲の集約による重量面での有利をバランスするものであり、艦前部に砲塔2基、後部に1基のレイアウトは重量配分からも都合がよかった。

しかし、理想を追求したともいえるこの3連装砲塔搭載案にも問題があった。

51センチ3連装砲塔の旋回部重量が過大となり、加えてバーベット直径や弾火薬庫容積の増大によって船体幅も大きくなることで、船体規模が肥大化するのである。

前者の問題は、「大和」型戦艦の主砲である九四式40センチ（45口径46センチ砲）の砲身重量が、約167トンであったの対して、試製甲砲として知られる試作51センチ砲の砲身重量が227トンに達することからも、口径の拡大にともなう各部重量の増大が想像できるだろう。「大和」型の砲塔でさえ、旋回機構やブレーキ等の設計には困難があったことを考えれば、51センチ3連装砲塔の設計、製造がきわめて困難なものとなったことは疑う余地がない。

同時に幅の増した船体で30ノットを発揮するには、機関の強化や船型改善のために船体長を増す必要を

●甲砲（51センチ砲）砲塔外形略図

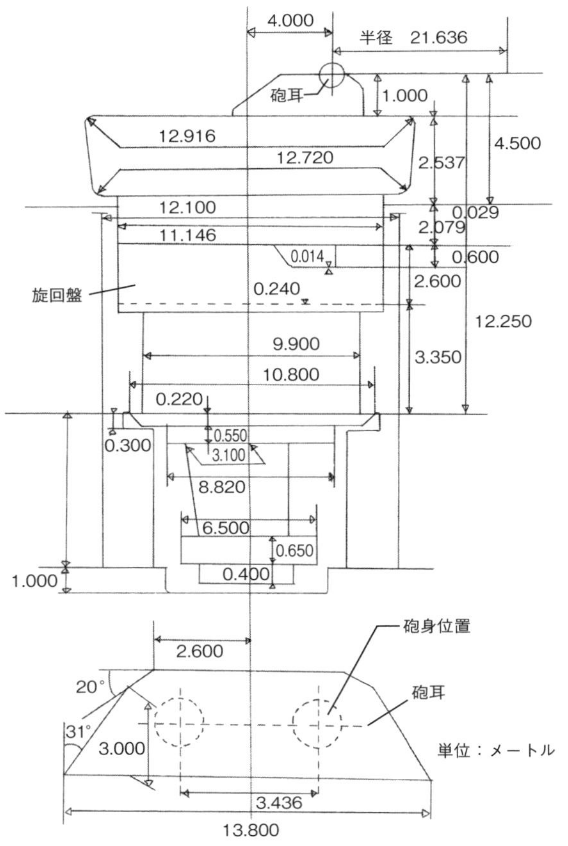

『艦本一部所掌兵器の記録』よりトレース

●試製甲砲（51センチ砲）諸元

名称	試製甲砲	九四式四〇糎砲
実口径	51センチ	46センチ
口径	45	45
砲全長	23.56メートル	21.30メートル
砲身重量	227トン	165トン
砲身構造	鋼線式５層	鋼線式５層
砲弾重量	1950キロ	1500キロ
装薬量	480キロ	360キロ

『日本帝国全艦船　1868～1945 第１巻　戦艦・巡洋戦艦』より作成

生じ、この結果、51センチ砲9門搭載の新型戦艦の排水量は、艦政本部の試算において基準9万トン、満載10万トン以上と試算された。だが、基準6万4000トン、満載7万2000トンの「大和」型でさえ建造、修理が可能な施設が制限される日本において、このような大型戦艦

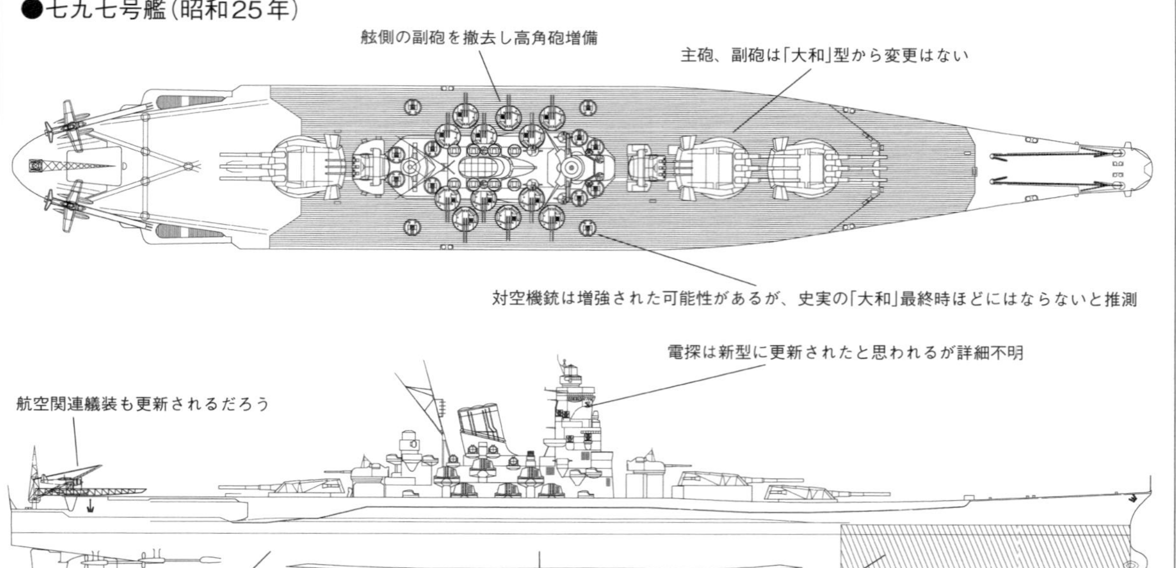

●七九七号艦(昭和25年)

の建造は不可能であった。

結局、51センチ9門案は実現不可能なことが軍令部にも理解され、このプランは早い段階で改められた。この結果、昭和16年はじめの高等技術会議で検討された51センチ砲戦艦は、51センチ連装砲塔4基8門を搭載するものとされた。

連装砲塔4基は防御計画上バイタルパート長が長くなり不利ではあるが、砲塔重量とサイズが46センチ3連装砲塔なみにできることから採用されたのであろう。

こうした流れ受けて、艦政本部は昭和16年6月に呉海軍工廠に51センチ砲砲身2門、砲架、砲鞍など1基の試作命令を発している。試製甲砲として知られる51センチ砲がこれであり、以降の51センチ砲戦艦案の設計は、知られる限り連装砲塔搭載を前提に検討されている。

この状態での51センチ砲戦艦の姿を想像したものが図の8門艦である。4砲塔化にともない砲塔レイアウトは前後に2基ずつを配置するものとなり、全体のシルエットは「大和」型とは異なるものとなった。副砲、高角砲の配置についての資料はないが、主砲塔が4基となりバイタルパート長が延長されたことを考えると、首尾線上の副砲配置は諦められた可能性もある。その場合、副砲が維持されるなら、舷側に2ないし3基が配置され片舷6から9門の15.5センチないし20センチの副砲火力をもつことになっただろう。全廃された場合は、図のように高角砲6基から8基程度の火力を片舷に指向できるように配置されたと考えられる。

この設計案がどの程度まで詰められたかは不明だが、基本計画番号があたえられる段階までは進まなかったようだ。理由はやはり艦型過大である。主砲塔を連装とした8門艦の場合でも、排水量は8万5000トンに達すると試算されていたからだ。

じつのところ、「大和」型の建造に先立つ調査と試算では、呉、横須賀両工廠の船渠を利用した場合の建造可能な最大規模の軍艦は8万5000トンとされていた。したがって、51センチ砲8門艦案は日本の建艦インフラで建造可能な最大規模の戦艦となる。

だがこれは理論上の限界であり、実際には喫水などから運用面での問題がでることが予想されていた。前述の研究でも、8万5000トン規模の軍艦の運用にさいしては港内浚渫の必要性等が指摘されている。現実的な運用のためには、なお船体規模の縮小が必要だったのだ。

「超大和」型の誕生と建造計画

こうした制約のもとに、艦政本部側が実現可能案として提案したものが51センチ連装砲塔3基を「大和」型戦艦に近い規模の船体に搭載し、速力もまた「大和」型と同じ27ノットとする案である。排水量等についての詳細は伝わっていないが、「大和」型と同程度の船体規模、速力であったとすれば基準排水量は7万トン以下に収まり、建艦施設や運用面でも課題もクリアできたであろう。

外観的には主砲塔数、レイアウトが同じなだけに、全体に「大和」型(実際には㊄計画で計画された、「改一一〇号艦＝七九七号艦」型となるだろうが）の主砲を51センチ砲に拡大したことと、それにともなって首尾線上の副砲が廃止されたこと以外はよく似たものとなった。「超大和」型戦艦とも呼ばれる所以である。

連装砲塔のまま主砲を3基としたために主砲門数は6門となったが、これは主砲を半数ずつ射撃する交互射撃を実施することができる最低限の門数にすぎない。

戦艦同士の撃ち合いのような遠距離射撃では弾道が弓なりとなるために、戦車戦等とは異なり砲の散布界（砲弾が落着する一定の範囲、風や初速のばらつき、機械的なブレなど様々な要因によって生じる）に目標を捉えることで確率論的に命中弾を得ることになる。だが散布界は遠近、左右の要素からなるために、最低限、同時に3発の弾着を観測する必要があった。

その意味では主砲門数6門は、理論上は交互射撃可能な要件を満たしている。しかし、実際には様々な理由から、砲の出弾率（方位盤射手が引き金を引いたときに、砲弾が発射される確率）は常に100％とはならず、門数的なマージンが必要であった。

やや古い記録だが、昭和初期の「扶桑」型戦艦（連装6基12門）の交互射撃では6門すべてで出弾されることは希で、4ないし5発の発砲が多く、最低では2発しか発砲しないこともあったと『射法上より見たる砲装に就いて』というレポートは記述している。

「超大和」型戦艦が構想された当時、日本海軍における大口径砲の射法は、主砲全門による射撃＝斉発を基本とするものとなっていたから、相対的に交互射撃の機会は少なくなっていた。

だが、主砲8門の巡洋艦「利根」における艦長用資料『各種戦期に於ける「利根」型巡洋艦主砲の全能発揮法』では、被弾による射撃門数の減少などに際しては交互射撃が推奨されていた例などからも明らかなように、単位時間あたりの投射弾量を重視して交互射撃を実施する状況は十分に考えられた。

こうしたことを考えれば、「超大和」型戦艦の仕様は、海軍にとって不満が残るものであったと思われる。だが、早期の51センチ砲戦艦の実現には他に方法がないことも事実であった。

同じ㊄計画で予定され砲の設計、試作が進んでいながら、超甲巡などと比べ「超大和」型の詳細設計が遅れた理由は、艦政本部と軍令部間での51センチ砲戦艦像の乖離、いうならば理想と現実のギャップに起因するのかもしれない。もっとも軍令部の「超大和」型への評価等を記録した史資料は見いだせず、これは推測の域を出るものではない。

ともあれ、この設計案は基本計画番号A−150を与えられ、㊄計画における51センチ砲戦艦として、正式に設計が進められることになる。

しかし、「超大和」型については、なお不明点が多い。『海軍造船技術概要』では、「超大和」型の建造を㊄計画戦艦として2隻目の「七九八号艦」以降とし、「七九八号艦」と「七九九号艦」の2隻が51センチ砲戦艦として計画されたとしている。

そして、設計の進捗度合いによっては、「七九八号艦」は「七九七号艦」と同型の46センチ砲戦艦として建造される可能性もあったとす

二代目より長く生きた初代「大和」

日本人なら名前くらいは知っている戦艦「大和」だが、「大和」には先代があった。写真の艦がそれで、明治20年竣工の鉄骨木皮スループである。同型艦の「葛城」「武蔵」とともに日清、日露戦争に参加した歴戦の軍艦である。

大正後期には海防艦から特務艦に移されたが、測量艦として海図作成などに従事しており、大正13年に発見された日本海中央の浅部を昭和元年の精密測量によって海嶺と確定するなど多くの業績を残した。なおこの海嶺は「大和堆」と命名され、現在の海図にもその名を留めている。

「大和」は老朽化もあって昭和10年に除籍されたが、条約明けに建造される新型戦艦がその名を継ぐことはほぼ確実と思われており、呉海軍工廠造船部長の庭田尚三は新戦艦の艦名通達以前に進水式参加者への引き出物に大和＝奈良県三輪山をモチーフにしたデザインを用意したと回想している。

軍艦籍から除かれた「大和」は司法省に移され、少年刑務所の宿泊艦として使用されていたが、終戦後の昭和20年９月18日、解体のために回航された横浜で台風により沈没し、昭和25年に解体された。初代「大和」は日本海軍の栄光と最後を見届けて解体されたのだ。（小高）

測量艦として長い間活躍した初代「大和」（1480トン）

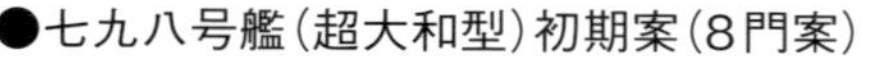
●七九八号艦(超大和型)初期案(8門案)

る。つまり㊄計画における51センチ砲戦艦は1隻のみとなる可能性もあったというのである。

一方で『戦史叢書　海軍軍戦備2』に紹介された菱川万太郎造船中将の証言では「大和型戦艦5番艦以降」が51センチ砲戦艦として建造される構想であったとしている。「大和」型戦艦の5番艦とは、「大和」「武蔵」「信濃（一一〇号艦）」「一一一号艦」に続く、「七九七号艦」であり、先の『造船技術概要』の説明とは食い違いが生じる。また㊄計画関係史料にも、㊄計画戦艦を同型3隻とするものが見られ、当初計画では菱川の証言のとおり、3隻ともに51センチ砲戦艦として計画された可能性が高いように思われる。

これが実現しなかったのは、「信濃」進水後の昭和19年後半に横須賀海軍工廠で起工される予定の「七九七号艦」に対して、51センチ砲塔の開発が間に合わない等の何らかの理由があったからだろう。『海軍造船技術概要』が51センチ砲戦艦1番艦とする「七九八号艦」は「七九七号艦」より、約半年遅れて呉海軍工廠で起工される予定である。このタイムラグが、2隻の仕様を分けたように思われる。

なお「七九九号艦」は新設の大神海軍工廠で起工されることが予定されていたという。新造施設だけに設備規模の制約は少なかったと思われるが、果たして昭和20年前後に新工廠が稼働できたのかどうかは不安なしとしない。

大神の稼働が遅れ、呉ないしは横須賀での建造となった場合「七九九号艦」の起工は昭和24年頃となり、竣工は昭和28ないしは29年にずれ込むことになっただろうが、ここまで建造が遅れると次期計画である㊅計画とも関連し様々な見直しが生じただろう。㊅計画では戦艦4隻の建造が予定されていたから、建造の遅れた「七九九号艦」は当初設計のままで完成したかどうかすら怪しくなるが、そこまで踏み込むことは小説の域に入ってしまう。

なお小説などではさまざまに命名されている「超大和」型戦艦の艦名については、全く不明である。日本海軍は、鹵獲艦などは例外として、戦艦艦名に旧国名、それも延喜式で上国とされた国名をあてる傾向があった。

フィクションなどでよく見かける「紀伊」「尾張」などは、その条件を満たしているが、「紀伊」は「信濃」に続く「一一一号艦」に予定されていたという説もあり、「超大

そのメカニズムの詳細は不明だが、艦政本部一部関係者の回想に、昭和17年4月頃に模型による動作検証が実施されたことが記述されており、ある程度までは実用化の見通しがたっていたようだ。

なお砲塔自体の寸法は、図に示すようにローラーパス直径12.1メートルと「大和」型の12.274メートルよりむしろ小さく、バーベット直径も15.040メートルと14.74メートルから若干の増加に止まっている。

また砲塔旋回部重量も「大和」型の2510トンに対して2780トンと270トン程度の増加であった。もっとも装甲強化によって、砲塔装甲部の重量は「大和」型の790トンからかなり増加したはずで、砲塔3基で1000トン以上の重量増加はあったろう。

主砲とともに「七九八号艦」型の外見的印象を「大和」型と大きくかえているのが、副砲の廃止である。「大和」型の副砲については、早い段階から対空火力向上のために、これを廃し高角砲を増備すべきだとの意見が砲術学校内などから出ていたが、補助艦艇戦力で劣勢な日本海軍としては、敵水雷戦隊への自衛のため、副砲廃止に踏み切れなかったという理由がある。

こうした事情は「七九八号艦」型でも同じであったが、主砲口径の増大にともなって主砲弾火薬庫のスペースが増大した結果、副砲弾火薬庫のスペースが圧迫され廃止されたという。副砲のあった場所に高角砲を追加した想像図も見られるが、これを裏付ける一次資料を筆者は浅学にして知らない。しかし、日本海軍は首尾線方向に指向可能な副砲、高角砲火力を重視する傾向があり、対空防御上からもこの位置に高角砲や機銃を増備されることも否定できない。図では機銃が増備されたものと

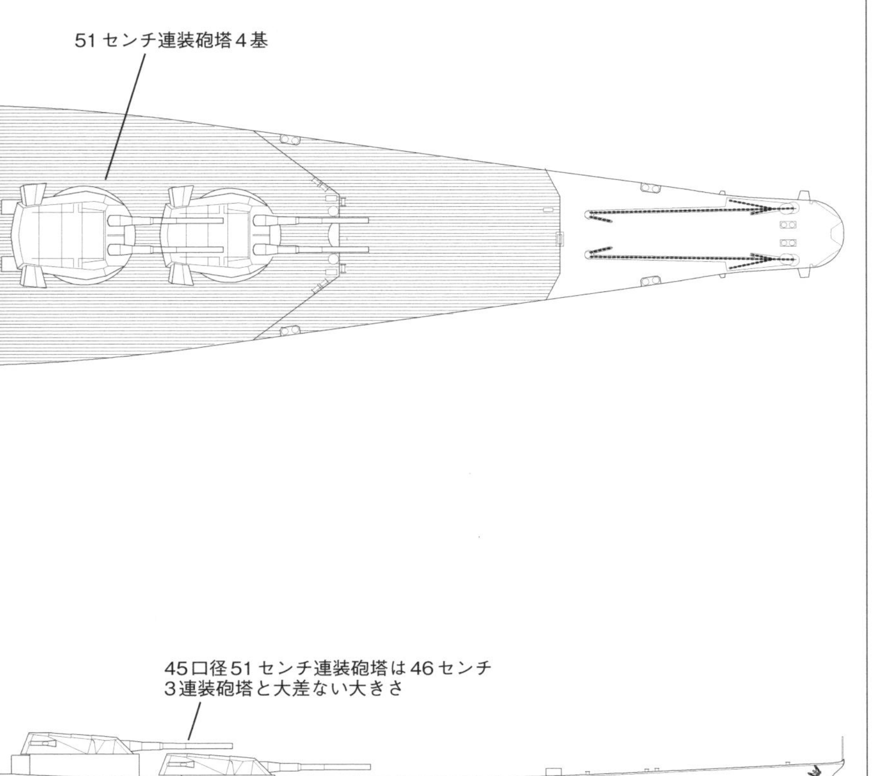

和」型には、八八艦隊未成艦に予定されていたと福田啓二造船中将が戦後に証言している「駿河」あたりが候補となったかもしれない。

「超大和」型戦艦の実像

それでは「超大和」型戦艦＝A-150の実態とはどのようなものであったのだろう。「七九八号艦」型の外見的な特徴は、言うまでもなく51センチ砲の採用である。

試製甲砲として知られるこの51センチ砲は、46センチ砲の開発完了後、昭和15年秋には本格的に設計、試作が開始され、翌年には設計を完了していた。前述のように16年6月の試作命令によって連装砲塔1基分の製造命令が発せられ、ミッドウェー海戦の時点で、砲身2門をふくむ主要部分は完成あるいは組立直前の状況にあったという。だが戦艦建造の中止と戦局の悪化によって試作砲製作は中断して、未成に終わっている。

このように試製甲砲は完成しておらず、試射もおこなわれていない。今日伝わっている試製甲砲の諸元は計画値であるが、口径の拡大により砲弾重量は「長門」型主砲弾の倍、「大和」型の3割増しの約2トンに達し、「モンタナ」級をふくむあらゆる米戦艦の装甲を2万メートルから3万メートルの主砲戦距離で貫通可能な威力をもっていた。

もっとも大重量化した砲弾のために、装薬量も増大し480キロに達し、薬嚢の数も46センチ砲の6個から8個に増えていた。このため人力での薬嚢搬送では発射速度の維持は難しくなり、機力による運搬、揚薬に変更されることが検討されていた。

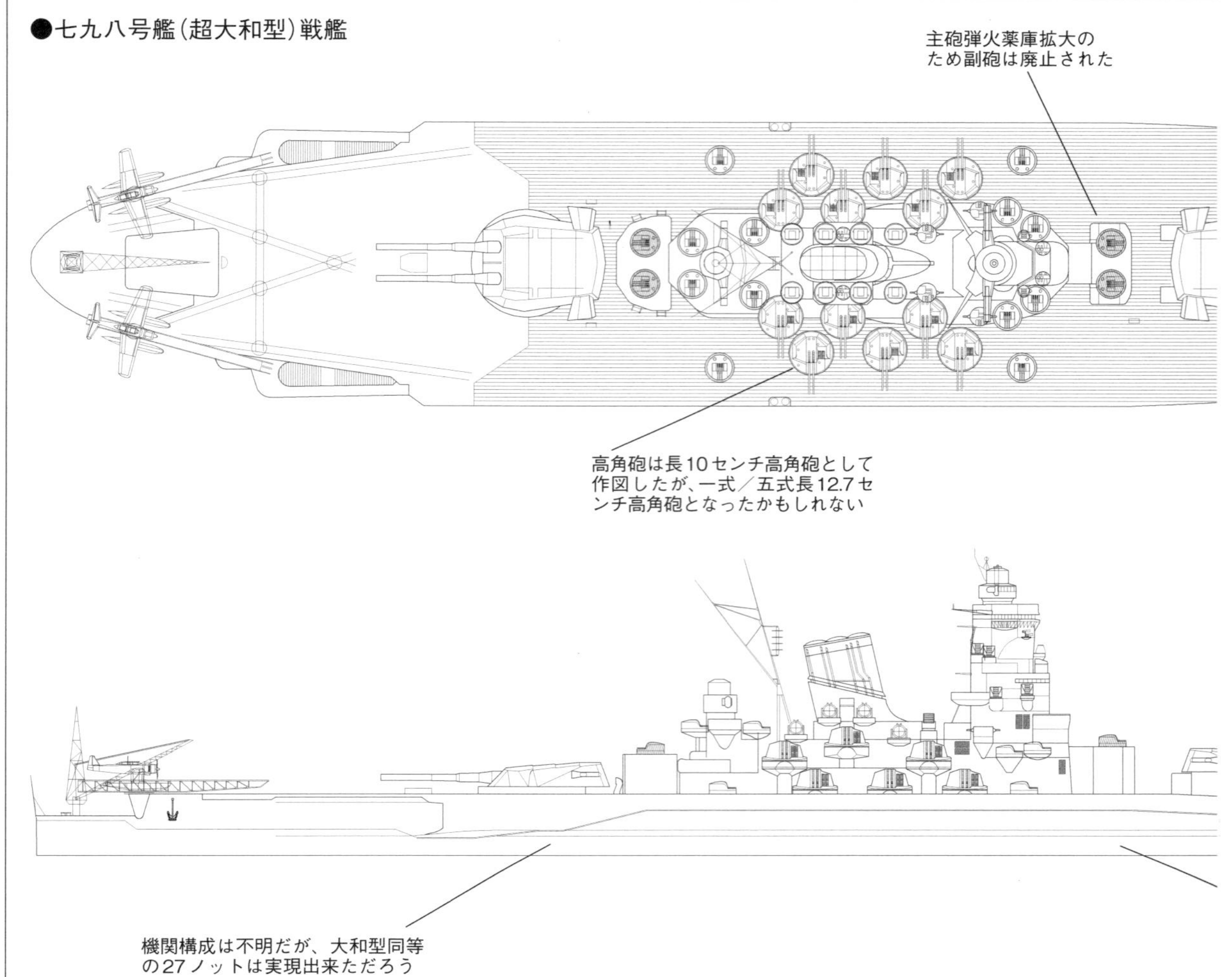

しているが、前述の理由から高角砲1基ないし2基がおかれた可能性もある。

高角砲は「七九七号艦」型と同様に長10センチ高角砲が予定され、舷側に片舷5ないし6基が装備される予定だったという。だが、魚雷の高性能化や日米の艦隊型駆逐艦が排水量2000トン以上になりつつある時期に、長10センチ高角砲の対艦攻撃力で満足されたかどうかはわからない。場合によっては、要地防空用に開発中であった長砲身12.7センチ高角砲である一式／五式12.7センチ高角砲の搭載もあり得たかもしれない。

機銃もまた、航空機の大型化、高速化に対応してより威力の大きな37ミリから40ミリ級の大口径機銃が追加された可能性が高い。史実の日本海軍は、南方で鹵獲したボフォース40ミリ機銃をコピーして五式40ミリ機銃を開発しており、陸軍ではラインメタル系の37ミリ対空機銃の開発を進めていた。51センチ砲戦艦に25ミリ機銃と37〜40ミリ級の大口径機銃が混載されることを想像するのは、むしろ自然だろう。

防御については不明確な点が多く、主要部の装甲厚などは不明である。主砲前盾は自艦の主砲弾に対応するため800ミリを超える厚さが求められたが、この厚さの甲鈑を一枚板で製造することはできず、効率の悪さをしのんで重ね張りによって必要な防御力をねらったという。

舷側装甲と甲板装甲についても主砲前盾同様に対51センチ防御で設計された場合は、相応の設計変更が必用となっただろう。また舷側、甲板装甲が対51センチ砲防御となった場合、装甲重量が大幅に増加したはずで、排水量の増加は避けられなかったはずである。

船体規模を「大和」型と同程度に抑制することが「超大和」型の設計意図ではあったが、必要な防御力を実現した場合、排水量は「大和」型の満載7万2000トンからかなり増加し、喫水も深くなっただろう。当然、水線下形状にも変化があったはずだが、これらの点について言及した資料は知られていない。なお、非装甲部分の防御要領は、おおむね「七九七号艦」と同様と思われ、水雷防御縦壁の追加によって良好な対水雷防御を有したはずである。

機関、軸系、舵などに関してもほとんど情報はない。「大和」型戦艦で不採用となった船用ディーゼル機

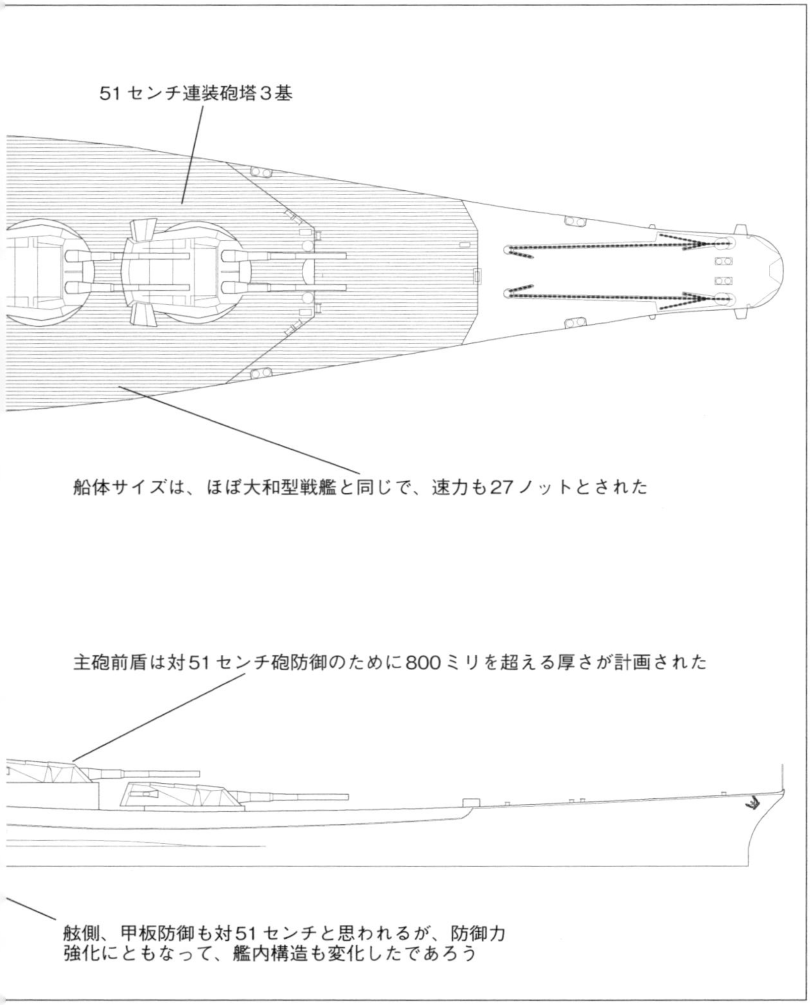

51センチ連装砲塔3基

船体サイズは、ほぼ大和型戦艦と同じで、速力も27ノットとされた

主砲前盾は対51センチ砲防御のために800ミリを超える厚さが計画された

舷側、甲板防御も対51センチと思われるが、防御力強化にともなって、艦内構造も変化したであろう

関、一三号内火機械は水上機母艦「日進」に搭載されたが、これには運用実績を見て新型戦艦用への採用を期す意図もあったともいうから、「超大和」型戦艦ではディーゼル・タービン併用案が復活する可能性もあったかもしれない。

また艦政本部五部では、太平洋戦争開戦時の時点で1軸6万馬力に対応する新型タービンの設計をおこなっていたという回想があり、これも次期主力艦への搭載を考えていたという。仮に「超大和」型戦艦に新型タービンが採用され、1軸6万馬力を実現できた場合、その機関出力は24万馬力、主力艦機関としてマージンをとっても常用20万馬力前後となり、要求された速度性能には十分なものとなるだろう。

だがそのためには、缶室の増加や高温高圧化が必要である。船体規模を抑えるために機関室区画の延長ができないのであれば、缶の高性能化によるよりほかない。

「大和」型の蒸気条件は信頼性を重視して、同時代の日本海軍艦艇としてはもっとも手堅いものとなっており、「大和」型と「超大和」型の間の技術向上等も考慮すれば、6万馬力はともかく機関出力向上の余地は十分あっただろう。

これらのことを勘案すれば、「超大和」型が機関区画の大幅な拡張を実施することなく要求速力27ノットを達成することは不可能ではなく、第一艦隊主力として「大和」型と共に行動することは十分可能であったろう。

戦艦時代の終焉

だが、現実の世界において、「超大和」戦艦をふくめた㊄計画戦艦は、開戦が決定された昭和16年の秋に建造を中止された。戦争を継続しながら大型戦艦の設計、建造を継続することは不可能だから、この措置は当然であるが、戦後を見据えて部分的に継続された設計、試作作業もミッドウェー海戦敗戦後には中断されている。ここに、「超大和」型戦艦の計画は終わり、日本海軍における戦艦建造もまた終わりをむかえた。

だが仮に、太平洋戦争の勃発がなかったとしても、昭和25年頃に㊄、㊅計画戦艦を揃えた艦隊編制が実現することはなかっただろう。日本国内における建艦インフラの制約から大型戦艦の同時建造数には限界があり、㊅画艦艇が完成するのは昭和30年台までずれ込む可能性が高かったからだ。

そしてこの時期、仮に世界大戦がなかったとしても、軍事技術の革新は急速に進んだはずだ。航空機の発達や誘導爆弾、ミサイルの出現、そして核兵器。戦術から作戦、戦略まで、様々なレベルで生じた技術革新の前に、装甲化された洋上砲撃プラットフォームの改良という、既存技術の量的拡大によっていた「戦艦」という兵器は、決戦兵器としての幻想をはぎ取られることになったであろう。

現実の歴史において「信濃」が空母となることで建造を許されたように、「超大和」型もまた、ミサイル戦艦化になどによって、余命をつなぐことはできたかもしれない。しかしそれは、もはや本来の「戦艦」とは言い難いものでしかなかったろう。

昭和17年の初夏、飛行機で始まり原子爆弾によって終わることになる戦争のさなかに告げられた「超大和」型戦艦の終焉は、日本海軍における戦艦の終焉であると同時に、戦艦の時代の終わりを告げるものでもあったのだ。

軍艦ネーミング白書

●「大和」「利根」「瑞鶴」「花月」「竹」「速吸」等、海軍艦艇における命名基準あれこれ！

軍事ジャーナリスト　竹内修

「長門」「金剛」「阿武隈」等が参加した昭和２年大演習観艦式

＊

古くからの軍艦ファンの方も、「艦これ」で初めて名前を知った方でも、恐らく共通の思いを持っていただけるのではないかと思うが、日本の軍艦の名前には、響きの美しいものが多い。

その美しい響きを持つ日本海軍の軍艦の名称の一部は、戦後に誕生した海上自衛隊の艦艇にも受け継がれているが、海上自衛隊の艦艇にその名を引き継いだ日本海軍の艦艇の名称がいかにして付けられたかは、ご存知ない方も少なくないのではないかと思う。

そこでここからは、日本海軍の軍艦の名称がいかにして付けられたのかを、艦種ごとに簡単に振り返ってみることにする。

戦艦には旧国名か日本そのものの名を

現在では絶滅種となってしまったが、かつては“海軍”と言うよりもその国の象徴となっていた戦艦には、命名基準が策定された明治末年以降、日本の旧国名か、日本そのものを表す名前が付けられている。それ以前に建造された戦艦は、たとえば日露戦争で活躍した第1艦隊の戦艦、「三笠」「富士」「朝日」「敷島」「初瀬」「八島」のうち、「八島」（日本を表す美名の一つ）を除けば、旧国名や日本そのものを表す名前は付けられていない。

「富士」は文字通り山の名前で、後述する巡洋戦艦や重巡洋艦の名称と通ずるものがあるが、「敷島」と「朝日」は、本居宣長の「敷島の大和心を人とわば　朝日に匂う山桜花」という和歌に使われる言葉、「三笠」は奈良の春日山、「初瀬」は奈良の桜井を、それぞれ和歌で詠むときの別称という、力の象徴である戦艦の名称としてはなんとも風雅というか、粋な名称が付けられている。

敷島型戦艦「初瀬」。日露戦争において戦没した

日露戦争後に就役した戦艦のうち、「香取」と「鹿島」は、香取神宮と鹿島神宮にその名を由来しているが、それ以降は「安芸」「薩摩」「摂津」「河内」と、旧国名が付けられ、その後戦艦の名称は、一部の例外を除いて旧国名か日本そのものを表す名前で統一されるようになった。

これらの戦艦はイギリスのドレッドノート級が登場すると時代遅れとなり、火薬庫の爆発によって爆沈した「河内」を除いて後述するワシントン条約が批准された際に現役を退いたが、「摂津」のみは標的艦に種別が変更されている。なお、同じ標的艦で駆逐艦から種別変更された「矢風」も名前は変更されていない。

その一部の例外にあたるのが、巡洋戦艦として誕生し、その後戦艦に改装された「金剛」「比叡」「榛名」「霧島」の4隻で、いずれも日本の名峰（山）の名前を冠されている。

巡洋戦艦とは戦艦に比べれば防御力は劣るものの、戦艦に匹敵する攻撃力と、巡洋艦の高速性能を併せ持つフネで、日露戦争中に上村彦之丞提督が指揮した、第2艦隊を構成した装甲巡洋艦がルーツと言われている。

黄海海戦や日本海海戦における第2艦隊の活躍によって、装甲巡洋艦はトレンドとなり、特に当時「日の沈まない国」と呼ばれるほど、多くの海外領土を持っていたイギリスと、イギリスに対抗して海軍の拡張を進めていたドイツで数多く建造されたが、その両国が激突した第1次世界大戦のジュトランド沖海戦で巡洋艦戦は防御力の乏しさを露呈してしまった。このため「金剛」「比叡」「榛名」「霧島」の4隻も改装時に大幅に防御力が強化され、戦艦に分類されるようになった。

なお、この4隻以前に装甲巡洋艦として起工され、後に巡洋戦艦と見なされるようになった「生駒」「筑波」「鞍馬」「伊吹」の4隻も、やはり日本の名峰の名を冠している。

太平洋戦争の開戦時、日本海軍は「陸奥」「長門」「扶桑」「山城」「伊勢」「日向」と、巡洋戦艦から戦艦の仲間入りを果たした「金剛」「比叡」「榛名」「霧島」の10隻の戦艦を保有しており、開戦後に就役した「大和」と「武蔵」を加えた12隻体制で太平洋戦争を戦い抜いている。

日本そのものを現す言葉である「大和」と「扶桑」を除けば、本州の東端と西端の国（陸奥と長門）、日本誕生の神話にちなんだ国（伊勢と日向）、長年日本の首都が置かれた国（山城）、関東の中心（武蔵）と、戦艦にふさわしい「格」のある国の名前が付けられているが、本来であればこれらに負けないだけの「格」を持つ国の名がいくつか欠けていると感じられた方も少なくないと思う。

前述したワシントン海軍軍縮条約で廃案となるまで、日本海軍は戦艦8隻と巡洋戦艦8隻による「八八艦隊」の整備を進めており、もしこのプランがそのまま推進されていれば、日本海軍の源流の一つと

イギリスに発注された最後の軍艦である、戦艦「金剛」

なった海援隊の祖である坂本竜馬を生み、明治維新でも大きな役割を果たした「土佐」や、江戸時代に徳川御三家のうち2つが置かれた「尾張」と「紀伊」といった戦艦も登場するはずだった。

「尾張」と「紀伊」は計画のみに終わったが、「土佐」は進水後にワシントン条約によって廃艦となり、実弾標的として沈められるという悲劇的な最期を迎えたが、この実弾を使った試験中に砲弾の水中直進性が発見され、後に九一式徹甲弾の開発につながっている。

薩摩、長州（長門）、土佐とくれば、当然のように肥前もあってしかるべきところで、実際にその名を冠された戦艦も存在したが、前述した3隻とは若干毛色が異なっている。

日露戦争中、旅順を本拠地としていたロシア太平洋艦隊の戦艦は日本軍の陸上からの砲撃によって戦闘能力を喪失していたが、そのうちの1隻「レトウィザン」はその後佐世保で修理を受けた後に戦利艦として日本海軍の戦艦として再就役したが、その際に「肥前」の名が与えられている。肥前は薩長土に比べると倒幕運動での貢献度が低く、維新後も陪食者と見なされてやや冷遇されていたが、戦艦の名前にもそれが垣間見える気がする。

日本以外の国に目を向けると、戦艦にはイギリス

戦艦「肥前」。元はロシア海軍の「レトウィザン」であった

ドイツ海軍戦艦「ビスマルク」。鉄血宰相にちなんでの名である

の「ネルソン」やドイツの「ビスマルク」、フランスの「リシュリュー」のように、武勲を立てた軍人や政治家の名を冠されるケースが少なくない。日本でも「神武」や「桓武」といった歴代の天皇の諡号や、「東郷」のように武勲を立てた軍人の名を戦艦に付けるという話が取りざたされたこともあったようだが、いずれも明治天皇が難色を示したため沙汰やみになったと言われている。

艦艇に個人名を付けないという慣習は海上自衛隊に継承されている。砕氷艦の「しらせ」は、一般的に南極を探検した白瀬陸軍中尉にちなむと思われているが、実は南極の昭和基地の近くに存在する白瀬氷河からその名を頂いている。

戦艦の命名基準が日本海軍と最も似ているのがアメリカ海軍で、前弩級戦艦の「テキサス」からアイオワ級まで、すべて州の名前で統一されている。ちなみに大型巡洋艦で、巡洋戦艦と見なされることもあるアラスカ級は、当時の準州や海外領土の名称で統一されている。

アメリカは戦後、戦艦に与えていた州名を、戦艦に代わって力の象徴となった原子力巡洋艦や弾道（巡航）ミサイル搭載型原子力潜水艦に与えており、イギリスは現在建造中の新型空母に、「クィーン・エリザベス」「プリンス・オブ・ウェールズ」という、かつて戦艦に与えていた名称を継承させることが決まっている。

ただ、海上自衛隊は旧海軍の戦艦の名を非常に重く見ているようで、建造時は巡洋戦艦だった艦の名称を受けついだ「こんごう」「ひえい」「はるな」「きりしま」と、旧海軍時代に練習巡洋艦にその名が継承され、ワンクッション置いた形となった「かとり」「かしま」を除けば、現時点で戦艦の名をそのまま受け継いでいるのは「いせ」と「ひゅうが」の2隻のみにとどまっている。

「いずも」の就役前には、「やまと」や「ながと」といった名前も取りざたされたが結局実現はしておらず、もし「やまと」や「ながと」といったビッグネームが継承されるとしたら、いったいどんなフネになるのかは気になるところだ。

重巡洋艦は山の名を、軽巡洋艦は川の名を

明治末年までは巡洋艦も戦艦と同様に命名基準がなく、日本の本州の古来の呼称である「秋津洲」や、旧国名である「和泉」といった形で統一されていなかった。ただ、どういうわけか「明石」「須磨」「笠置」など景勝地の名前が付けられる傾向にあり、巡洋艦としては異例の32センチ単装砲を備えた「松島」「厳島」「橋立」のように、日本三景からその名を頂いたため、俗に「三景艦」と呼ばれるフネも現れている。

明治末年以降は、基本的に一等巡洋艦（重巡洋艦）には「高雄」「妙高」といった山の名前、二等巡洋艦（軽巡洋艦）には「神通」、「川内」といった川の名前が付けられるようになったのだが、「最上」「三隈」「鈴谷」「熊野」の4隻からなる最上型と、その発展型である「利根」「筑摩」の2隻からなる利根型は、その名が示す通り川の名前を冠せられており、命名基準を額面通りに受け取れば軽巡洋艦となるのだが、最上型は基準排水量1万1200トン（就役時）、筑摩型も基準排水量1万1213トンに達する巨艦だった。また重巡洋艦と同じ20.3センチ砲を搭載する、艦の規模においても武装においてもイギリスのヨーク級重巡洋艦やアメリカのノーザンプトン重巡洋艦を凌ぐ、到底軽巡洋艦とは呼べない規模のフネだった。

何ゆえこのような異例の命名が行なわれたのかと言えば、その理由は前述したワシントン海軍軍縮条約にある。この条約では日本海軍の主力艦（戦艦と航空母艦）の保有比率はアメリカとイギリスの5に対し3と定められたのだが、これに対し海軍の一部からは猛烈な反対の声が上がった。最終的に条約は批准されたのだが、日本海軍は艦艇の絶対数の不足を補うため、条約の制限外に置かれた巡洋艦以下の艦艇に、最大限度に武装を施すことにした。

ワシントン海軍軍縮条約に続いて締結されたロンドン海軍軍縮条約では、巡洋艦の排水量や武装なども細かく定められており、軽巡洋艦にあたるカテゴリーBの主砲の口径は15.5センチ以下に定められていた。条約の有効期間内に起工された最上型は就役

当初、15.5センチ砲を15門装備していた。しかし条約が失効すると同時に、最上型の主砲は重巡洋艦と同じ20.3センチ砲に換装され、その後就役した利根型は最初から20.3センチ砲を装備していた。

なお、最上型から取り外された15.5センチ砲は、その後大和型戦艦の副砲に流用されている。こうして最上型と利根型は重巡洋艦に生まれ変わったわけだが、巡洋戦艦から戦艦に種別変更後も名前が変更されることがなかった金剛型と同様、名前はそのままで太平洋戦争に突入していった。

各国海軍の巡洋艦の命名基準は戦艦以上に一貫性がないが、アメリカのみは重巡洋艦の「インディアナポリス」、軽巡洋艦の「セントルイス」のように都市の名前を頂いている。なお、イギリス海軍は同じクラスの艦の名前の頭文字を統一する傾向があり、巡洋艦にも名前の頭文字を「C」で統一したC級軽巡洋艦などが存在する。

海上自衛隊は戦艦の名前の継承には慎重だが、巡洋艦の名前は若干ハードルが低いのか、イージス艦の「みょうこう」「ちょうかい」「あたご」をはじめ、「いすず」型、「あぶくま」型などが日本海軍の巡洋艦の名前を継承している。

空母は原則として神話に登場する瑞祥動物の名を

第2次世界大戦で戦艦に代わって、一躍海戦の主役の座に躍り出た航空母艦に、日本海軍は原則として神話などに登場する瑞祥動物（鳳、龍、鶴、鷹といった空を飛ぶ動物）の名前を付けていた。最初から航空母艦として建造された世界最初のフネである「鳳翔」、ミッドウェー海戦で最期まで奮戦した「飛龍」、姉妹艦として建造された「瑞鶴」「翔鶴」、日本郵船が運用していた高速商船を改造した「大鷹」などは、この原則に則って命名されている。

この原則に則って命名された航空母艦の名前は美しい響きを持つが、軍艦に興味のない現代の日本人にとっては読みにくい名前でもある。読みにくかったのは当時の欧米人にとっても同様だったようで、海外の新聞が「翔鶴」の建造を報じた際には、わざわざ「かけづる」と訓読みした上で、「カデクル」と誤って記述してしまったという話もある。

戦艦や巡洋艦でも例外的な命名が行なわれたことは前述したが、航空母艦の場合は戦艦や巡洋艦以上に例外的な命名をされた艦が多い。代表的な例では真珠湾攻撃からミッドウェー海戦まで、無人の野を行くかのように大活躍した「赤城」は山の名前、「加賀」は旧国名からその名を頂いている。

ワシントン条約で日本が主力艦の保有比率を定められ、多くの戦艦が退役を余儀なくされ、また建造中止に追い込まれたことは前述した通りだが、この条約では建造中の戦艦または巡洋戦艦を一定数航空母艦とすることも認められた。このため日本海軍は天城型巡洋戦艦の1番艦「天城」と「赤城」を航空母艦とすることとして改造工事を進めていたが、大正12（1923）年の関東大震災で「天城」が大きな損傷を受け、改造の目処が立たなくなったことから、前述した「土佐」と同型の「加賀」を航空母艦に改造することとした。

この両艦以降に建造された航空母艦には、原則に則った命名が行なわれたが、戦局がひっ迫して航空母艦の数が足りなくなって以降は、大和型戦艦の3番艦を改造した「信濃」、水上機母艦から改装された「千代田」と「千歳」、鈴谷型重巡洋艦の改良型「伊吹」（未成）といった、原則から外れた名前を持つ航空母艦の数が増えていった。ちなみに水上機母艦の名前には原則として抽象語か過去の武勲艦の名前が使われており、前述した「千代田」は、日清・日露の両戦役で活躍した軽巡洋艦の名前を継承している。

ミッドウェー海戦で4隻の正規空母を喪失したことを受けて、16隻の航空母艦の大量建造が決まった際には、さすがに瑞祥動物の名前がネタ切れとなったのか、重巡洋艦と同じ山の名前も命名原則に加えられており、ワシントン条約で建造中止となった巡洋戦艦「天城」とスループ艦「葛城」と同じ名前の空母2隻が完成している。

アメリカ海軍は正規空母に原則として、「バンカーヒル」のような古戦場や、「エンタープライズ」のような殊勲艦の名前を付けているが、「赤城」と同様にワシントン条約で巡洋戦艦から改造された「レキシントン」のような例外もある。イギリスの航空母艦の名前は戦艦や巡洋艦と同様、「ハーミーズ」（神話に登場する神）、「アークロイヤル」（王家の紋章）のように統一性はないが、「イーグル」のような鳥の名前や「ユニコーン」（一角獣）のような想像上の動物の名前を付けるあたりは、日本海軍と通ずるものがある。

イギリス海軍はワシントン条約で戦艦や巡洋戦艦を航空母艦に改造していないが、第1次世界大戦中に建造された45.7センチ砲を2門搭載した超大型軽巡洋艦「フューリアス」と、38.1センチ連装砲を2

松型二等駆逐艦「竹」（手前）

基搭載した超大型軽巡洋艦「カレイジャス」「グローリアス」の3隻が、航空母艦に改造されている。

海上自衛隊は固定翼機を運用する空母を保有しておらず、現時点で太平洋戦争中に活躍した航空母艦の名前を継承した護衛艦は存在していないが、そうりゅう型潜水艦のネームシップと2番艦（うんりゅう）が航空母艦に与えられた名前を継承している。

駆逐艦は天象や気象、海洋、季節、植物の名を

日本海軍では駆逐艦は軍艦として位置づけられていなかったが、戦艦や巡洋艦、航空母艦などと同様の命名規則は存在していた。前述したように明治末年まで、戦艦と巡洋艦には一定の命名規則はなかったが、駆逐艦は早い段階から「白雲」のような天象、「雷」のような気象、「島風」のような海洋、「春雨」のような季節に関係する名前で統一されていた。

その後駆逐艦が一等と二等に等級分けされてからは、一等駆逐艦には前述した天象や気象、海洋、季節に関係した言葉、二等駆逐艦には「松」や「橘」のような植物名が付けられるようになった。

「神風」のような威勢の良い名前を除けば、一等駆逐艦、二等駆逐艦とも海戦で最も激しい戦いを繰り広げる、「海の殺し屋」である駆逐艦とは思えないほど優美な響きを持つ名前が与えられており、太平洋戦争末期に登場した、高角砲を主兵装とした防空駆逐艦「秋月」型（乙型）が登場した際は、同型艦に「花月」「宵月」といった風流な名前が多かったことから、「待合の名前ばかり付けやがって」と冗談を言った士官がいたという。ちなみに待合とは、芸者との遊興や食事などを目的とした貸間のことで、現在で言えばラブ（ファッション）ホテルがこれに近い。

同じく太平洋戦争の末期に、大量建造された二等駆逐艦の松型（乙型）は、ネームシップの「松」を筆頭に「竹」、「梅」、「杉」、「樫」と、若干ひねりの足りない名前が付けられたことから「雑木林」と揶揄されていたという。

千鳥型水雷艇「友鶴」

アメリカ海軍の駆逐艦の名前には人名が付けられることが多く、第2次世界大戦で最も活躍したフレッチャー級も、メキシコとの戦いでベラクルス上陸作戦を指揮したフランク・F・フレッチャー提督からその名を頂いている。フレッチャー級の1隻は、1942年11月のサボ島沖海戦の際、軽巡洋艦「ジュノー」と運命を共にしたサリバン家の5兄弟にちなんで「サリバンズ」と命名されているが、この艦名はアーレイ・バーク級イージス駆逐艦にも継承されている。

例によってイギリス海軍の駆逐艦の名前には統一性がないが、「ベドウィン」「コサック」といった世界各国の種族の名前を用いたトライバル級や、「パンサー」、「パスファインダー」など、艦名の頭文字を「P」で統一したP級のように、クラスごとに統一性を持たせているケースもある。

海上自衛隊の護衛艦は「はつゆき」や「むらさめ」のように、日本海軍の駆逐艦の名前を継承しているケースが多く、中には最新鋭汎用護衛艦「あきづき」のように、秋月型駆逐艦から数えて3代目となった艦もある。

今回紹介した戦艦（巡洋戦艦）、巡洋艦、航空母艦、駆逐艦以外の艦種についても、日本海軍は命名規則を設けており、たとえば砲艦には「熱海」や「宇治」のような名所旧跡、輸送艦には「襟裳」「鶴見」など海峡や岬の名前、水雷艇には「友鶴」「千鳥」といった鳥の名前が原則として付けられている。

こうした小艦艇や支援艦の名前の中で最も面白いのが、給油艦の「速吸」だろう。速吸は大分の関崎と愛媛の佐多岬に挟まれた海峡の名前だが、燃料を「速く吸う」、つまり迅速に燃料を補給するという意味をかけているという説もある。この説の真偽のほどは定かではないが、そのような想像をかきたてられるのは、日本海軍の艦艇の名前が、ただ勇ましいだけではない、深みのあるものであるからだろう。

WWⅡ連合艦隊の11大海戦

●真珠湾攻撃、南太平洋海戦、マリアナ沖海戦、レイテ沖海戦等、連合艦隊が繰り広げた11大海戦絵巻！

■軍事ライター　堀場亙

レイテ沖海戦にて対空砲火を放つ「伊勢」

ミッドウェー海戦において、日本機の攻撃を受ける「ヨークタウン」

太平洋海戦史

日露戦争の終盤において、日本海海戦の勝利によって戦争を終結に導いた海軍の功績は大きかった。そして日露戦争後も、日本の発展とともに日本海軍はその軍備を増強してきた。その背景にあったのは、仮想敵国であるアメリカに対抗しうる海軍力の整備である。

そしてそのハード面、つまり艦隊戦力の整備を進める一方で、ソフト面での進歩は進まなかった。戦前の日本海軍が一貫して守り続けてきた作戦方針が「漸減邀撃」であり、これは日本海海戦を太平洋上で再現しようとするものであった。つまるところ、日本海軍は決戦海軍から脱皮することはできず、ソフト面では旧態依然とした態勢で対米開戦を迎えたのである。

開戦劈頭における真珠湾奇襲攻撃にしても、見方を変えれば形を変えた漸減邀撃作戦といえなくもない。戦艦の主砲の代わりに艦載機を用い、洋上ではなく敵の泊地において実施したという違いはあるものの、万一大失敗に終われば、その後の連合艦隊は太平洋上でなす術もなかっただろう。つまりは、決戦に他ならない。

だが、結果的に真珠湾に対する奇襲、すなわちハワイ作戦は予想以上の大成功に終わり、以後、半年にわたって日本の海軍は太平洋で暴れまわることになる。

そして、真珠湾における戦果と共に、マレー沖において英東洋艦隊の戦艦「プリンス・オブ・ウェールズ」と「レパルス」の2戦艦を航空機のみで撃沈したことは、全世界に対して大艦巨砲主義の終焉と、航空機が主役の時代になったことを印象付けたのである。

その航空機時代の寵児となったのが、ハワイ作戦を成功させた南雲機動部隊であった。文字どおり、昭和17年前半までは南雲機動部隊は世界最強の艦隊だったといっても過言ではない。

だが、驕れるものも久しからず。

ミッドウェー海戦での敗北により、海軍力の均衡は一気に振り出しに戻ることとなった。このミッドウェー海戦での敗北は、偶然の出来事とはいえない。すでにその前に行なわれたインド洋作戦、そして珊瑚海海戦において、同じような危機的状況は発生していたからである。索敵の不備による敵艦隊発見の遅れ、二重目的を課すことによる作戦遂行上の決断ミス、そして艦隊防空能力の不足である。

同じ時期、米海軍もまた同様の問題に直面していた。しかし、開戦以来の敗北が、米海軍をしてより多くの戦訓を学ばせ、対応策を講じさせていったのである。一方の日本海軍は、勝ち戦に酔いしれ、戦訓をおざなりにしたといわざるを得ない。ミッドウェー海戦の敗北は、その意味で必然であり、仮に同海戦で勝利していたとしても、遅かれ早かれ大敗北を喫していたであろうことは想像に難くない。

そして、戦前から山本五十六連合艦隊司令長官がもっとも憂いていた事態、すなわち大消耗戦に突入する。

国力に劣る日本が、米国とがっぷり四つに組んで戦い、そして勝つことは至難の業といえる。それゆえに、山本長官は死中に活を求めてハワイ作戦を決行したのであり、勝ち続けることでなんとか講和への道を模索しようと考えたのである。

だが、そんな思いとは裏腹に、大本営では戦争終結にいたるグランドデザインを描くこともなく、ただいたずらに、場当たり的に戦い続けたのである。

その最たる例がガダルカナル島をめぐる戦いであり、ソロモン海域における大消耗戦は、その後の戦争の行方を象徴するかのように、ずるずると日本が負けていったのである。

作図・宮永忠将

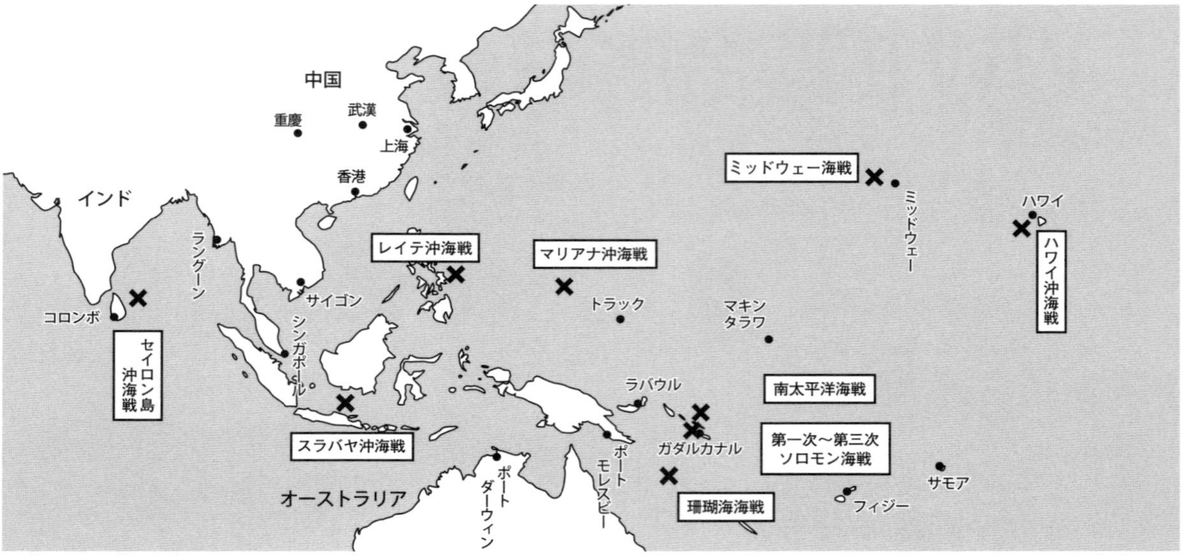

とくに、この戦争中盤における航空戦力の消耗、とくにベテラン搭乗員の大量損失は、その後ついに埋め合わせることができなかった。本来、アメリカに比べて人的資源に乏しい日本であればこそ、育成に時間とお金のかかる人材はなによりも貴重なはずであった。

ところが、上下ともに、ややもすると人命軽視に走りがちだった日本は、必要以上に人材を失うこととなったのである。とくに、南太平洋海戦における搭乗員の損失は大きく、さらにその後の「い」号作戦でも、貴重な母艦搭乗員を陸上に上げて損耗するという失策を犯している。

こうして、戦争中盤以降の連合艦隊では、搭乗員の錬成と損耗を繰り返し、ついには絶対国防圏に迫られる事態となるのである。

一方、米国を中心とした連合国は、この一連の大消耗戦を望んでいたとはいえないものの、その先を見切っていたとはいえるだろう。すなわち、国力・生産力の違いから見て、日本の攻勢限界点に近いソロモン海域での消耗戦に、いずれ日本は音を上げる。その間、戦線が膠着したとしても、それで時間を稼いでいる間に米国は本国において空母をはじめとする軍艦を大量に建造し、合わせて航空機の製造とともにパイロットの育成も行なえる。

こうして、米軍は満を持して大反攻を開始したのである。

ガダルカナル戦以降、カートホイール作戦の発動によってニューギニアおよび中部ソロモンに対して2正面作戦を実施して、日本軍の根拠地であるラバウルをゆっくりと包囲していったのである。

日本側もこれに危惧を覚えてZ作戦計画を策定するも不発に終わる。

そして昭和19年2月17日、米機動部隊は、日本にとって最大の根拠地であるトラック島に対して大空襲を実施して、大きな被害を与えたのである。

すでにこのことを予期して主力艦艇は出港させていたものの、連合艦隊司令部に与えた衝撃は大きかった。また、以前から、南方航路は米潜水艦の跳梁によって寸断され、とくに石油輸送は危機に瀕していた。この状況を打開しようと海上護衛隊を組織するも、相変わらず決戦主義の連合艦隊はこの期に及んでも駆逐艦の供出を拒む有様であった。

そしていよいよ、米艦隊は大規模な機動部隊を擁してマリアナ攻略に乗り出した。ある意味、日本海軍が待ち望んだ決戦が、想定していた海域で行なわれることになったのである。だが、結果は惨憺たるものであった。米艦艇にはほとんど損害を与えられないまま、日本の機動部隊は事実上瓦解したのである。

そして続くフィリピン戦において、連合艦隊は最後の戦いを挑むことになる。捷一号作戦の発動に伴い、連合艦隊はほとんど全力出撃を行なう。そして、戦艦「大和」「武蔵」をはじめとする水上打撃部隊によって、米上陸船団に痛打を浴びせ、レイテ決戦を勝利に導こうと試みたのである。

だが、この決戦にも連合艦隊は敗れた。もはや航空機の傘のない水上艦艇は、無力に等しいことを証明したに過ぎない。そしてそれは、自らが開戦劈頭において世界に示したことでもあったのだ。

このレイテ沖海戦において連合艦隊は事実上その役割を終えたといえる。そしてその後は航空特攻を主体とした作戦に切り替えていく。そうした流れの中で、沖縄戦において戦艦「大和」の水上特攻が決行されたのである。もはや、無駄といってもいい出撃であった。そして、大方の予想どおり、沖縄にたどり着くことなく米艦載機による大空襲によって海中に没したのである。

こうして、明治以来、連綿と続いてきた日本海軍の歴史は幕を閉じた。それは戦略なき決戦海軍の終焉といってもいいかもしれない。勝つことだけを追求した結果の、あまりにも大きな代償であった。

ハワイ沖海戦(1941年12月8日)

空襲を受ける米戦艦群

南雲機動部隊、長駆真珠湾へ

昭和12年以来、長引く中国との事実上の戦争状態は、日本経済に重くのしかかっていた。それに加えて、米国による日本への締め付けは徐々に厳しさを増し、日本に対する石油輸出の禁止におよぶ。ここに至って日本政府は対米開戦を意識せざるを得ない状況に追い込まれた。

しかしそれでも粘り強く外交交渉を進める傍ら、軍部は開戦準備を開始する。こうして連合艦隊司令部は、米太平洋艦隊の根拠地であるハワイ・オアフ島にある真珠湾に対する奇襲航空作戦を策定するに至るのである。

昭和16年12月7日午前5時55分(現地時間。日本時間では8日0時30分)、オアフ島沖北方約250海里において、南雲機動部隊の6隻の空母(「赤城」「加賀」「蒼龍」「飛龍」「翔鶴」「瑞鶴」)から艦載機183機が飛び立った。戦争の開始にあたって真珠湾に停泊する太平洋艦隊主力を空襲し、無力化するためである。

当初この作戦はリスクが大きすぎるとして軍令部に猛反対されたものの、連合艦隊司令長官である山本五十六大将が自らの進退を賭して実行に移したものである。それだけに失敗は許されない作戦であったし、なにより作戦の成否はその後の戦争の帰趨を大きく左右するものであった。

こうして重責を担った第1次攻撃隊は、淵田美津雄中佐に率いられてオアフ島に向かった。途中、レーダーに捉えられたものの、米軍が友軍機と勘違いするという幸運にも恵まれながら、ついに攻撃を開始した。

計画では事前に敵の抵抗が軽微だった場合、奇襲攻撃としてまず雷撃隊が攻撃を実施、その後に艦爆隊が攻撃を行なう手筈であった。敵の抵抗があった場合は強襲として艦爆隊が先に攻撃を行なう予定だった。

第1次攻撃隊がオアフ島上空に達した段階で敵の抵抗は皆無だったため、当然奇襲を実施すべき状況である。このため、淵田中佐は手筈通り信号弾を1発打ち上げる。

ところが、突撃を開始するはずの雷撃隊が降下をはじめなかったために、淵田中佐はさらにもう1発信号弾を打ち上げる。これを見た艦爆隊は強襲と判断して攻撃を開始。同時に、雷撃隊も攻撃を開始した。

こうして、結果的に雷爆がほとんど同時に攻撃を行なう形になったが、結果的にこれが功を奏した。

日曜日の朝ということもあり、まったくの不意を突かれた米艦隊は上空から襲い掛かる急降下爆撃機と、海面すれすれに飛び込んでくる攻撃機になす術もなく、戦艦「アリゾナ」をはじめとする大小さまざまな艦艇が次々と火を噴き、あるいは横転し、そして着座した。そして艦爆隊は周辺の飛行場を爆撃し、本来なら迎撃に上がるはずの敵戦闘機を地上で撃破。さらに零戦隊が機銃掃射を行なって止めを刺した。

こうして第1次攻撃隊が存分に暴れまわり、帰還するところへ、入れ替わるように第2次攻撃隊が殺到、戦果を拡大した。

さすがに実戦であることを理解した米軍により、ようやく対空砲火も激しさを増し始めたために日本軍の損害も増大したが、彼我の損害は隔絶していた。この攻撃によって米太平洋艦隊は壊滅的な損害を被り、以後半年にわたってまともな海上作戦を実施できなくなるのである。

ただ、山本長官がもっともその撃滅を欲した米空母は1隻も在泊しておらず、結果的に撃ち漏らしたことは痛恨事であった。

とはいえ、日本軍は艦載機29機および特殊潜航艇5隻の損害に対して、米軍の損害は戦艦2、標的艦1が沈没、ほかに戦艦6隻をはじめ多くの艦艇が損害を被り、200機あまりの陸上機を喪失した。

こうして太平洋戦争は日本軍の圧倒的な勝利によって幕を開けたのである。

◆日本軍参加艦艇
空母:「赤城」「加賀」「蒼龍」「飛龍」「瑞鶴」「翔鶴」(艦載航空機399機)
戦艦:「比叡」「霧島」
重巡:「利根」「筑摩」
軽巡:「阿武隈」
駆逐艦:「谷風」「浦風」「浜風」「磯風」「陽炎」「不知火」「秋雲」「霞」「霰」
【日本軍損害】
艦載機:29機、特殊潜航艇:5隻

◆米軍参加艦艇
戦艦:「カリフォルニア」「メリーランド」「テネシー」「アリゾナ」「オクラホマ」「ウエストバージニア」「ペンシルベニア」「ネバダ」
標的艦:「ユタ」
重巡:「ニューオーリンズ」「サンフランシスコ」
軽巡:「デトロイト」「ホノルル」「セントルイス」「ヘレナ」「ローリー」「フェニックス」
駆逐艦30隻、その他48隻
【米損害】
沈没:戦艦「アリゾナ」「オクラホマ」((のち復帰):「ユタ」)
大破:戦艦「カリフォルニア」「ウエストバージニア」「ネバダ」、軽巡1、駆逐艦3

スラバヤ沖海戦(1942年2月27日～3月1日)

スラバヤ沖海戦における「妙高」

ABDA艦隊との決戦

日本が戦争を開始した最大の理由は、石油をはじめとする資源の確保にあった。そしてその目標となったのが蘭印である。開戦劈頭におけるマレー攻略戦にしても、フィリピン攻略戦にしても、蘭印攻略のための足掛かりにすぎなかった。

そして昭和17年2月下旬、日本軍は満を持して蘭印攻略に取り掛かった。ジャワ島に対して、第48師団を主力とする部隊が上陸を行なう。そのための輸送船は38隻という大船団となり、軽巡「那珂」を基幹とする第4戦隊がこの護衛にあたっていた。そしてその後、第5戦隊と第2水雷戦隊がこれに加わった。

一方、蘭印にはオランダ植民地軍をはじめ、連合軍に属する各国海軍が集結していた。集結といえば聞こえはいいが、寄せ集めといってもいいほど雑多な部隊であり、統一した艦隊行動には難があったといわざるを得ない。この連合軍艦隊、いわゆるABDA艦隊を指揮していたのがオランダのドールマン少将で、総兵力は重巡2隻、軽巡3隻、駆逐艦9隻という陣容であった。

そのドールマン提督は、日本の上陸船団がジャワ島へ向かっているとの報に接し、2月25日、これを捕捉撃滅せんとスラバヤを出港した。ところが、2日間におよぶ捜索の甲斐なく日本軍を発見できず、かえって日本の陸攻に発見されて攻撃を受ける始末であった。燃料も乏しくなってきたところでドールマン提督はいったん帰港する決断をする。

これに対して、陸攻からの情報によってABDA艦隊の所在を掴んだ第5戦隊司令官の高木武雄少将は、先手をとって攻撃する決心をする。

そして27日の14時ごろ、水偵の索敵によってABDA艦隊を捕捉し触接を続けると、反転したABDA艦隊に決戦を挑むべく、第5戦隊をはじめとする日本艦隊はスラバヤ方面へと急行した。

日本軍の先陣を切ったのは第2水雷戦隊で、その8000m後方に第5戦隊が続く。両軍は同航戦の態勢をとると、午後5時45分、距離1万6800mで「神通」が砲戦を開始。続いて第5戦隊も距離2万6000mで砲戦を開始した。

しかし、さすがにこの距離での砲戦では命中弾は得られない。ここでABDA艦隊の頭を押さえるような格好で進んできた第4水雷戦隊が距離1万2000mで雷撃を実施した。合計27本にも及ぶ必殺の93式酸素魚雷であったが、信管の調整不良などもあって目標到達前に自爆するなど、結局命中弾は得られなかった。

こうしてお互いに決定打に欠けるなか、戦況を打開すべく高木少将は全軍突撃を命じる。するとその直後、「羽黒」の砲弾が「エクゼター」に命中した。この結果「エクゼター」は速力が低下し、衝突を避けるために左に転針するが、僚艦もこれに続行したために混乱が生じた。

日本はこの機に乗じて一気に戦果を拡大しようとさらに突撃を続けたが、ABDA艦隊は煙幕を展張、夜間に入ったこともあってどうにか戦場を離脱した。

しかし、ドールマン提督の戦意は衰えてはおらず、損傷した「エクゼター」と燃料の残り少ない駆逐艦を切り離して艦隊の整理を行なうと、再び日本軍の上陸船団を叩くべく前進を開始した。

だが、その途上で駆逐艦「ジュピター」は触雷のために沈没。巡洋艦4隻でさらに進撃するも、日本軍に捕捉され、旗艦「デ・ロイテル」はドールマン提督とともに没し、さらに軽巡1隻も沈み、残った「ヒューストン」と「パース」は戦場を離脱して戦いは一旦終結した。

そしてその後、「エクゼター」ほか駆逐艦2隻は、セイロン島への脱出を試みるものの、戦場に到着した高橋伊望中将率いる第3艦隊によって殲滅され、スラバヤ沖海戦は日本の勝利に終わったのであった。

◆日本軍参加艦艇
空母：「龍驤」
重巡：「那智」「羽黒」「足柄」「妙高」
軽巡：「神通」「那珂」
駆逐艦：「潮」「漣」「山風」「江風」「雪風」「時津風」「初風」「天津風」「村雨」「五月雨」「春雨」「夕立」「朝雲」「峯雲」「雷」「曙」ほか
【日本軍損害】
大破：駆逐艦「朝雲」

◆連合軍参加艦艇
重巡：「ヒューストン」「エクゼター」
軽巡：「デ・ロイテル」「ジャワ」「パース」
駆逐艦：「コルテノール」「ヴィテ・デ・ヴィット」「エレクトラ」「エンカウンター」「ジュピター」「エドワーズ」「ポール・D・ジョーンズ」「フォード」「アルデン」「ポープ」
【連合軍損害】
沈没：重巡「エクゼター」、軽巡「デ・ロイテル」「ジャワ」、駆逐艦「コルテノール」「エレクトラ」「エンカウンター」「ジュピター」「ポープ」
小破：重巡「ヒューストン」

セイロン沖海戦(1942年4月5日～9日)

英空母1隻、重巡2隻を撃沈

ハワイ作戦を成功裏に終え、南雲機動部隊は帰還の途に就いた。しかし、その途上で第2航空戦隊をウェーク島支援のために分派したのをはじめ、その後も休む間もなく八面六臂の活躍を続けていた。

そうした中、南雲機動部隊に今度はインド洋方面への出撃が命じられた。陸軍第15軍のビルマ進攻を側面支援するため、さらに英東洋艦隊を撃滅して同海域の制海権を獲得するためであった。

当時、英東洋艦隊はマレー沖海戦によって戦艦「プリンス・オブ・ウェールズ」と「レパルス」を喪失していたものの、未だ戦艦5、空母3、重巡2、軽巡5、駆逐艦15隻前後という戦力を保持しており、侮れない存在であった。

これに対して同方面における日本海軍の戦力は、小沢治三郎中将率いるマレー部隊（空母「龍驤」以下、重巡5、軽巡1、駆逐艦3）であり、到底太刀打ちできるものではなかった。そこで南雲機動部隊を派遣して、一気に決着を付けようという算段であった。

そして南雲機動部隊は3月26日にセレベス島のスターリング湾を出撃し、インド洋へと向かった。その陣容は空母5隻（「赤城」「蒼龍」「飛龍」「瑞鶴」「翔鶴」）のほか、戦艦4、重巡2、軽巡1、駆逐艦7であり、搭載されている艦載機は合計で315機を数えた。

なお、空母「加賀」が加わっていないのは、出撃前に暗礁に乗り上げ、修理のために内地へ帰還していたことによる。

一方、迎え撃つ英東洋艦隊では、3月下旬に新たにソマーヴィル大将が着任し、迎撃態勢を整えつつあった。もっとも、航空戦力で劣る英軍は、昼間の航空戦では勝ち目がないと判断し、夜間雷撃という秘策でこれに対抗しようと考えた。さらに部隊を高速と低速の二手に分け、日本軍に探知されていないアッヅ環礁という基地に隠したのである。

そして「4月1日ごろに日本軍来寇の可能性大」という米軍情報に基づき、ソマーヴィル大将は部隊に出撃を命じた。しかしこれは空振りに終わり、燃料不足で帰還した直後、日本の艦爆隊が5日にコロンボを空襲した。

この時、空襲の成果が不十分として淵田隊長は第2次攻撃を要請、そのため雷装で待機していた艦攻の兵装転換が命じられた。その直後、敵艦隊発見の報が飛び込んでくる。

だが、この時の判断は素早かった。南雲提督は兵装の再転換を命じるとともに、艦爆隊には直ちに出撃を命じる。そして重巡洋艦「ドーセットシャー」および「コーンウォール」に襲い掛かった艦爆隊は、驚異的な命中率で瞬く間に2隻を沈めてしまった。

だが、英空母は未だ健在である。加えて、セイロン島に対する攻撃もまだ半ばであった。

そのため、南雲機動部隊は9日午前10時30分にツリンコマリー港を空襲するため艦載機を発艦させる。その直後の10時55分、索敵機が敵空母発見の報を打電してきた。そして11時43分、攻撃隊は次々と発艦した。

13時30分に英空母「ハーミズ」を捕捉すると直ちに攻撃、30分あまりで「ハーミズ」は海の藻屑と消え、随伴していた駆逐艦「バンパイア」もその後を追った。

なお、日本の艦載機が英空母を攻撃するのとほぼ同時刻、南雲機動部隊も空襲を受けていたが、攻撃機が少数だったこともあって艦隊に被害はなかった。

こうして、インド洋作戦はまたしても日本軍の圧勝に終わったが、その一方で貴重な戦訓を見逃すことにもなった。

すなわち、陸上目標と艦隊目標という異なる目標に対する攻撃実施方法、索敵方法の不備、敵機発見の遅れなどである。勝ち戦によって見過ごされたこれらの問題は、直後に発生する珊瑚海海戦、さらにはミッドウェー海戦において顕在化することになるのである。

◆日本軍参加艦艇
空母：「赤城」「飛龍」「蒼龍」「翔鶴」「瑞鶴」
戦艦：「金剛」「比叡」「榛名」「霧島」
重巡：「利根」「筑摩」
軽巡：「阿武隈」
駆逐艦：「谷風」「浦風」「浜風」「磯風」「陽炎」「不知火」「霞」「霰」
艦載機：315機
【日本軍損害】
艦載機：20機

◆連合軍参加艦艇
空母：「インドミタブル」「フォーミダブル」「ハーミーズ」
戦艦：「ウォースパイト」「レゾリューション」「ラミリーズ」「ロイヤル・サブリン」「リベンジ」
重巡：「コーンウォール」「ドーセットシャー」
軽巡：「エンタープライズ」「エメラルド」「カレドン」「ドラゴン」「ヤコブ・ヴァン・ヘームスケルク」
駆逐艦：15隻
艦載機：93機（基地航空機：約90機）
【連合軍損害】
沈没：空母「ハーミーズ」、重巡「コーンウォール」「ドーセットシャー」
駆逐艦：「バンパイア」
航空機約50機

珊瑚海海戦（1942年5月8日）

珊瑚海海戦における「レキシントン」

MO機動部隊VS米機動部隊

第一段作戦を成功裏に終えた大本営では、次なる目標として、いわゆる米豪連絡線の遮断によってオーストラリアを戦線から離脱させるという目論見があった。

この目的の一環として考えられたのがニューギニア島南部に位置するポート・モレスビーの攻略である。そしてこの攻略は陸路ではなく、海路より部隊を輸送して、強襲上陸によって奪取する作戦が立てられた。

このために輸送船団とその護衛部隊からなる「MO攻略部隊」と、その支援にあたる「MO機動部隊」が編成され、指揮は第4艦隊司令長官・井上成美中将が執った。

一方、米太平洋艦隊は、なけなしの空母を中核としたタスク・フォースを編成してなんとか日本に対抗している状態であった。ただ、情報戦では連合軍に一日の長があり、日本軍がポート・モレスビー目指して進撃してくることは暗号解読によってすでに把握していたのである。

このため、空母「ヨークタウン」「レキシントン」をはじめ、重巡7、軽巡1、駆逐艦13、油槽艦2、水上機母艦1からなる第17任務部隊を珊瑚海へと急行させたのである。

ラバウルを出港したMO攻略部隊に続き、MO機動部隊は5月5日にショートランドを出港、ソロモン諸島の東端を迂回し珊瑚海へ向かう。

翌6日、MO攻略部隊は早くもB-17に発見され、安全策をとって一旦北方へと避難する。逆にMO機動部隊は米機動部隊を叩くべく南下を開始したが、この日は両軍とも敵を発見するには至らなかった。

5月7日、両軍ともに相手が機動部隊を付近に展開していることを確信していたため、早朝から索敵機を飛ばし、敵を探し求めた。午前5時22分、「翔鶴」索敵機が敵空母発見の報を知らせてくる。攻撃隊を発進させたものの、目標海域には空母と見誤った油槽艦「ネオショー」と駆逐艦の2隻しか存在しなかった。攻撃隊は2隻を撃沈させて帰投した。

一方同じころ、米軍も「日本軍発見」の報に攻撃隊を向かわせたものの、索敵機が発見したのはMO攻略隊のほうであった。だが、そこには空母「祥鳳」がいた。そのため「祥鳳」は米軍機50機あまりの攻撃を一身に浴び撃沈されてしまった。

こうして7日も両軍錯誤のまま過ぎたが、日本軍は午後に米機動部隊の所在を確定する。だが、今から出撃すると帰投は夜になってしまう。そのため、第5航空戦隊司令官の原忠一少将はベテラン搭乗員だけに絞り、艦爆12機、艦攻15機という編成で敵機動部隊に向かわせた。

しかし結果的にこの攻撃は失敗に終わり、しかも夜間で敵味方の識別がつきづらくなっていたこともあって、敵の空母に着艦しそうになるという珍事まで発生している。

8日、両軍は再び会いまみえる。ほぼ同時に敵を発見し、日本軍は零戦18機、艦爆33機、艦攻18機という編成で攻撃隊を発進させる。

一方の米軍もF4F戦闘機15機、SBD爆撃機46機、TBD雷撃機21機という陣容で攻撃隊を向かわせた。

午前9時10分、翔鶴隊は「レキシントン」に、瑞鶴隊は「ヨークタウン」に襲い掛かり、両空母に損害を与えた。とくに「レキシントン」については気化した航空ガソリンに引火して誘爆を起こし、のちに自沈処分されている。

他方、日本軍も米軍機の来襲の前に、無傷ではいられなかった。「瑞鶴」はスコールの中に逃げ込めたものの、米軍機は「翔鶴」に集中し、甲板に3発の命中弾を与えている。

こうして珊瑚海海戦は両軍1隻ずつの空母を失い、1隻ずつの空母が損傷して終結した。そして日本軍はポート・モレスビー上陸という本来の目的を達成できず、戦略的には作戦に失敗したのであった。

◆日本軍参加艦艇
空母：「翔鶴」「瑞鶴」「祥鳳」
重巡：「妙高」「羽黒」「青葉」「衣笠」「加古」「古鷹」
軽巡：「夕張」
駆逐艦：15隻
艦載機：137機
【日本軍損害】
沈没：空母「祥鳳」
中破：空母「翔鶴」
艦載機：81機

◆連合軍参加艦艇
空母：「ヨークタウン」「レキシントン」
重巡：「ミネアポリス」「ニューオーリンズ」「アストリア」「チェスター」「ポートランド」「オーストラリア」「シカゴ」
軽巡：「ホバート」
水上機母艦：「タンジール」
駆逐艦：13隻
艦載機：141機
【連合軍損害】
沈没：空母「レキシントン」、駆逐艦「シムス」、油槽船「ネオショー」
中破：空母「ヨークタウン」
艦載機：66機

ミッドウェー海戦(1942年6月5日)

日米5空母が沈没する

大本営では蘭印攻略後の第二段作戦として米豪遮断を狙うFS作戦を策定するものの、米空母撃滅に執念を燃やす連合艦隊司令部では独自にミッドウェー島攻略計画を提出した。

しかし、この作戦はリスクが大きいうえに、米軍が迎撃に出てくるという保証もないことから、軍令部はこれを却下した。これに対して連合艦隊側も軍令部に参謀を派遣して粘り強く折衝を重ねる。

そして最終的には山本長官の辞職をちらつかせることで、渋々軍令部に作戦案を認めさせたのである。ところがその直後の4月18日にドゥーリットル隊による帝都初空襲が行なわれると、面目を失った軍令部は一転してミッドウェー作戦の積極支持に回る。こうして、全軍を挙げてミッドウェー作戦は推進されていくことになったのである。

一方、米軍はこの頃すでに日本海軍の暗号解読にほぼ成功しており、近く大攻勢が行なわれることを掴んでいた。そして罠を仕掛けて攻撃目標地点を割り出すと、迎撃のために稼働全空母を投入して戦局を一気に覆そうと考えた。

すなわち米太平洋艦隊司令長官のニミッツ提督は、「エンタープライズ」「ホーネット」を基幹とする第16任務部隊を帰港・整備させる一方、先の珊瑚海海戦で大損害を被った「ヨークタウン」に応急修理を行なわせ、作戦に間に合わせたのだ。

また、目標となったミッドウェー島には可能な限りの航空機を増備して待ち構えた。

5月27日、「赤城」「加賀」「蒼龍」「飛龍」という4隻の空母を擁する南雲機動部隊は瀬戸内海を発し、一路ミッドウェー島を目指した。さらに各地に散らばった連合艦隊の各艦艇もミッドウェー島に向かう。

これに対して米軍も28日には第16任務部隊（スプルーアンス少将が指揮）が出港し、修理のため遅れた第17任務部隊も30日に真珠湾から出撃した。

6月4日午前4時30分、予定どおり南雲機動部隊はミッドウェー島の陸上施設を爆撃するため、第1次攻撃隊を発艦させた。島に到着した攻撃隊は存分に暴れまわり、迎撃のために上がった米戦闘機はことごとく撃墜された。しかし、在地機が存在しなかったために攻撃は不十分とみなし、攻撃隊長の友永丈市大尉は「2次攻撃の要ありと認む」と打電。

これを受信した旗艦「赤城」艦上では、南雲提督が対艦兵装から陸用爆弾への転換を命じた。

しかしその後、午前8時ごろになって、遅れて発進した利根4号機が敵艦隊発見を打電してきた。すでに進めている兵装転換を、もう一度再転換するにはかなりの時間を要する。加えて、帰還してくる第1次攻撃隊の収容と、上空直掩にあたっている戦闘機の着艦・補給作業がある。そしてなにより、利根機の最初の報告には敵空母の存在が触れられていなかったのである。

ところが、最初の報告から20分が経過してから、先の利根機はようやく敵空母の存在を報告してきた。ここに至り、南雲提督は兵装の再転換を命じたのである。

その直後､「エンタープライズ」｢ホーネット」の雷撃隊が現れた。これらは全機撃退したものの、直掩機はほとんど低空に降りてきてしまっていた。そこに、ドーントレス急降下爆撃機が襲い掛かったのである。

「加賀」「赤城」「蒼龍」は被爆し、瞬く間に炎上した。一瞬にして3空母の戦力を喪失した日本軍だったが、ただ1隻残った「飛龍」は、第2航空戦隊司令官の山口多聞中将指揮のもとに奮戦し、「ヨークタウン」を撃破して一矢報いたのである。

だが、奮戦むなしく「飛龍」もまた被弾し、結局この海戦で日本軍は一気に4隻の空母を喪失する。

さらに追い打ちをかけるように重巡「鈴谷」と「三隈」が衝突事故を起こし、「三隈」はのちに米機の空襲によって沈没した。

その後、傷ついて漂流中だった「ヨークタウン」を、随伴艦の「ハンマン」もろとも伊168潜が雷撃によって葬り去って、ミッドウェー海戦の幕は降ろされたのである。

◆日本軍参加艦艇リスト（※日本軍は第1航空艦隊のみ記載）
空母：「赤城」「加賀」「飛龍」「蒼龍」
戦艦：「榛名」「霧島」
重巡：「利根」「筑摩」
軽巡：「長良」
駆逐艦：12隻
艦載機：264機
【日本軍損害】
沈没：空母「赤城」「加賀」「飛龍」「蒼龍」、重巡「三隈」
大破：重巡「最上」
中破：駆逐艦「荒潮」
艦載機など：285機

◆連合軍参加艦艇リスト
空母：「ヨークタウン」「エンタープライズ」「ホーネット」
重巡：「アストリア」「ポートランド」「ミネアポリス」「ニューオーリンズ」「ノーザンプトン」「ペンサコラ」「ヴィンセンス」
軽巡：「アトランタ」
駆逐艦：15隻
【連合軍損害】
沈没：空母「ヨークタウン」、駆逐艦「ハンマン」
航空機：約140機

第1次ソロモン海戦(1942年8月8日～9日)

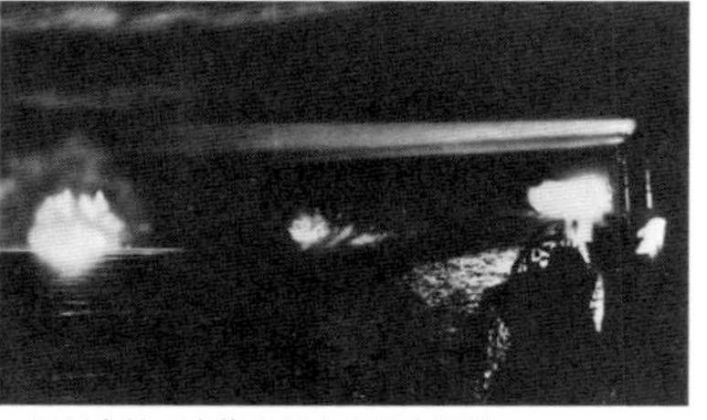
ツラギ海峡で夜襲を行なう日本艦隊

第8艦隊による居合切り

昭和17年夏の時点において、未だ日本軍全体としては戦局の趨勢を楽観視していた。そのため既定路線に則ってソロモン・ニューギニア方面での拡張を続けていたのである。

これに対し米軍は、8月7日にウォッチタワー作戦を発動、日本軍が飛行場を設営していたガダルカナル島に対して上陸作戦を敢行した。ガダルカナル島の守備隊はわずかな戦力しかおらず、完成間近のルンガ飛行場は簡単に奪取されてしまった。

この事態を受けて、日本海軍は直ちに反撃の途に出た。ラバウルに展開中の陸攻隊と護衛の零戦が出撃、敵輸送船団と護衛艦隊に空襲を行なったものの、激しい対空砲火のために思ったような戦果は挙げられず、むしろ損害のほうが大きかった。

さらにラバウル周辺に在泊中の第8艦隊も、夜襲による殴り込みを行なうことを決定した。とはいえ、第8艦隊は直前の7月27日に第6戦隊を編入するなど、艦隊としての合同訓練も行なっておらず、回転整合さえ実施できていない有様であった。そのため、当初の計画では旗艦「鳥海」のほか、第6戦隊の重巡4隻のみでの単独出撃を想定していたが、第18戦隊司令部などの強い希望により軽巡「天龍」「夕張」、駆逐艦「夕凪」も同行することとなった。

作戦方針は単純明快、単縦陣で夜陰に乗じてルンガ泊地に突入し、敵輸送船団に一撃を与えたらそのまま離脱するというものである。

8月7日午後2時30分にラバウルを出撃した第8艦隊は、途中米軍機による触接を受けながらも無事にサボ島沖に到達。午後9時20分に単縦陣に組みなおすと、南水道から泊地への突入を開始した。

一方、連合軍はこの海域に護衛部隊として重巡6、軽巡2、駆逐艦8を投入していた。司令官のクラッチリー少将はこれらを3隊に分けてサボ島北方および南方、ルンガ泊地に配置していた。

このため、第8艦隊はまず南方部隊と接敵することになる。午後10時43分、サボ島南水道を哨戒中の2隻の米軍駆逐艦に発見されることなく通過した第8艦隊は、午後11時31分に突撃命令を下令。重巡「キャンベラ」「シカゴ」ほか駆逐艦2隻に対して砲雷撃を開始し、わずか6分の戦闘でこれらを戦闘不能に陥らせた。味方の損害は皆無である。

第8艦隊はここで舵を左に切り、サボ島を回り込むようにして北方へと向かった。この時、「古鷹」以下「天龍」「夕張」が敵艦を避けようと転舵した結果、先頭部隊とはぐれる格好となった。

その状態のままサボ島北方海域に突入すると、新手の連合軍部隊を発見。午後11時52分、「鳥海」が探照灯を照射して攻撃を開始。この照射によって敵艦隊を発見した後続の「古鷹」「天龍」「夕張」も攻撃を開始した。結果的に連合軍の北方部隊は挟撃される格好となり、ろくに反撃もできないまま重巡「アストリア」「クィンシー」「ヴィンセンズ」は集中砲火を浴びることとなった。

こうして、米英豪の連合軍部隊は壊滅状態に陥り、第8艦隊は当初の予定どおりそのまま戦場を離脱して帰還の途に就いた。「鳥海」艦長の早川幹夫大佐は再度突入して輸送船団を叩くように意見具申したが、明朝の米軍機の空襲を考慮して、その意見は退けられた。

なお帰還の途上、米潜の雷撃により「加古」が沈められたのは、画竜点睛を欠く出来事ではあった。

作戦後、第8艦隊の離脱に関して早すぎたとする議論もあったが、先述したように艦隊としては急ごしらえということもあり、実際戦闘中にも部隊が分離するなど作戦行動の難しさを露呈していた。そのため艦隊司令部の判断はあながち間違いとも言い切れない側面はあった。

いずれにせよ、第8艦隊による居合切りのような一太刀は、見事に連合軍部隊に大打撃を与え、日本海軍の夜間戦闘能力の高さを見せつけることとなったのである。

◆日本軍参加艦艇
重巡：「鳥海」「青葉」「衣笠」「加古」「古鷹」
軽巡：「天龍」「夕張」
駆逐艦：「夕凪」
【日本軍損害】
沈没：重巡「加古」
小破：重巡「鳥海」

◆連合軍参加艦艇
重巡：「オーストラリア」「キャンベラ」「シカゴ」「ヴィンセンス」「クインシー」「アストリア」
軽巡：「サン・ファン」「ホバート」
駆逐艦：「ラルフ・タルボット」「ブルー」「パターソン」「バークレー」「ヘルム」「ウィルソン」「モンセン」「ブキャナン」
【連合軍損害】
沈没：重巡「キャンベラ」「ヴィンセンス」「クインシー」「アストリア」
大破：重巡「シカゴ」
中破：駆逐艦「パターソン」「ラルフ・タルボット」

第2次ソロモン海戦(1942年8月23日～24日)

「龍驤」沈没す

第1次ソロモン海戦の第8艦隊による活躍により、軍令部では同海域における連合軍艦艇はほぼ無力化されたと判断。また、ガダルカナル島に上陸した部隊もせいぜい1個連隊程度との見積もりのもと、増援部隊を送り込んで一気に同島の奪還を目指した。

このため、ミッドウェー開戦後に新たに新編された南雲忠一中将率いる第3艦隊（空母「翔鶴」「瑞鶴」基幹）は、内地での訓練を切り上げてトラック島へと向かった。そしてその途上、「カ」号作戦の発令に伴い、直接ソロモン海域へと急行したのである。

一方、米海軍も占領したガダルカナル島のヘンダーソン飛行場（旧ルンガ飛行場）の確保を確実なものとするため、後方策源地からガダルカナル島までの連絡線の保持が重要課題であった。

このため、フレッチャー提督が指揮する第61任務部隊（空母「エンタープライズ」「サラトガ」「ワスプ」基幹）を同島方面へと派遣した。こうして、日米機動部隊はソロモン海域で再び干戈を交えることになった。

第3艦隊を率いる南雲提督には、2つの目的が付与されていた。すなわち、ガダルカナル島への攻撃と、船団の援護任務である。このため、南雲提督は8月24日に空母「龍驤」を中心とした支隊（原忠一少将指揮）を分派し、ガダルカナル島の攻撃に向かわせた。

だが、この分派は結果的に失敗だった。もともとミッドウェー海戦の戦訓として、大型空母には敵部隊への攻撃に専念させる一方、小型空母には主として防空任務を担わせることとなっていた。そういう意味では、「龍驤」はあくまで「翔鶴」「瑞鶴」とともに行動するべきであった。

そしてガダルカナル島へ向かっていた原支隊は、午前7時すぎに米軍機によって早くも発見されてしまう。一方の日本軍は索敵機を飛ばすも米機動部隊を発見できなかった。そして午前10時20分、原少将は予定どおりガダルカナル島攻撃のために第1次攻撃隊を発艦させる。

一方、「龍驤」を発見した米艦隊も攻撃隊を発進させ、午後1時57分、攻撃を開始した。

急降下爆撃機と雷撃機の複合攻撃に「龍驤」はなす術もなく、左舷に被雷し、その後行動不能に陥った。

これより少し前、午後12時25分、ようやく敵艦隊発見の報告を受け取った第3艦隊主隊では、55分に「翔鶴」から第1次攻撃隊を発進させ、さらに午後2時には「瑞鶴」から第2次攻撃隊を発進させた。

午後2時20分、「エンタープライズ」を発見した第1次攻撃隊は、38分より攻撃を開始した。だが、その前方には30機に及ぶ迎撃機が待ち構えていた。味方の護衛は零戦10機にすぎない。激しい空中戦のすえ、急降下爆撃隊は米軍機の攻撃をすり抜けて「エンタープライズ」に殺到、命中弾3発を与えた。だが、味方の損害をも大きく、零戦3機、99艦爆17機が未帰還となった。

「エンタープライズ」はその後、火災を鎮火させると応急処置で飛行甲板まで修復し、帰還した攻撃隊を収容すると全速で戦場を離脱した。

その後、第2次攻撃隊はついに目標を発見できずに帰投、夜間に入って母艦が発見できず、4機が未帰還となった。また、航行不能状態だった「龍驤」は、午後6時になって沈没している。

本海戦より日本軍は空母における艦載機の比率を艦爆重視に変更したものの、99艦爆では250キロ爆弾しか搭載できずに攻撃力の不足は明白であった。他方米軍の爆撃機は450キロ爆弾を搭載可能であり、その攻撃力の差と、小型空母を分離した戦術上のミスが、結果に表れた戦いだったといえる。

本海戦の結果、両軍とも機動部隊は同海域から離脱し、日本軍の輸送船団はなかば裸同然の状態となってしまった。そして陸上機の空襲によって被害が出ると、ガダルカナル島への増援を断念して引き返したのであった。

◆日本軍参加艦艇
空母：「翔鶴」「瑞鶴」「龍驤」
戦艦：「比叡」「霧島」
重巡：「利根」「筑摩」「鈴谷」「熊野」
軽巡：「長良」「神通」
駆逐艦：「秋雲」「夕雲」「巻雲」「風雲」「初風」「浦波」「敷波」「綾波」「秋風」「時津風」「天津風」ほか12隻
艦載機：177機
【日本軍損害】
沈没：空母「龍驤」
艦載機：59機

◆連合軍
空母：「サラトガ」「エンタープライズ」
戦艦：「ノース・カロライナ」
重巡：「ポートランド」「ニューオーリンズ」「ミネアポリス」
軽巡：「アトランタ」
駆逐艦：「バルチ」「グウィン」「グレイソン」「ベンハム」「モーリー」「フェルプス」「ファラガット」「マクドノー」「ウォーデン」
【連合軍損害】
中破：空母「エンタープライズ」
艦載機：20機

南太平洋海戦(1942年10月26日)

南太平洋海戦における「ホーネット」

史上最悪の海軍記念日

昭和17年8月よりはじまったガダルカナル島を巡る攻防戦は、10月に入っていよいよ佳境となった。

大本営は新たに第2師団を投入し、第17軍は全力をもって22日より攻勢を開始することに決した。

これを支援するため、連合艦隊は第2艦隊および第3艦隊をソロモン海域へと派遣した。第2艦隊には第2航空戦隊の空母「隼鷹」「飛鷹」が配属され、機動部隊である第3艦隊には第1航空戦隊の「翔鶴」「瑞鶴」「瑞鳳」がいた。

陸海協同となる本作戦では、陸軍の飛行場突入作戦に合わせ海軍部隊も進出、海から敵飛行場を叩いて無力化する計画であった。しかし陸軍部隊の攻撃発起点への進出が遅れ、作戦開始が1日順延、それでも間に合わずにさらに1日順延された。

陸軍にとっての2日は挽回できる時間だが、刻一刻と状況が変化する洋上の海軍はそう簡単な話ではない。この2日の順延の間に空母「飛鷹」は機関不調のために帰投したほか、艦隊は敵哨戒機に発見されたために北上してやり過ごすなど右往左往する羽目となった。

それでもようやく陸上の攻撃が開始されると、両艦隊は25日夕刻より南下を開始し、翌26日には敵艦隊捜索のために2回に分けて哨戒機を飛ばした。

果たせるかな、午前4時50分、南東250海里の地点に敵機動部隊を発見した第3艦隊はただちに攻撃隊を発艦させる。

一方、日本艦隊の接近を察知して同海域に現れた米軍は、2隻の空母を第16任務群(「エンタープライズ」基幹)と第17任務群(「ホーネット」基幹)に分けて攻撃を仕掛けてきた。米艦隊でもほぼ同時刻に第3艦隊を発見すると、攻撃隊を向かわせた。

先に攻撃を受けたのは空母「瑞鳳」であった。この攻撃で飛行甲板に被弾した「瑞鳳」は戦線を離脱した。

一方、米機動部隊の攻撃に向かった第1次攻撃隊は、その途上で敵編隊と遭遇。「瑞鳳」の援護隊9機はこれに襲い掛かり、相応の戦果を挙げた。しかし、そのために味方の攻撃隊に随伴することは不可能となり、敵艦隊上空での援護が手薄になる結果となった。

午前7時10分、第1次攻撃隊は「ホーネット」に襲い掛かると魚雷2発と爆弾6発の命中弾を与え、事実上同艦を戦闘不能に陥れた、しかし味方の損害も大きく、第1次攻撃隊62機のうち、帰還したのは11機のみであった。

そのころ、第3艦隊もまた米軍機の攻撃に遭っていたが、米軍は日本の空母を発見できず、前衛部隊の「筑摩」が損傷を被った。唯一、主隊を発見できたのは「ホーネット」の艦爆隊で、「翔鶴」は命中弾4発を受けて発着艦不能となってしまった。

その後、両軍は第2次攻撃隊、第3次攻撃隊を発進させて敵空母の息の根を止めようと攻撃を続行する。さらに第2航空戦隊は南雲提督の指揮下に入り、残存空母の全力をもって米機動部隊の殲滅に向かった。

そして「エンタープライズ」も被爆して飛行甲板は使用不能となり、「ホーネット」は炎上漂流中だったところを第3艦隊の前衛部隊に発見され、「巻雲」「秋雲」の雷撃によって止めを刺された。

こうして南太平洋海戦は日本機動部隊の勝利に終わったものの、払った犠牲は大きかった。米艦隊の防空態勢の強化によって多くの艦載機とともにベテラン搭乗員を多数失い、機動部隊の再建に多くの時日を要することになる。

一方の米軍も、一時的とはいえ太平洋方面における稼働空母は0隻という状態に陥り、報道アナウンサーをして「史上最悪の海軍記念日」といわしめることとなった。

◆日本軍参加艦艇
空母：「翔鶴」「瑞鶴」「瑞鳳」「隼鷹」
戦艦：「金剛」「榛名」「比叡」「霧島」
重巡：「愛宕」「高雄」「妙高」「摩耶」「鈴谷」「熊野」「利根」「筑摩」
軽巡：「五十鈴」「長良」
駆逐艦：24隻
艦載機：218機
【日本軍損害】
中破：空母「翔鶴」、重巡「筑摩」
艦載機：132機

◆連合軍参加艦艇
空母：「エンタープライズ」「ホーネット」
戦艦：「サウスダコタ」
重巡：「ポートランド」「ノーザンプトン」「ペンサコラ」
軽巡：「サン・ファン」「サン・ディエゴ」「ジュノー」
駆逐艦：14隻
艦載機：169機
【連合軍損害】
沈没：空母「ホーネット」、駆逐艦「ポーター」
中破：空母「エンタープライズ」、戦艦「サウスダコタ」、軽巡「サン・ファン」
艦載機：74機

第3次ソロモン海戦(1942年11月12日～15日)

米新鋭戦艦との戦い

日本軍はガダルカナル島の第17軍に補給物資を送り届けるため、まずはヘンダーソン飛行場を使用不能にする必要があった。

そのため、連合艦隊は第2艦隊に対して同飛行場に対する夜間砲撃を命じる。これより前、「金剛」「榛名」による同様の攻撃が戦果を挙げていたため、今回も第11戦隊の「比叡」「霧島」が出撃、同戦隊をふくむ挺進攻撃隊を阿部弘毅中将が率いた。

一方、米軍も同じころ増援部隊をガダルカナル島へ送り込んでいた。その護衛にあたったのがキャラガン少将率いる巡洋艦部隊である。

11月12日夜半、ガダルカナル島へ接近した挺進攻撃隊は、午後11時30分にサボ島南岸を通過。これより少し前、軽巡「ヘレナ」のレーダーが日本艦隊の接近をキャッチしたため、キャラガン少将は単縦陣を組んでサボ島方面へと急行した。

その結果、両艦隊はサボ島付近で鉢合わせとなり、午後11時48分、阿部中将は目標を変更して敵艦隊への攻撃を下令した。

「比叡」は探照灯を照射して軽巡「アトランタ」を砲撃、スコット少将は戦死した。これに対して米軍も「比叡」に砲撃を集中、命中弾多数によって「比叡」の上部構造物は破壊され、さらに操舵不能となった。

その後、両軍は入り乱れて砲雷撃戦を行ない、日本も相応の損害を被ったものの、米軍はそれ以上に手ひどい損害を受け、海戦終了後に無傷だったのは駆逐艦「フレッチャー」ただ1隻というありさまだった。

しかし、この戦闘により飛行場への砲撃は断念、阿部中将は戦場からの離脱を命じる。そして「比叡」はその後も復旧作業を続けるもかなわず、翌朝から空襲による命中弾を受け、13日夕刻、自沈処分された。

13日夜、日本は再度ヘンダーソン飛行場への砲撃を試みる。今度は重巡「鈴谷」「摩耶」をはじめの外南洋部隊支援隊が行ない、砲撃には成功したが決定打を与えるには及ばず、翌朝には空襲に遭い損害を被った。

翌14日、第2艦隊司令長官の近藤信竹中将自ら出撃し、戦艦「霧島」以下重巡2、軽巡2、駆逐艦9の陣容でガダルカナル島へと向かった。

対して米軍も新鋭戦艦の「ワシントン」「サウスダコタ」のほか、未だ修理の完了していない「エンタープライズ」まで航空機輸送のために出撃。この戦艦2隻をふくむ第64任務部隊を率いるのはリー少将。

午後7時30分、敵部隊の存在を哨戒機の報告により知った近藤中将は、橋本信太郎少将の掃討隊（軽巡「川内」ほか駆逐艦3隻）に迎撃を命じ、自身は射撃隊を率いて予定針路を進んだ。この時点で近藤中将は米軍が戦艦を投入したことを知らず、巡洋艦部隊だと考えていた。

その後、さらに直衛隊（軽巡「長良」ほか駆逐艦4隻）にも敵艦隊への攻撃を命じる。

そして午後9時12分、米艦隊は日本艦隊を発見し、砲撃を開始した。これに対して掃討隊は煙幕を展張して反転する。ただ1隻、前方に残った「綾波」に対する攻撃を認めた直衛隊は、米駆逐艦群に対して砲撃を行ない、これを撃退した。

この時、近藤中将率いる射撃隊は戦闘を避けていたが、「綾波」の報告によって戦況が有利に進んでいると判断したために、飛行場に対する攻撃を命じた。午後10時になってようやく敵戦艦の存在に気づき、目標を変更して戦闘を開始。そして「サウスダコタ」に対して命中弾多数を与えて戦闘不能に陥らせた。

しかし、新装備のレーダーによる射撃によって、残った「ワシントン」は「霧島」に痛打を浴びせた。この一方的な砲撃によって「霧島」はわずか7分間で戦闘不能となった。

その後も両艦隊による砲撃戦は続いたがどちらも決定的な勝利は得られないまま、戦闘は終了した。

こうして日本は「比叡」に続いて「霧島」をも喪失し、しかも敵飛行場への砲撃も果たせなかった。そしてガダルカナル島への補給にも失敗したのだった。

【第3次ソロモン海戦　12日夜戦】
◆日本軍参加艦艇
戦艦：「比叡」「霧島」、軽巡：「長良」、駆逐艦：14隻
【日本軍損害】
沈没：戦艦「比叡」、駆逐艦「暁」「夕立」
◆連合軍参加艦艇
重巡：「サンフランシスコ」「ポートランド」、軽巡：「アトランタ」「ジュノー」「ヘレナ」、駆逐艦：8隻
【連合軍損害】
沈没：軽巡「アトランタ」「ジュノー」、駆逐艦4隻

【第3次ソロモン海戦　14日夜戦】
◆日本軍参加艦艇
戦艦：「霧島」、重巡：「愛宕」「高雄」、軽巡：「長良」「川内」、駆逐艦：9隻
【日本軍損害】
沈没：戦艦「霧島」、駆逐艦「綾波」、小破：重巡「愛宕」「高雄」
◆連合軍参加艦艇
戦艦「ワシントン」「サウスダコタ」、駆逐艦4隻
【連合軍損害】
沈没：駆逐艦「ウォーク」「プレストン」、大破：戦艦「サウスダコタ」、駆逐艦「ベンハム」、中破：駆逐艦「グウィン」

マリアナ沖海戦(1944年6月19日～20日)

TG58・3の「レキシントン」とF6F

米軍、絶対国防圏に来襲！

日本軍は太平洋方面でじりじりと後退を続けていた。しかし、これ以上は譲れないという線、すなわち「絶対国防圏」を43年9月に設定。そしてこの防衛線を死守するため、海軍は「あ」号作戦を発令した。

米軍の次なる目標はマリアナ諸島とみなし、この海域において洋上決戦を行なうという内容である。ある意味、戦前から策定されていた漸減邀撃作戦を焼き直したような計画であるが、異なっていたのは戦艦による水上砲撃戦ではなく、空母および基地航空隊を主体とした航空戦による決戦という点であった。

一方、米軍もマリアナ攻略の準備を着々と進めていた。サイパン、テニアン、グアムに対する上陸を実施する部隊を掩護するため、スプルーアンス大将が指揮する第5艦隊が出撃、その陣容は空母7、軽空母8、戦艦7、重巡8、軽巡8、駆逐艦59という堂々たるものであった。ちなみにこれら空母群の艦載機の合計は900機を超える。

これに対して、日本は第1機動艦隊と第1航空艦隊でこれを迎え撃つ。第1機動艦隊は空母3、軽空母6、戦艦5、重巡11、軽巡2、駆逐艦20で、艦載機はおよそ400機。そして基地航空隊である第1航空艦隊はマリアナ諸島の各飛行場に1500機以上を擁していた。

ところが、度重なる出撃でようやく再建した基地航空隊は激減し、「あ」号作戦を実施するときにはほとんど壊滅状態に陥っていた。さらに、第1機動艦隊も数だけ見れば連合艦隊史上最大規模の機動部隊ではあるものの、母艦搭乗員の練度は著しく低下しており、空母への着艦すら覚束ない者もいるほどであった。

このような態勢ではあったが、6月15日、米軍がサイパン島への上陸を開始すると、連合艦隊司令長官豊田副武大将は、同日「あ」号作戦の発動を命じた。

6月19日、作戦海域に到達した第1機動艦隊は、黎明より延べ3次にわたる索敵隊を発進させ、敵の捜索にあたる。第1機動艦隊を率いる小沢治三郎中将の目論見は、味方航空機の航続距離の長さを活かしてアウトレンジ攻撃を行なうというものだった。そのためには敵より先に索敵を成功させ、先制攻撃をかけなければならない。

果たして、午前6時30分、敵艦隊発見の報に、小沢長官はただちに攻撃隊を発進させる。第1機動艦隊はこの日、6次に及ぶ攻撃隊（合計243機）を発進させたものの、はかばかしい戦果は得られず、逆に出撃機の約6割を喪失した。

そして悪いことは続き、その日の午前11時20分、米潜「キャバラ」の雷撃で「翔鶴」が被雷、沈没してしまった。さらには午前にやはり被雷していた「大鳳」が突然大爆発を起こして夕方には沈んでしまう。

それでも小沢長官は「瑞鶴」に移乗して指揮を執り、翌日の決戦に備えた。

翌20日、お互いに索敵機を飛ばすもなかなか発見できずにいたが、先手を打ったのは米軍であった。第1機動艦隊を発見すると合計229機におよぶ攻撃隊を発進させた。この米軍機の攻撃によって空母「飛鷹」は沈没、「瑞鶴」と「千代田」も被爆した。これに対して、日本側も残ったわずかな戦力で攻撃隊を編成して米軍に一矢報いんとするが、ことごとく撃退されてしまった。

もはや勝機は失われたと判断し、豊田司令長官はその日の夜に作戦中止を下令して、作戦は終了した。そして第1機動艦隊は目的を達成することなく沖縄へ向かった。

こうして決戦は日本軍の惨敗に終わり、日本の機動部隊戦力は事実上壊滅した。そしてサイパンをはじめとするマリアナ諸島は敵手に落ち、日本はB-29による戦略爆撃に見舞われることになるのだった。

◆日本軍参加艦艇
空母：「大鳳」「翔鶴」「瑞鶴」「隼鷹」「飛鷹」
小型空母：「龍鳳」「瑞鳳」「千歳」「千代田」
戦艦：「大和」「武蔵」「長門」「金剛」「榛名」
重巡：11隻、軽巡：2隻、駆逐艦：20隻、艦載機：439機
【日本軍損害】
沈没：空母「大鳳」「翔鶴」「飛鷹」
艦載機：378機

◆連合軍
空母：「ホーネットII」「ヨークタウンII」「バンカーヒル」「ワスプII」「エンタープライズ」「レキシントンII」「エセックス」
軽空母：「ベロー・ウッド」「バターン」「モントレー」「カボット」「プリンストン」「サン・ジャシント」「カウペンス」「ラングレーII」
戦艦：「ワシントン」「アイオワ」「ニュージャージー」「サウス・ダコタ」「インディアナ」「アラバマ」「ノース・カロライナ」
重巡：8隻、軽巡：12隻、駆逐艦：67隻
【連合軍損害】
小破：空母「バンカーヒル」、戦艦「サウスダコタ」「インディアナ」、重巡「ミネアポリス」
艦載機：約100機

レイテ沖海戦（1944年10月23日〜25日）

連合艦隊壊滅す

大本営では来るべき米軍の来寇を想定し、複数の作戦案を策定した。そしてもっとも米軍進攻の可能性が高いとみなされたフィリピン防衛案が捷一号作戦であった。

当初の計画ではルソン島において陸上決戦を強い、その勝利をもって対米講和を促進するという腹積もりであった。だが、米軍はルソン島ではなくレイテ島へと殺到。現地軍の反対を押し切り、大本営はレイテ島での決戦に踏み切るのである。

その理由は、米軍によるレイテ上陸の直前に発生した台湾沖航空戦の戦果の誤認にあった。出撃した搭乗員たちの報告をそのまま鵜呑みにして集計した結果、米艦隊に大打撃を与え、なかでも空母を10隻以上撃沈したという戦果に大本営はレイテ決戦に自信を深めたのである。

そして、もし仮に米軍が上陸作戦を強行するようなら、連合艦隊の残存勢力のすべてをぶつけて輸送船団を洋上から叩こうと考えた。この時すでに連合艦隊の機動部隊は壊滅といっても良い状態だったが、基地航空隊で制空権が握れるのなら問題はないと考えたのである。

この作戦にあたり、連合艦隊司令部は芸術的ともいえるほど精緻な作戦案を立てた。大まかにいえば、もはや航空戦力のほとんど残っていない、小沢治三郎中将率いる第1機動艦隊を囮として敵機動部隊を北方に誘引し、その隙を突く格好で戦艦を主体とする遊撃部隊をレイテ湾に突入させ、敵輸送船団を叩くという計画である。

さらにこの遊撃部隊も速力の違いや出発地の違いなどから3隊にわけ、主隊である栗田健男中将率いる第1部隊はシブヤン海を抜けて東方からレイテへ突入。旧式戦艦を擁する西村祥治中将指揮の第3部隊はスリガオ海峡を突破して南から突入、計画では栗田艦隊とその直前に合同するはずであった。また、志摩清英中将指揮する第2部隊は馬公を出発後、フィリピンに向かい、西村艦隊同様、スリガオ海峡からレイテ湾への突入を果たす計画であった。

しかし、10月23日、栗田艦隊はパラワン水道において米潜の雷撃により旗艦「愛宕」と重巡「摩耶」を失い、「高雄」も損傷により離脱。翌24日、シブヤン海に入ってからは敵艦載機より数次にわたる猛攻を受け、戦艦「武蔵」が沈没した。

その後、ようやく小沢艦隊が囮として機能しはじめたために栗田艦隊は無事にサンベルナルディノ海峡を突破するも、艦隊には疲労の色が濃く、また他部隊の情勢もまったく不明のままであった。

一方、栗田艦隊の遅れによって単独でスリガオ海峡に突入した西村艦隊は、オルデンドルフ少将率いる戦艦部隊の猛射を受けてほぼ全滅した。そして2時間遅れで到着した志摩艦隊は、西村艦隊の惨状を目の当たりにして突入を断念、反転した。

25日、小沢艦隊が発した敵の誘引に成功したという無電を受け取ることができず、栗田艦隊は疑心暗鬼のまま進撃を続けた。予定ではすでに西村艦隊、志摩艦隊も到着しているはずだがその動静もわからない。そのような状況下で、突如として目前に敵空母部隊が表れた。

じつはこれはレイテ島の地上支援を行なっていた護衛空母の艦隊だったのだが、栗田艦隊は正規空母の艦隊と誤認。ただちに砲撃戦を開始した。これに対して、米艦隊は煙幕を張りつつ必死の逃亡を図る。

栗田艦隊は猛追撃を行なうも決定打を与えることはできず、ようやく護衛空母「ガンビア・ベイ」と駆逐艦3隻を沈めたに過ぎなかった。

栗田提督が散らばりすぎた艦隊に集合を命じたのは午前9時11分。一旦は陣形を立て直してレイテ湾へ向かうものの、新たな敵空母部隊発見の報に反転した。だが、それは誤報であり、今から再反転してレイテ湾へ突入することも難しいと判断し、作戦を中止した。

◆日本軍参加艦艇
空母：「瑞鶴」
小型空母：「瑞鳳」「千歳」「千代田」
戦艦：「大和」「武蔵」「長門」「金剛」「榛名」「伊勢」「日向」「山城」「扶桑」
重巡：「愛宕」「高雄」「鳥海」「摩耶」「妙高」「羽黒」「最上」「那智」「足柄」「熊野」「鈴谷」「利根」「筑摩」
軽巡：「矢矧」「能代」「阿武隈」「多摩」「五十鈴」「大淀」、駆逐艦：34隻
艦載機：116機
【日本軍損害】
沈没：空母「瑞鶴」「瑞鳳」「千歳」「千代田」、戦艦「武蔵」「扶桑」「山城」、重巡6、軽巡1、駆逐艦6

◆連合軍参加艦艇
空母：「ワスプII」「ホーネットII」「バンカーヒル」「ハンコック」「イントレピッド」「レキシントンII」「エセックス」「フランクリン」「エンタープライズ」
軽空母：「カウペンス」「モントレー」「インデペンデンス」「カボット」「プリンストン」「ラングレーII」「サン・ジャシント」「ベロー・ウッド」
護衛空母：18隻
戦艦「ニュージャージー「アイオワ」「ワシントン」「マサチューセッツ」「アラバマ」「サウスダコタ」「メリーランド」「ミシシッピ」「ウエスト・バージニア」「カリフォルニア」「テネシー」「ペンシルバニア」
重巡：11隻、軽巡：15隻、駆逐艦：139隻
【連合軍損害】
沈没：空母「プリンストン」、護衛空母「ガンビア・ベイ」「サン・ロー」、駆逐艦3

最高殊勲艦と悲劇艦

●ハワイ攻撃から「大和」特攻まで名だたる海戦に参加、多くの人員を救助した殊勲の駆逐艦「磯風」と全海軍の輿望を担いながらも為すところなく撃沈された悲運の空母たちの明と暗！

大阪国際大学／皇學館大学非常勤講師
久野　潤

▲昭和19年11月29日朝、潮岬沖で空母「信濃」をワイヤで曳航を試みる駆逐艦「磯風」（画・市川章三）

ハワイ以来の歴戦駆逐艦「磯風」

日米戦争において大日本帝国海軍（以下「帝国海軍」）の最高殊勲艦としてしばしばあげられるのが、ハワイ作戦（昭和16年12月）からレイテ沖海戦（昭和19年10月）まで戦い抜いた空母「瑞鶴」である。その戦歴の中で艦載機が撃沈・撃破した敵艦船や撃墜した敵機の数では他の追随を許さない。本稿では、その「瑞鶴」ふくむ機動部隊をハワイ作戦・インド洋作戦・南太平洋海戦・マリアナ沖海戦などで護衛し、またミッドウェー海戦・沖縄特攻作戦などにも参加してまさに日米戦争の最初から最後まで戦い続けた「磯風」を取り上げたい。大型艦が華々しい戦果を挙げたり撃沈されたりする中でも、それら主力艦を敵機や敵潜水艦の攻撃から守る任務を長く務めた護衛艦は日米戦争の軌跡の証言者ともなっていった。開戦以来、昭和20年4月7日に戦没するまで大海戦の最前線で戦い続けた「磯風」はその最たるものであった。本稿では、筆者が直接取材した「磯風」元乗組員の方々の証言を交えながら帝国海軍の土台を支えたその戦歴を追ってみたい。

第一次大戦後ワシントン海軍軍縮会議で主力艦保有量を対米6割に抑えられた帝国海軍は、駆逐艦・潜水艦による優勢な敵戦力の漸減を志向した。そのための強力な魚雷戦力／航洋性／運動性／航続距離／高速力をもった艦隊決戦用駆逐艦として、18隻（説によっては19隻）量産されたのが、陽炎型である。昭和13（1938）年11月25日、佐世保海軍工廠で起工された「磯風」は昭和15年11月30日、陽炎型としては10番目に竣工。続いて就役した同型艦「浦風」「谷風」「浜風」とで第17駆逐隊を編成してハワイ作戦に参加した。

「磯風」主砲員（2番主砲塔1番砲手）であった寒林正美氏（大正10年生まれ、呉海兵団出身／昭和16年8月乗組）「択捉（エトロフ）島単冠（ヒトカップ）湾に集結した時の艦長訓示で、初めてハワイを攻撃するための作戦だと知りました。シケる北太平洋では50～60ｍ離れた油槽船から、こっちへホースを引っ張って燃料を補給しました。ロープの先に擲弾筒のようなものをつけて向こうに砲丸投げのように投げて、ホースの先に縛って引っ張ってくるんです。攻撃隊発進の時は、砲塔から出て見送りました。『それなりに無事帰ってくるだろう』と思いつつ、編隊を組む様子も全部見てました。攻撃終了後の艦内放送で『大打撃を与えた』ということは聞いて、詳しい戦果は内地に帰還してから知りました」

空母6隻の運用により大戦果をあげた真珠湾攻撃はそれまでの海の戦いを一変させ、戦艦同士による決戦から航空兵力主体の時代をもたらした。「磯風」はじめ第17駆逐隊は洋上補給の苦難も乗り越え、その栄えある日本機動部隊の晴れ舞台で初陣を飾ったのである。それは同時に、艦隊決戦用駆逐艦であるはずの「磯風」を、全く想定外の戦場が待ち受けることになるということでもあった。

その後、第17駆逐隊はラバウル攻略・ダーウィン空襲・ジャワ島攻略・セイロン沖海戦でも同じく空母機動部隊を護衛。それらの海戦でも主力である空母艦載機が、効果的な対空砲火をもたぬ敵艦を次々と撃沈していった。艦隊決戦用に造られた陽炎型駆逐艦が実戦で1本の魚雷も発射することなく、我が軍は連戦連勝を続ける。しかし戦局の転換により、「磯風」も安穏とした日々が許されなくなる。

機動部隊護衛に奔走する

昭和17年6月のミッドウェー作戦でも、第17駆逐隊は空母4隻を中心とした機動部隊を護衛。6月5日、日本機動部隊は予定通りミッドウェー島を空襲した。一方、わが機動部隊上空の直掩零戦は反撃の米雷撃機を迎撃して100機近くを撃墜、今回も「磯風」の出る幕はないかと思われた。ところが空母艦載機の兵装転換ミスから敵編隊の急降下爆撃を許し、真珠湾攻撃以来無敵を誇った空母4隻が艦載機および爆弾・魚雷ごと撃沈された。

寒林正美氏「敵が引き揚げたと思って、狭くて熱い砲塔内から出てみると『赤城』『加賀』『蒼龍』が燃えさかっていて助かりそうもないのが見えました。信じられない気持ちで、同時に我々みたいな兵卒でも、とてもじゃないが戦争には勝てんなーと思いました」

「磯風」は「蒼龍」の乗員を救助し、栄光の味方空母の最期を看取ることになる。

続いて米軍がガダルカナル島（以下「ガ島」）に上陸すると、帝国海軍は消耗戦に巻き込まれた。第17駆逐隊もソロモン方面へ進出し、ミッドウェー海戦に参加せず生き残った空母「瑞鶴」「翔鶴」そして新たに投入された改造空母により再建された機動部隊を護衛する任務が与えられる。8月の第二次ソロモン海戦では第17駆逐隊のうち「磯風」のみで、10月の南太平洋海戦では「浦風」「谷風」と共に機動部隊を護衛。食糧の枯渇したガ島には11月から潜水艦ついで加えて駆逐艦による食糧輸送（鼠輸送）が連日実施され、「磯風」も参加。しかし、ガ島からの撤退が決定され、基地航空隊や警戒艦隊による掩護のもと昭和18年2月1日（駆逐艦20隻）・4日（20隻）・7日（18隻）の3回にわたり撤収作戦を展開（「ケ号」作戦）。「磯風」はすべてに参加し、3回目の帰途時に敵空襲で直撃弾2発浴びた。初めての戦死者を出しつつも「磯風」は沈没を

昭和15年11月22日、公試のため佐世保を出港する陽炎型駆逐艦「磯風」

昭和18年2月のガ島撤退作戦で直撃弾をうけて損傷した「磯風」のラバウルでの損害調査

らの電話報告も自分で聞いてまとめておいて、あとで静かな時に艦長に報告。戦闘中は『合戦図』と『戦闘詳報』、場合によっては『戦闘概報』も書きます。」

11月1日艦長が前田実穂少佐に交代した当日にまたすぐ、トラックから輸送船団を護衛してラバウルに向かう。途中、B-24の空襲により至近弾を受けたが「磯風」は被害なし、軽巡「五十鈴」が損傷した「清澄丸」を曳航するのを護衛してカビエンに入港。ところがカビエン出港直後の11月5日、左舷後部に磁気機雷が触雷してデッキにいた便乗の陸兵が海中に放り出されてカッターで救助する事態になった。呉に帰還後、ドック入りして修理を行なう。開戦3年目を迎える12月8日には出渠し、年内は諸訓練と公試に従事した。

免れ、ガ島生存者1万3000名の収容成功に貢献。

ラバウルで工作船「明石」に横付けして応急修理を行なったのち、トラックをへて3月29日に呉に帰還。当時、機動部隊の指揮官から呉鎮守府司令長官になっていた南雲忠一中将は「磯風」乗組員を称賛した。「磯風」は7月まで呉工廠で修理を行ない、その間、乗組員は束の間の慰安旅行を楽しんだ。

7月には再度ソロモン方面へ進出、22日撃沈された水上機母艦「日進」の生存者を救助。10月5日、ベララベラ島守備隊収容を掩護して第二次ベララベラ海戦に参加。艦隊決戦用に造られた「磯風」にとって、初めての敵艦隊との本格的交戦である。

4月に通信士（航海士兼務）として「磯風」に乗り組んだ伊藤茂氏（大正11年生まれ、海軍兵学校71期）「南東方面艦隊の増援部隊に編入されたわけですが、当時これは撃沈されるまでコキ使われるとこだと言われてました。ソロモン諸島の島々からの撤退や他島への移動のため繰り返される作戦行動を終えて基地ラバウルへ戻る際、翌早朝ガ島からの敵小型機の空襲圏外に出ておく必要があります。チョイセル島とイサベル島の間を抜けて東側海域の真っ暗な水道を通る時は、小さな縮尺の海図をただ部分的に拡大しただけの『薄刷り』の海図を使っていることもあり、通信士にとっては通峡時の艦位測定は必死の作業でした。もし座礁したりすれば、夜明け後に敵機の餌食になってしまいます。ベララベラ海戦は、通信士としての初会戦でした。戦闘が始まると『磯風』も応戦しましたが、敵が遠くて駆逐艦からだと艦影が見えません。その代わり、敵艦から出た火がパッと見えました。戦闘中は航跡自画機に任せつつ、潮の流れなどを加味して修正します。機関か

味方主力艦の沈没を見届ける

昭和19年1月には南方で輸送任務と船団護衛ののち、2月21日にリンガ泊地へ進出して訓練。3月にはパラオへの船団護衛、そして戦艦「武蔵」も護衛をしたが「武蔵」は敵潜水艦の雷撃を受けた。その月末には第17駆逐隊に同じ陽炎型の「雪風」が編入された。4月には重巡洋艦部隊を護衛してリンガ泊地に入港し、泊地で猛訓練を行なう。

米軍のサイパン方面への来攻が予想されたため「あ号」作戦が計画され、5月よりタウイタウイに進出。第17駆逐隊から「磯風」が僚艦「谷風」と共に沖合の敵潜水艦を掃討するため出撃したが、逆に敵潜水艦により6月9日、目の前で「谷風」が撃沈された。このような状況のため、機動部隊の空母は発着艦訓練さえ満足にできなかった。6月15日米軍サイパン上陸により、小沢治三郎司令長官のもと再建された空母機動部隊（第一機動艦隊）が旗艦「大鳳」以下出撃。「磯風」にとって久々の機動部隊護衛となり、6月19日のマリアナ沖海戦では第一機動艦隊の旗艦「大鳳」を直衛した。本海戦では敵機動部隊に対し先制攻撃をかけたが、空母艦載機439機のうち1日目の攻撃（戦果はほとんどなし）だけで200機以上を失う大損害を被って戦力が壊滅。加えて足元から迫ってきた敵潜水艦の攻撃で空母「翔

鶴」ついで「大鳳」が撃沈された。

この時航海士であった越智弘美氏（大正14年生まれ、海軍兵学校73期／昭和19年6月乗組）「発艦する第一次攻撃隊を『しっかりやってくれ』と見送っていると、突然彗星艦爆が一機だけ列から離れて海面に突っ込んだので驚きました。直後に魚雷が命中したので、その接近を知らせようとしたのでしょう。『大鳳』は『ワレ電撃ヲ受ク』の信号を出しましたが、見た目には全く平気で航行しながら攻撃隊を発進させているので『さすがは新鋭空母だな』と思ったものです。『磯風』での無線傍受によって、『大鳳』から攻撃隊へ『戦果知ラセ』と打電しても返信がない様子が見てとれました。実際帰ってきた機数はわずかで、敵機の待ち伏せに遭って戦果もあげられずほとんど撃墜されたのだろうと。さらに午後になって突然『大鳳』が爆沈した時は、全く信じられないような気分でした。『磯風』は『大鳳』艦尾に近接して300名以上の負傷者を救助したので、艦内は便所もふくめてどこもかしこも『大鳳』の負傷者で一杯になりました」

10月には「捷一号」作戦発動によりブルネイに進出し、米軍上陸中のレイテ突入を目指す第一遊撃部隊（栗田艦隊）の一艦として出撃。直後の10月23日に米潜水艦の雷撃で旗艦の重巡「愛宕」と「摩耶」が撃沈されるのを目の当たりにする。翌日シブヤン海で敵空母機の猛攻撃を受けた「武蔵」の救助を命ぜられるが、落伍した「武蔵」を置いて進撃した栗田艦隊に従う。艦隊がいったん反転して再進撃開始後の午後7時半過ぎに「武蔵」は沈没、「磯風」も少し離れたところから瀕死の「武蔵」を見送ることになった。

10月25日早朝、栗田艦隊はサマール島東側でついに敵艦隊（護衛空母部隊）のマストを発見し、戦艦・巡洋艦の後から追撃を開始する。

越智弘美航海士「敵駆逐艦が空母を守るため煙幕を張りながら魚雷を撃って味方戦艦が回避したので、『矢矧』に従って駆逐艦4隻で追撃しました。突っ込んできた敵駆逐艦に対しては主砲で応戦しましたが、空母とはなかなか距離が縮まりません。距離1万メートルくらいで魚雷を8本発射し、次いで反航魚雷戦をやろうとした時に旗艦『大和』から『集結セヨ』の命令が来ました。敵空母は目の前です、振り上げた刀をどこに降ろそうかというような雰囲気でした」

栗田艦隊はレイテを目前に反転し、残存艦艇はブルネイに帰投。内地への帰途台湾海峡で11月21日未明、戦艦「金剛」と僚艦「浦風」が米潜水艦に撃沈され、「金剛」生存者を救助する。「金剛」は最古参ながら最速の戦艦で、その高速を生かした歴戦の艦であった。

呉に着いて間もなく、「雪風」「浜風」と共に戦艦「長門」を護衛して横須賀港へ向かい、11月28日艤装中の空母「信濃」を護衛して横須賀を出港。翌日敵潜水艦の雷撃で「信濃」が撃沈され、生存者を救助する（詳細後述）。

主計科（戦闘配置は2番主砲塔弾庫）の幸愛志公氏（大正13年生まれ、大竹海兵団出身／昭和19年7月乗組）「出撃が朝早かったので、我々の目が覚めた時にはもう出港していました。魚雷が命中して最初は何ともなかった『信濃』が、やがてグルグル旋回しているような様子が烹炊所の右側から見えました。『浜風』と共同で曳航しようと試みたようですが、巨艦を支えきれず曳航索（ロープ）が切れてしまいました。目の前で前のめりになって沈んでゆく『信濃』のスクリューが空回って、飛行甲板の後ろから乗員がズルズルと滑り落ちていきました」

最後の出撃

年末〜年始は空母「龍鳳」を護衛して門司と高雄を往復、昭和20年2月からは徳山沖で特攻兵器「回天」「震洋」訓練の標的を引き受けている。3月19日の呉軍港空襲で被害を免れたあと、4月5日ついに沖縄水上特攻の命が下った。翌6日「大和」以下、軽巡「矢矧」および駆逐艦8隻の第二艦隊は、米軍上陸中の沖縄を目指して徳山沖を出撃。「磯風」は幸運艦「雪風」、ハワイ作戦以来共闘してきた「浜風」と共にやはり第17駆逐隊を構成。この時点で残存していた「陽炎」型駆逐艦もこの3艦だけであった。過酷な戦場で、僚艦たちは次々と戦没していったのである。

7日昼過ぎから敵空母機の第一波攻撃を受け僚艦「浜風」が沈没、第2水雷戦隊旗艦「矢矧」が航行不能となる。司令官移乗のため「磯風」が減速して接舷したところに、敵機の爆撃によって至近弾を受けた。これにより右舷後部に破孔が発生して機械室に浸水し、舵が故障する。

操舵員であった井上理二氏（昭和2年生まれ、特別年少兵／昭和18年12組）「『矢矧』の方に向かってる時に、雷撃のようなもの凄い衝撃を受けて踏みしめていた鉄板もろとも吹き飛ばされました。余震のような激動で意識を取り戻すと、今度は上部ハッチから海水が流れ込んできます。電動機も止まって艦内は真っ暗となり、面舵一杯の状態で右に傾きながら旋回していました。艦橋から『人力操舵に切り替えよ！』と指示されますが、ポンプが思うように動かないまま『磯風』は停止してしまいました」

乗員必死の応急処置も功を奏さず、漂流する「磯風」の生存者は「雪風」に移乗。「磯風」処分の命により、「雪風」が魚雷を発射するが艦底を通過。次いで砲撃により「磯風」魚雷発射管の魚雷が誘爆し、午後10時半過ぎ「磯風」はついに沈没した。護衛していた「大和」の沈没から8時間以上が経っていたが、この激戦で「磯風」の戦死者20名、負傷者54名であったのは奇跡ともいえよう。本海戦では同じく歴戦の「浜風」も撃沈され、「雪風」は終戦まで生き抜いた。

沖縄水上特攻作戦以降、連合艦隊は作戦行動能力を完全に失った。まさに「磯風」は日米戦争の最初から最後まで戦い続け、また「磯風」の戦歴こそ連合艦隊の栄光から終焉までの足跡となっている。その乗組員もミッドウェー海戦・マリアナ沖海戦での主力空母、レイテ沖海戦での各艦艇、さらに世界最大の3隻「大和」「武蔵」「信濃」の最期を見届けていったのである。また艦隊決戦用駆逐艦として建造されたため、機動部隊護衛にあたって卓越した対空装備をもっていたわけでもない。にも関わらず長く最前線で闘い続けた「磯風」は武勲艦であるというだけでなく、沈没の時点までは「雪風」以上の幸運艦であったとさえ言えるかもしれない。

大きな期待がかけられた空母の悲劇

武勲艦や幸運艦がある一方で、悲劇艦とでも呼びうる軍艦が存在する。これは沈没の状況の悲惨さもさることながら、「磯風」などと比較した場合に〝これから活躍してくれるだろう〟という期待値の高さにも関わらず戦歴を全うできなかったといった要素が考慮されるべきであろう。だとすれば世界最大の戦艦でありながら建造期間よりも短い戦歴に終わった「大和」「武蔵」もさることながら、日米戦争においてはやはり主力艦とされた空母が俎上に上がってくる。通常の感覚では開戦劈頭の真珠湾攻撃では世界の戦史を変える活躍を見せ、以来赫々たる戦果を挙げながらわずか半年でミッドウェー島沖に戦没した空母「赤城」「加賀」「蒼龍」「飛龍」も相当な悲劇艦ではある。しかし、以後非勢に追い込まれ、まともな航空作戦が実施できなくなるにともないさらなる悲劇的な空母が生み出されてゆく。

昭和14年策定の「㊃計画」で計画され、開戦直前の16年7月10日川崎重工業神戸造船所で起工された「大鳳」は、帝国海軍では初めて飛行甲板に装甲が施された空母であった。開戦により工期が繰り上げられ、18年4月7日進水、19年3月7日竣工。飛行甲板の半分に500キロ爆弾の急降下爆撃に耐えられる装甲を施した重防御空母として、ミッドウェー海戦の戦訓を生かしての活躍が期待された。

初陣であるマリアナ沖海戦では小沢治三郎第一機動艦隊司令長官座乗の旗艦であったが、敵機動部隊に対する先制攻撃は不発。逆に攻撃隊発艦中の午前8時過ぎ、米潜水艦「アルバコア」の雷撃により右舷前部に魚雷1本が命中した。しばらく戦闘続行に支障はなく、艦首の沈下も左舷後部への注水によって回復した。だが魚雷命中の衝撃で破損した航空機用燃料タンクからガソリンが漏れ出し、気化して艦内に充満していった。この換気の要領を得ないまま午後2時半過ぎ、攻撃隊収容時の不具合で気化ガソリンに引火。「大鳳」は大爆発を起こし、2時間後に沈没した。

2年半余りの歳月をかけて建造された期待の重防御空母も、ほとんど戦果も挙げることなく竣工3ヵ月後の初陣で足元をすくわれ戦没した。しかし、空母として実戦で艦載機を発進させただけでもまだ幸運な方であったかもしれない。

「大鳳」計画に続いて、昭和16年度の「㊎計画」により、米海軍の制式空母増産に対抗して中型空母が急遽建造されることになった。17年8月1日横須賀海軍工廠で起工され、19年8月6日竣工した「雲龍」である。この間ミッドウェー海戦により同型艦15隻の建造が計画されたが、実際に起工したのは6隻、竣工したのは「雲龍」「天城」「葛城」の3隻のみであった。

同規模空母の「飛龍」に比べて対空機銃を増設して28連装噴進砲（ロケット弾）装備、また艦内塗料を不燃性のものに変更するなど、こちらもミッドウェー海戦の戦訓が取り入れられている。

「雲龍」はマリアナ沖海戦後の同時期に竣工した「天城」と第一航空戦隊を編成したが、すでに発着艦できる艦載機・搭乗員はなかった。戦況的に空母機動部隊としての運用が不可能であったので、本来主力艦でありながら大容量の輸送艦として使用される運命が待っていたのである。19年12月17日、特攻兵器「桜花」などを積載した「雲龍」は駆逐艦3隻に護衛され、マニラへ向けて呉を出港した。12月19日午後4時半過ぎ、米潜水艦「レッドフィッシュ」の雷撃により右舷中央部（艦橋下部）に魚雷1本が命中。機関が停止したため再度雷撃を受けてさらに1本被雷し、それが格納庫の「桜花」「震洋」ついで火薬庫の誘爆を引き起こして17時前に沈没した。日中に堂々と雷撃された「雲龍」の乗組員1300余名中、生存者わずか89名。「大鳳」より少し長い、竣工後4ヵ月の生涯であった。

「大鳳」「雲龍」と違い、「信濃」は「大和」型3番艦として横須賀海軍工廠で昭和15年5月4日に起工。「信濃」建造のために横須賀海軍工廠では、新たに第六船渠（全長336m／全幅62m／深さ18m）が2年3ヵ月かけて建設された。昭和20年3月末の完成予定であったが、ミッドウェー海戦後に空母への改装が決定。やはり戦訓を生かして飛行甲板（セメント張り）は500キロ爆弾の、後部格納庫は800キロ爆弾の急降下爆撃に耐えられるよう設計が進められた。さらに「大鳳」沈没後の教訓から、水線下のバルジにコンクリートを流し込むなどの措置をとった。すでに損傷艦修理などのため工事が数度中断されていたため、水密試験なども省略する形で昭和19年11月19日仮竣工した。マリアナ沖海戦で空母戦力が危機に陥ったこともあり、艤装も3ヵ月で強行。それでもレイテ沖海戦も既に終了しており、やはり機動部隊としての運用は望めなかった。

竣工前の11月12日に紫電改・流星・彩雲などの発着艦実験が行なわれ、実はこれが「信濃」上での最後の航空機発着艦となった。11月24日「信濃」は空襲回避と艤装完成のため呉海軍工廠への回航を命じられ、第17駆逐隊「浜風」「磯風」「雪風」に護衛されて28日昼過ぎ横須賀を出港した。艦内で工事が続けられる中、午後9時に敵潜水艦「アーチャーフィッシュ」を発見するが攻撃の機会を逸する。

最期のときがせまる空母「信濃」。乗員が左舷に集まっている（画・市川章三）

翌日午前3時15分過ぎ、「アーチャーフィッシュ」の発射した魚雷4本が「信濃」右舷に命中。浸水して右舷に6度傾斜し、工事中のため防水隔壁の一部が閉められず、注水弁も故障し傾斜が増大。駆逐艦による曳航も叶わず、11時前に潮岬沖で沈没した。大戦中世界最大であった空母は最初の出港後わずか17時間、実質的には完成前の喪失となった。

これらの空母は開戦時に存在すれば、熟練搭乗員の艦載機を搭載して縦横無尽に活躍していたであろうことは想像に難くない。しかし、搭載すべき航空機・搭乗員もなく、またまともな航空作戦が実施できない戦況のもとで誕生した大型空母の末路は悲惨であった。緒戦では熟練の日本機動部隊相手に苦戦を強いられながらも、時間が経過するにつれ質・量とも充実させてきた米機動部隊と対照的である。戦局悪化の主因は物量差のほか（ある意味ではそれ以上に）、日本が広義の情報戦でアメリカに勝てなかったことである。これら悲劇の名艦たちは、情報戦で負けてしまえばいかなる技術も、そして前線将兵たちの必死の奮戦も生かされないということを切実に伝えてくれているのではないか。

☆極限の戦場で決断をした男たちの人物評☆

日本の名提督列伝

小沢治三郎／栗田健男／三川軍一／木村昌福／田中頼三／伊集院松治／松田千秋

■ライター
中村達彦

●日米両海軍が、史上最大規模の海上戦闘を繰り広げた太平洋。ミッドウェー海戦の敗北以来再建なった空母機動部隊による乾坤一擲の航空決戦、「大和」「武蔵」を中核とした主力艦隊を率いての突入作戦、北方の孤島からの秘密撤収作戦、敵勢力圏化での輸送任務などを指揮したフリート・アドミラルたち！

昭和20年、連合艦隊司令部職員と記念撮影に収まる木村昌福（写真中央）。当時の肩書は司令部附であった

“大艦隊指揮官”の決断

●大局的な視野と新作戦の立案で臨む

小沢治三郎（明治19年～昭和41年）

海軍兵学校第37期、海軍大学校19期卒業。駆逐艦への乗り組みで頭角を現わし、戦艦「榛名」艦長、海軍大学校教官、水雷学校校長などを歴任した。主力艦隊同士の決戦を主とする従来の作戦に異議を唱え、艦隊あげての夜襲などを提案した。昭和14年には第1航空戦隊司令官に就任し、空母の集中運用を具申している。

太平洋戦争中は中将で通し、重要な局面に関わることが多かった。

開戦時、南遣艦隊司令長官でマレー攻略を担当した第25軍の敵前上陸や船団護衛を成功させた。またイギリス東洋艦隊の出撃に対し、結局基地の陸攻隊が撃沈したが、自らも旗艦「鳥海」を含む重巡洋艦5隻と水雷戦隊を率いて砲雷撃戦を企図した。蘭印への攻略にも貢献しており、山本五十六大将も小沢に信頼を置いている。

小沢は作戦が一段落すると、昭和17年4月、ベンガル湾の掃討作戦を提案した。これが容れられ南遣艦隊は商船20隻を撃沈している。

半年後、小沢は空母機動部隊の第3艦隊司令長官に就任した。だが空母航空隊を基地航空戦に投入させられ、空母発着が可能な搭乗員を消耗した。

昭和19年6月19日、マリアナ諸島に来襲した空母15隻を基幹とするアメリカ軍に、小沢は空母9隻を中心とする第1機動艦隊で決戦を挑む。マリアナ沖海戦である。

この時、艦載機の航続距離が長い点を利用し、敵より先に攻撃隊を発進させ空母を叩くアウトレンジ戦法を採る。しかしレーダーで攻撃隊接近を察知したアメリカ軍は、日本機を上回る数のF6F戦闘機と綿密な対空砲火で撃退し、乾坤一擲のアウトレンジ戦法は失敗した。潜水艦と空母機の攻撃が続き、第1機動艦隊は空母3隻を失い、敗退した。

4ヵ月後、フィリピンに侵攻したアメリカ軍に対し、連合艦隊は敵船団撃滅を企図した。小沢は第3艦隊を率いて出撃したが、これは敵機動部隊主力を誘い出す囮任務である。兵力は大小空母4隻を含む18隻と劣勢で、何より空母機の大半はまたも

敵より先に攻撃を行なうアウトレンジ戦法を採用した空母機動部隊指揮官・小沢治三郎(左)とマリアナ沖海戦で交戦中の日本艦隊

基地航空隊へ転出させられていた。

レイテ沖海戦では、第3艦隊は10月24日に少数の攻撃隊を発進させ南下する。アメリカ軍機動部隊はこれを本隊と誤認し、北上を開始した。25日、第3艦隊は空母全滅など大きな犠牲を払いながら囮任務を成功させた。

しかし他の艦隊は甚大な被害を受け、作戦は失敗に終わった。

この後、小沢は軍令部次長、昭和20年6月には連合艦隊司令長官に就任したが、主任務は本土決戦準備と特攻による奇襲作戦に限られた。

終戦時は、最後の連合艦隊司令長官の任務として、海軍部隊がすみやかに降伏と武装解除を完了するよう尽力している。

小沢は二度の空母戦に大敗したことに加え、幕僚の意見を重視しない、兵士の実情に耳を傾けない、補助兵器や対潜水艦戦への理解に乏しいと批判の声がある。だが統率力に優れ、柔軟な思考の持ち主で、かつ陸軍との協調にも惜しまなかった。もっと早く連合艦隊司令長官に就くべきであったとも言われ、国内外の評価が高い提督である。

●評価が分かれるレイテ沖海戦の決断

栗田健男（明治22年～昭和53年）

海軍兵学校第38期卒業。駆逐艦艦長や水雷戦隊司令官など、艦隊勤務が経歴の大半を占める。重巡洋艦4隻の第7戦隊司令官に就任して、開戦を迎えた。

南遣艦隊に所属し、昭和17年、バタビア沖海戦では敵巡洋艦2隻を撃沈したが、発射した魚雷が味方船団に誤って命中し、大きな被害を与えてしまう。インド洋の通商破壊戦を経て、参加したミッドウェー海戦では、急な作戦中止から、夜間に配下の「三隈」と「最上」が衝突事故を起こし、後に「三隈」は沈没する。だが栗田は相次ぐ失策にも関わらず中将に昇進し、第3戦隊司令官に就任する。

10月11日、栗田は戦艦「金剛」「榛名」を中心とする挺進隊を指揮して、ガダルカナル島のヘンダーソン飛行場への艦砲射撃を成功させた。主砲・副砲併せて1000発近くの砲弾を発射し、飛行場に大損害を与えている。

昭和18年に、栗田は水上部隊の中核、第2艦隊司令長官に任命された。同艦隊は再編成にともない、戦艦「大和」「武蔵」を含む戦艦・重巡洋艦の大半を指揮下に置く。

マリアナ沖海戦後、第2艦隊はアメリカ軍輸送船団を撃滅する作戦に備えた。艦隊決戦を念頭に置いていた栗田中将をはじめ幕僚たちにとって、船団攻撃は不本意な任務であった。

10月半ば、アメリカ軍はフィリピンのレイテ島に上陸し、栗田率いる第2艦隊はボルネオ島のブルネイから出撃した。

10月23日～25日のレイテ沖海戦は、第2次世界大戦最大の海戦であった。第2艦隊は海戦主役を務めたと言っても過言ではない。

だが23日にパラワン水道で、潜水艦の襲撃で重巡洋艦「愛宕」「摩耶」を沈められ、旗艦「愛宕」にいた栗田は海上を漂流させられる。翌24日には、アメリカ空母機の空襲で戦艦「武蔵」を沈められる。戦場を離れる艦が相次いだ。

「大和」で指揮する栗田は、敵をあざむくため、艦隊を後退するよう見せかけてから進撃を再開し、難所サンベルナルディノ海峡を夜半に突破する離れ業をやってのけた。25日、サマール沖で護衛空母部隊に遭遇し第2艦隊はこれを敵機動部隊主力と判断、攻撃した。敵護衛空母4隻などを撃沈破したが、重巡洋艦「鳥海」「筑摩」「鈴谷」を撃沈されるなど少なからぬ損害を強いられた。

だが栗田は戦闘半ばで追撃を中止、レイテ湾へ進撃を再開したが、急に北上を命じ、ブルネイへ帰途につく。これが「謎の反転」である。

なぜ目標目前で反転したのか、真相は不明である。戦後、批判が相ついだが、栗田はほとんど語らなかった。

もっとも第2艦隊はブルネイに帰り着いた時、半数以下に減っており、多くの艦が傷ついていた。突入したら全滅した可能性もある。加え

レイテ湾突入部隊の主力部隊指揮官・栗田健男(左)とサマール沖で日本艦隊と遭遇、砲撃を受ける米護衛空母群

て第2艦隊は、他の艦隊の状況がわからず、基地航空隊の上空援護もなかった。栗田の反転を支持する声も少なくない。

レイテ海戦後、栗田は作戦失敗の責任を問われず、海軍兵学校校長に就任している。

日本重巡の威力を発揮

●夜戦に大勝するも船団撃滅の好機を逃す

三川軍一（明治21年～昭和56年）

海軍兵学校38期、海軍大学校22期卒業。フランス駐在武官の勤務などを経て、開戦時には第3戦隊司令官として、戦艦「霧島」「比叡」を率いた。真珠湾攻撃では、第1航空艦隊に所属した。奇襲成功後、三川もまた再攻撃を具申している。

昭和17年3月、第3戦隊はインドネシアの海域で逃走中の駆逐艦「エドソール」を砲撃する機会を得た。しかし撃沈するのに1時間以上も要し、艦爆隊の支援を借りなければならなかった。この時、戦艦「霧島」「比叡」併せて主砲267発、副砲132発を射耗した。

ミッドウェー海戦後、三川はソロモン・ビスマルク諸島を担当する第8艦隊司令長官に就任したが、1週間後、アメリカ軍がガダルカナル島に上陸した。

三川は配下の重巡洋艦「鳥海」「青葉」「古鷹」「衣笠」「加古」、軽巡「天龍」「夕張」、駆逐艦「夕凪」を率いて8月7日ラバウルを出撃し、8日夜半に戦場に到着した。

この時、敵空母が損害を恐れ後退していたこと、敵哨戒機の通報が届いていなかったことから、完全な奇襲となった。第8艦隊は突入した。夜戦に熟練した各艦の砲雷撃は正確で、侵入開始から1時間半の間に重巡洋艦4隻撃沈、同1隻、駆逐艦2隻撃破。第8艦隊は旗艦「鳥海」が命中弾を受けたに留まった。完勝である。

だがこのまま突入して、揚陸中の敵輸送船団を叩ける好機にも関わらず、三川は戦場からの離脱を命じた。敵空母の空襲を恐れたことや、隊列を再編成するのに時間がかかるためである。この判断は、海軍のみならず陸軍からも批判が集中した。

第8艦隊は、この後も度々、ガダルカナルに出撃した。10月14日、11月13日にはヘンダーソン飛行場へ砲撃を実施している。だが4ヵ月近くの戦いで、配下の「加古」「古鷹」「衣笠」、以前に指揮した「霧島」「比叡」も失った。三川はガダルカナル撤退のケ号作戦にも参加したが、その直後、前線から離れている。

日本に戻ると、海軍航海学校校

第1次ソロモン海戦を指揮した三川軍一(左)と日本艦隊の探照灯に照らされた米重巡クインシー

長、第2南遣艦隊司令長官を経て、昭和19年6月に南西艦隊司令長官兼第13航空艦隊司令長官に就任する。フィリピンやインドネシアなどの防衛にあたるが、質量ともに凌駕する連合軍の反攻に対抗できなかった。

レイテ沖海戦直後、軍令部に出仕し、すぐ後に発生した空母「信濃」沈没の調査にあたっているが、翌年5月予備役に編入される。最終階級は中将。

戦後も第1次ソロモン沖海戦で輸送船団を攻撃しなかったことを批判されたが、弁明しなかった。堅実な用兵を旨とし、過小評価されている感がある。

北方の孤島“奇跡の救出作戦”

●最前線に立ち、困難な作戦を成功させる

木村昌福（明治24年〜昭和35年）

海軍兵学校41期卒業。卒業時の成績は118人中107番で、駆逐艦や補助艦艇への勤務が長い。次第にその優れた指揮が注目され、重巡洋艦「鈴谷」の艦長で開戦を迎えた。

南方作戦やガダルカナルの戦いにおける戦功を評価され、少将に昇進し、第3水雷戦隊司令官に任命される。

昭和18年3月、ニューギニアへの輸送任務にあたるが、途中でアメリカ軍爆撃隊の猛攻に晒され、船団を壊滅させられた。木村自身も重傷を負う。駆逐艦4隻、輸送船8隻が沈没。乗船した陸軍部隊も大損害を受け、ビスマルク海海戦またはダンピール海峡の悲劇とも呼ばれる。

3ヵ月後、傷が癒えたばかりの木村は、第1水雷戦隊司令官に就任する。最初の任務は、アメリカ軍の上陸が迫るアリューシャン列島キスカ島から守備隊を撤退させることであった。霧と荒天の中、強力なアメリカ艦隊が島を囲んでいる。

7月12日、軽巡洋艦「阿武隈」を旗艦に16隻の艦艇でキスカ島への接近を試みたが、成算が低いと兵士

大胆な行動力と指揮能力を兼ね備えていた木村昌福（上）と昭和18年3月のニューギニア輸送任務で米軍の攻撃を受ける駆逐艦「白雪」。この作戦で重傷を負ったが、傷の癒えた木村は、キスカ島の撤収作戦を指揮し、多数の将兵を救った

の収容を見合わせた。

この判断に批判が相つぐが、木村は状況を見定めていた。再出撃では、29日に湾内へ突入すると、迅速に5200人の兵士を収容し、アメリカ軍に気づかれずに帰還している。

第1水雷戦隊は、昭和19年秋にフィリピン方面の作戦に投入された。木村は困難な状況下で任務にあたった。特に12月26日のミンドロ島への奇襲攻撃、礼号作戦が注目される。

木村は駆逐艦「霞」を旗艦とし、重巡洋艦「足柄」、軽巡洋艦「大淀」、駆逐艦6隻の小艦隊でカムラン湾から出撃した。南シナ海を横断する。幾つかの幸運に助けられ、敵の不意を突く格好になった。マンガリン湾へ突入し、物資集積所や輸送船に砲雷撃を浴びせ、追撃を受ける前に引き揚げた。

敵の反撃で駆逐艦「清霜」を失ったが、連合艦隊最後の勝利である。終戦から2ヵ月後に、木村は中将に昇進した。キスカ撤退など戦功を評価された異例の計らいである。

木村は、大胆な行動力をもって任務に挑んだが、一方で情報収集にも力を注ぎ、冷静に見極めて決断した。電探への理解もあり、キスカ撤退作戦では霧の中で活用している。

人道面でも優れており、商船を攻撃した際、脱出する民間人への攻撃を中止させた。またミッドウェー海戦や礼号作戦では自ら戦場に留まり、味方の救助に尽くしている。

キスカ島撤退作戦について、彼自身ほとんど語らなかったが、戦後、名撤退作戦として世間に知られ、映画化もされている。

輸送作戦から艦隊戦へ

●敵味方で評価が分かれる水雷戦隊司令官

田中頼三（明治24年〜昭和44年）

海兵41期卒業。駆逐艦の勤務が長く、太平洋戦争が始まる3ヵ月前に第2水雷戦隊司令官に就任した。

開戦から3ヵ月足らずを経て、第2水雷戦隊は、ジャワ攻略で連合軍艦隊と激突した。スラバヤ沖海戦である。この時、田中は遠距離から水雷戦を実施したが、魚雷の自爆が相つぎ、戦果を挙げられずに終わってしまう。

半年後、第2水雷戦隊はガダルカナルの戦いに投入される。各駆逐艦は機動性を活かして船団護衛をはじめとした、様々な任務に投入されたが、日に日に増強されるアメリカ軍の空襲に、被害も増大した。

11月12〜14日の第3次ソロモン海戦で、第2水雷戦隊は輸送船団の

第2水雷戦隊を指揮した田中頼三(左)と「東京急行」とよばれたネズミ輸送を実施した駆逐艦群

護衛にあたるが、相つぐ空襲に、11隻の輸送船は搭載した陸軍部隊の装備もろとも沈んでしまう。

第2水雷戦隊は海戦後も、陸軍部隊のため食糧を積んだドラム缶を、ガダルカナルの部隊に届けるネズミ輸送に従事した。

11月30日夜半、駆逐艦8隻で輸送任務中の第2水雷戦隊は、重巡洋艦4隻を中心とするアメリカ艦隊と会敵した。田中は急きょ任務を中止し、応戦に移った。集中砲火に駆逐艦「高波」が炎上（後撃沈）されたが、各駆逐艦から発射された酸素魚雷は4隻の重巡洋艦に次々に命中し、「ノーザンプトン」を撃沈、他3隻を大破の大戦果をもたらした。ルンガ沖夜戦である。

しかし輸送任務は失敗し、第2水雷戦隊はネズミ輸送で成果を挙げられなかった。

田中は12月に司令官の任を解かれ、帰国した。その後、中将に昇進したが、海兵団司令官やビルマ根拠地隊司令官と陸上勤務が続く。左遷に近い人事である。指揮について部下から批判があったためとも、ネズミ輸送失敗の責任を取らされたためとも言われる。田中自身、駆逐艦をいたずらに消耗させる作戦について批判を繰り返し、上層部の受けが悪かった。

ルンガ沖夜戦の雷撃戦で艦首を切断した米重巡「ミネアポリス」

皮肉にも敵であるアメリカ軍から、名将と高く評価されている。

もっとも田中は人事のおかげもあって戦争を生き延びた。戦後、ルンガ沖夜戦の功を誇ろうとせず、部下の活躍によるものと謙虚に語っている。

●水上戦を戦い続け、海に散った男爵海将

伊集院松治（明治25年～昭和18年）

海兵43期卒業。重巡洋艦「愛宕」艦長で開戦を迎える。同艦は「高雄」「摩耶」と行動を共にし、南方作戦の支援にあたる第2艦隊の旗艦も兼ねた。昭和17年3月、脱出する連合軍艦船の掃討で艦船数隻を撃沈、あるいは拿捕する。3月2日にはアメリカ海軍の駆逐艦「ピルスバリー」を砲撃で共同撃沈した。同艦は最後まで抵抗を止めなかった。

伊集院は男爵であるが、華族然とせぬ豪放磊落の提督で、果敢に敵へ突撃することをためらわなかった。加えて平時は、温かい人柄で兵士たちに慕われたそうだ。

「愛宕」は諸海戦に参加した。第3次ソロモン沖海戦では「高雄」と出撃した。11月14日の夜戦では、戦艦「サウスダコタ」に雷撃を敢行した。発射された酸素魚雷は信管が敏感に反応し、海中で次々に爆発する残念な結果に終わったが、なおも接近し、複数の20㎝砲弾を命中させる戦果を得た。戦場下、伊集院は冷静に命令を下し続けている。

第4航空戦隊司令官・松田千秋（左）と標的艦「摂津」。同艦の艦長時代に研究した航空攻撃回避法で、レイテの激戦を生き残ったという

続いて戦艦「金剛」艦長、昭和18年8月に第3水雷戦隊司令官で再びソロモン諸島に赴く。孤島で苦戦する部隊の撤退にあたった。

第1次・第2次ベララベラ海戦でアメリカ軍駆逐艦隊と戦い、作戦を成功させる。うち第2次海戦では、駆逐艦「夕雲」が沈没したが、別動隊と共に砲雷撃戦で駆逐艦「シェバリア」を撃沈、駆逐艦2隻を大破させる。

だが11月1日～2日のブーゲンビル島海戦は、レーダーを駆使したアメリカ艦隊の攻撃で、第3水雷戦隊旗艦の軽巡洋艦「川内」、駆逐艦「初風」が沈み、重巡洋艦・駆逐艦各2隻撃破され作戦は失敗した。伊集院らは海上を漂い、かろうじて救助された。

伊集院はこの後、日本に帰国し、昭和19年4月、新設された海上護衛総隊の第1護衛船団司令官に就任する。しかし5月24日、海防艦「壱岐」に乗艦して任務中に、敵潜水艦の雷撃を受け、艦と運命を共にした。死後中将に昇進している。

なお父は薩摩出身の伊集院五郎元帥、弟は戦艦「大和」艦長、海軍人事局長を務めた大野竹二少将である。

巧みな操艦技術を考案

●独自の戦略感や科学的発想を持つ異彩

松田千秋（明治29年～平成7年）

海兵44期、海軍大学校26期卒業。軍令部勤務やアメリカ大使館勤務を経て、アメリカとの戦争を想定した基本戦略や、新戦艦建造案を作成した。また開戦前に日本の敗戦を予測したことで知られる総力戦研究所に勤務し、後にミッドウェー海戦前の図上演習にも参加するなど異色の経歴も持つ。

標的艦「摂津」、開戦後に戦艦「日向」「大和」の艦長を歴任した。戦争初期に見向きもされなかった水上用レーダーにも理解を示している。

少将に昇進後、昭和19年5月に航空戦艦「伊勢」「日向」の第4航空戦隊司令官に就く。第4航空戦隊はマリアナ沖海戦には間に合わず、続くレイテ沖海戦では、艦載機を基地航空隊へ転出させられた状態で第3艦隊の囮任務に参加する。

10月24日、第4航空戦隊は艦隊の前衛として進撃し、翌25日に敵空母機からの空襲に晒される。「伊勢」「日向」はほとんど命中弾を受けず、相つぐ空襲をかわしきった。松田は、「摂津」艦長時代に空襲からの回避法を研究していた。加えて両戦艦が新型の噴進砲をはじめ大量の対空兵装を装備しており、また両戦艦の艦長が巧みな操艦を行なったためである。

しかし囮任務は結局無駄に終わり、加えて敵機動部隊の一部が近距離に接近していたが捕捉できず、主砲戦を発揮する機会を逃してしまう。

レイテ沖海戦後、第4航空戦隊は、引き続き輸送任務で南方へ進出した。拠点を移動して空襲を逃れ続けたが、昭和20年2月、可能な限り物資を満載して日本へ帰還する『北（ほく）号作戦』を命じられた。松田は「伊勢」「日向」に軽巡洋艦「大淀」、駆逐艦3隻から成る「完部隊」を指揮した。

2月10日にシンガポールを出港した。航路途上のフィリピン方面の制空海権は完全にアメリカ軍の手にあり、ガソリンなどを積載しているため、戦闘は危険である。

アメリカ軍は「完部隊」の出港を察知して、潜水艦や航空機を繰り出した。

松田は大陸沿岸に沿って航行する。スコールに紛れ込むなど的確な指示で襲撃を回避した。「完部隊」は10日かけて呉に到着した。『北号作戦』は成功した。

作戦完了後、松田は横須賀航空隊司令官に任じられたが、本土決戦に備え戦力を温存する方針に沿い、大きな作戦に参加することなく終戦に至る。

戦後、松田は多くの証言に応じ、80年代に行なわれた海軍反省会にも参加した。連合艦隊の作戦、真珠湾攻撃や捷号作戦を厳しく批判している。

連合艦隊艦艇総覧

一目でわかる日本海軍艦艇事典

2019年11月4日　第1刷発行

編　者　「丸」編集部

発行者　皆川豪志

発行所　株式会社　潮書房光人新社

〒100-8077
東京都千代田区大手町1-7-2
電話番号／03-6281-9891（代）
http://www.kojinsha.co.jp

印刷製本　図書印刷株式会社

定価はカバーに表示してあります
乱丁，落丁のものはお取り替え致します。本文は中性紙を使用

ISBN978-4-7698-1675-1 C0095

装幀／カラーページ・デザイン　天野昌樹

写真協力（順不同・敬称略）
福井静夫／堀内康雄／古川明／中村正輝／白石東平／氏家卓也／福地周夫／志摩亥吉郎／朝長溶／松平永芳／戸高一成／大和ミュージアム／NARA／NHHC

平成26年 丸1月別冊
「連合艦隊艦艇入門」改題・改訂版